欧洲节水政策与技术

全 国 节 约 用 水 办 公 室
水利部国际经济技术合作交流中心 编著

U0343366

黄河水利出版社
· 郑州 ·

内 容 提 要

本书阐述了欧盟以及英国、法国、西班牙、葡萄牙、意大利、德国、丹麦等 7 个欧洲国家水资源节约高效循环利用相关政策法规、技术及实践,并附录了一些重要的节水法规及标准中译文。欧洲节水政策、技术及实践可为我国实施国家节水行动和建设节水型社会提供借鉴。

本书可供从事节水与水资源管理工作的管理人员、技术人员参考。

图书在版编目(CIP)数据

欧洲节水政策与技术/全国节约用水办公室,水利部国际经济技术合作交流中心编著. —郑州:黄河水利出版社,2024.12

ISBN 978-7-5509-3542-6

Ⅰ.①欧… Ⅱ.①全… ②水… Ⅲ.①节约用水-研究-欧洲 Ⅳ.①TU991.64

中国国家版本馆 CIP 数据核字(2023)第 241749 号

责任编辑	景泽龙	责任校对	韩莹莹
封面设计	黄瑞宁	责任监制	常红昕

出版发行 黄河水利出版社

地址:河南省郑州市顺河路 49 号 邮政编码:450003

网址:www.yrcp.com E-mail: hhslcbs@126.com

发行部电话:0371-66020550

承印单位 河南匠心印刷有限公司

开 本 787 mm×1 092 mm 1/16

印 张 20.5

字 数 325 千字

版次印次 2024 年 12 月第 1 版 2024 年 12 月第 1 次印刷

定 价 78.00 元

《欧洲节水政策与技术》
编写委员会

主　　　任	蒋牧宸			
副　主　任	郝钊	李烽	徐静	
编　　　委	朱绛	周哲宇	胡文俊	
主要编写人员	周哲宇	孙岩	赵春红	刘博
	李卉	郑晓刚	赵晨	蔡蓉蓉
	张欣	施瑾	郭磊	聂波文
	吴静	宋歌	王会容	王琛
	李昌			

目录

Contents

引　言

　　为贯彻落实习近平总书记"节水优先、空间均衡、系统治理、两手发力"治水思路和关于治水重要论述精神,全国节约用水办公室会同水利部国际经济技术合作交流中心近年来开展了国外节水政策、制度与实践调研,为我国节水工作提供国际经验借鉴。在2022年编撰出版《国外节水实践》(以色列、日本、新加坡、澳大利亚、美国等)的基础上,2023年聚焦欧盟及部分欧洲国家,梳理分析其在循环经济和绿色新政下开展节水的相关举措,形成《欧洲节水政策与技术》一书。

　　欧洲河网稠密,湖泊众多,总体水资源相对充足,约一半的欧盟成员国人均水资源占有量超过世界平均水平。然而,受气候变化等影响,21世纪以来极端旱涝灾害频繁发生,尤其是近几年连续的热浪事件,造成欧洲大面积的干旱,越来越多的地区出现用水紧张状况。2022年和2023年夏季,欧洲连续遭遇500年一遇的大旱,多国出现水资源危机。水资源节约保护和高效利用成为欧盟及欧洲国家的必然选择。

　　通常,欧盟为其成员国提供统一的政策框架,但由于欧洲国家自然地理、水资源禀赋和经济发展结构差别较大,水资源开发利用和节约保护的重点并不相同。

欧盟:循环经济和绿色新政下的节水新政策

　　欧洲是循环经济理念的发源地。2008年,国际金融危机爆发后,欧盟提出循环型经济增长模式,以不断提高资源利用效率,促进经济发展转型。

2014年,欧盟委员会正式通过欧盟循环经济可持续发展战略决定;2019年,为了实现碳中和目标,欧盟又提出《力争到2050年成为首个气候中和大陆的欧洲绿色新政》。欧盟计划通过推进实现公平、气候碳中和、资源节约型的循环经济,创造新的商业机遇和就业机会,巩固欧盟对外经贸关系,振兴经济发展。

水是循环经济计划的七大主要领域之一,也是绿色新政的重要内容之一。欧盟强调水的循环利用,通过倡导污水处理回用,补充供水水源,提高用水效率,最终实现水资源的节约保护及可持续利用。欧盟提出创新型节水政策,推动再生水利用的立法和相关工作。

再生水利用。欧盟于2012年提出利用再生水的倡议后,又于2015年在《欧盟循环经济行动计划》中提出了再生水立法要求。2016年,欧盟发布《〈水框架指令〉背景下将再生水纳入水资源规划和管理的指南》;2020年,欧洲议会通过《再生水利用的最低水质要求条例》(2023年6月正式施行),规定了再生水用于农业灌溉的水质要求;2022年,欧盟联合研究中心发布《欧洲农业灌溉项目再生水利用的风险管理技术指南》,提出再生水项目建设和运行管理的原则与有关要求,以加强再生水利用项目运行风险管理。当前,欧盟范围每年的再生水利用量为11亿 m^3,欧盟计划到2025年再生水利用量提高至每年35亿 m^3。如用于灌溉,可减少5%的灌溉水量(直接取自地表水和地下水)。

干旱管理。面对日益频繁的干旱,欧盟21世纪以来加强了干旱监测网络的建设,形成了比较完善的干旱灾害风险评估、防控、处置、规避和适应等全方位管理战略,管理措施从应急管理向风险管理转变。欧盟通过欧洲干旱观测站,以综合干旱指数的方式,综合分析基于降水、土壤、植被等指标,为成员国和公众提供干旱信息。自2007年首次发布《应对欧盟水资源短缺与干旱挑战》以来,欧盟定期评估水资源短缺状况及采取相关措施效果,推动改善水资源节约保护。

水效引领。2005年欧盟委员会制定了生态标识和绿色公共采购标准以推广卫浴水效产品。2015年,为了进一步规范产品性能,为消费者提供标准统一的水效信息,欧洲水龙头和阀门协会、欧洲卫生陶瓷联合会以及代表数百家制造商的国家浴室协会等共同制定了简单易行的《欧洲水效标识方案》。

英国、法国：发布节水战略与计划持续推进节水

英国和法国均是工业比较发达的国家，节水水平较高，社会节水氛围浓，但受21世纪以来气候变化等影响，英法两国遭遇了用水紧张状况，甚至在2022—2023年大旱期间不得不实施用水限制措施。为了长远发展，两国以减少用水量、提高用水效率为主要目标，先后于2022年和2023年出台了节水相关战略文件。

2022年，英国"智水"组织（WaterWise）在政府部门指导下制定了《2030年水效战略》，提出10项节水目标，争取在2030年实现节水量150万 m^3/d。2023年，法国以总统令的方式发布《节水计划》，拟通过减少用水、优化供水、水污染防治、改善水资源管理等六大方面共计53项措施，争取在2030年实现总取水量减少10%的目标。节水成为两国水资源管理的重要议程。

除了减少用水的目标，英国和法国的节水战略文件还包含提升供水系统的韧性、保护良好的水生态环境、提高利益相关方能力建设、宣传教育等较为广泛的内容。

西班牙、葡萄牙和意大利：推广农业节水与再生水利用

西班牙、葡萄牙和意大利都是南欧国家，水资源相对匮乏，而农业用水占总用水量的比重较高，尤其是西班牙和葡萄牙，农业用水量甚至超过了总用水量的70%。因此，农业节水成为这三个国家的节水重点。

自2005年起，欧盟取消了对农民的水费补贴，转而加大对农业灌溉基础设施建设和更新改造进行投资补贴。一些国家已经通过灌溉设施现代化改造、种植结构调整、灌溉计划优化、咸水灌溉技术研究等手段，采用综合解决方案，以实现水资源利用的最大效益。例如：意大利通过发展智慧灌溉，借助无线传感等技术，实现了地理信息系统与灌溉设施的连接，并使得智慧灌溉系统能够适应田野、温室等不同应用场景，还能够制定个性化灌溉计划，实现了自动灌溉和精准灌溉。水肥一体化技术的应用，进一步提高了灌溉效率。

再生水利用在西班牙、葡萄牙和意大利农业节水中发挥重要作用。在西班牙，超过60%的再生水用于农业灌溉，尤其是在地中海地区，再生水利用比例更高。这三个国家是欧洲最大程度利用再生灌溉的国家，均在十几年前

制定了再生水利用(污水再利用)的标准,明确了再生水用途以及水质标准。葡萄牙为进一步加强再生水利用的风险管理,在2005年已有的再生水法规的基础上,于2019年颁布了《再生水风险管理条例》。

德国、丹麦:经济手段促进节水

德国和丹麦同位于欧洲的西北部,人均水资源占有量均不足世界平均水平的1/3。尤其是丹麦,人均水资源占有量仅为1 029 m^3,不足我国的1/2。为了应对人口相对密集、水资源总量有限的状况,德国和丹麦主要依赖水价和水税等经济手段调控水资源利用。在丹麦,平均水价已经接近10欧元/m^3。在德国,会根据用水情况分别征收雨水处理费和生活污水处理费。

德国和丹麦的水价中除包含提供基本服务的固定费用和按量计价部分费用外,均有相当比例的税费,强调水资源的稀缺性。通常来说,取水税的定价相对较低,排污税则要高得多,同时还包括增值税。在丹麦,增值税在水价中的占比高达20%。在德国,接入取水管网的管径越大,收取的税费也越高,德国各州在2022年收取的取水税超过了4亿欧元。

目前,德国和丹麦均属于高水价的国家。在高水价的制约下,他们成为世界上人均用水量较少的国家。

总的来看,在欧盟的《水框架指令》和循环经济等政策指引下,欧洲国家在节水方面采取了许多共同的措施。各成员国都按照统一框架实施流域综合规划,以推广节水措施。许多欧洲城市将减少供水管网漏损技术作为供水公司节水的首选方案。德国等国通过政策引导和资金补贴,将非常规水源利用作为增加水源的主要措施之一,以实现雨水利用的标准化、产业化、集成化发展。越来越多的欧洲国家也在推动再生水用于灌溉,而意大利、西班牙等国则在尝试微咸水利用。在欧洲,传统的节水技术已经与数字化技术融合,形成综合技术解决方案。物联网、智能水表、水压控制器等高科技智能设备已进入人们日常生活,提供了丰富的用水信息,以鼓励水资源的节约使用;传感技术与节水灌溉、种植结构调整、再生水利用等技术的结合有助于减少直接取用的灌溉水量;绿色屋顶技术将雨水收集、灰水再利用、节能建筑设计等技术整合在一起,以实现节水、节能和环保的效果。同时,由于大多数欧洲国家将节水宣传教育与学校教育和社会实践紧密结合,因此社会节水意识普遍较强。

　　自党的十八大以来,我国用水总量有效控制,用水效率持续提升。但我国水资源时空分布不均,经济社会发展与水资源分布不相匹配,水资源短缺问题仍然突出,水资源集约节约利用水平整体上仍然不高。在再生水等非常规水利用方面,我国可以借鉴欧盟再生水方面的政策及技术。欧洲国家在市政供水水价和水税等经济手段的应用与干旱管理政策稳步实施等方面的经验,对我国水资源短缺地区调整用水行为以及应对气候变化等方面具有一定的启示。欧盟的节水政策创新也对中国参与国际节水交流以及国际节水标准的制定、修订具有借鉴意义。

第1章 欧 盟

提 要

欧洲绝大部分地区气候温和湿润,水量总体丰沛,水资源禀赋相对较好。近年来,受气候变化加剧以及人口增加等影响,部分地区尤其是南欧国家水资源短缺和干旱问题越来越突出。欧盟拥有 27 个成员国,占欧洲总面积四成左右和总人口六成左右。欧盟为成员国制定了统一的水治理战略、政策及法规。

欧盟国家农业耗水量占总耗水量的 58% 左右,尽管农业用水总体呈下降趋势,但仍有 1/3 的国家农业耗水量呈现增加趋势,其中包含 5 个南欧国家。在发展循环经济的背景下,欧盟提出使用再生水作为灌溉水源的倡议,通过发布《再生水利用的最低水质要求条例》《〈水框架指令〉背景下将再生水纳入水资源规划和管理的指南》等法规和技术文件,规范再生水利用规划建设、水质标准、风险管理等各个环节,为再生水灌溉奠定了良好的政策基础。

为应对频发广发的干旱,欧盟建立了干旱观测站,对旱情进行持续监测,定期为成员国和公众提供旱情信息与干旱预测,并且要求成员国制定干旱管理计划,开展干旱灾害风险评估、防控、处置和适应等全过程管理。

经济手段也是欧盟较为重视的节水手段之一。欧盟通过《水框架指令》要求成员国实行鼓励节水的水价政策;通过《欧洲水效标识方案》,规范统一水效信息,推广节水产品。

1.1　自然地理和水资源利用

1.1.1　自然地理

欧洲联盟(简称"欧盟")是欧洲多国共同建立的政治及经济联盟,拥有 27 个成员国[①],覆盖面积 414 万 km²(占欧洲总面积的四成左右),拥有人口约 4.5 亿人(占欧洲总人口的六成左右),欧盟成员国及英国地理位置见图 1-1。

欧洲大部分地区为北温带,气候温和,降水分布相对均匀。由于面对大西洋,背靠亚洲腹地,欧洲大陆从西向东由海洋性气候过渡到大陆性气候。以波罗的海东岸至黑海西岸一线为界,欧洲大陆东部降雨量少,相对湿度低,阿尔卑斯山南部山区以亚热带高压系统为主,雨量随季节变化显著,冬季多雨,夏季干旱。

图 1-1　欧盟成员国及英国地理位置示意图

---

①欧盟 27 个成员国分别为:比利时、保加利亚、捷克、丹麦、德国、爱沙尼亚、爱尔兰、希腊、西班牙、法国、克罗地亚、意大利、塞浦路斯、拉脱维亚、立陶宛、卢森堡、匈牙利、马耳他、荷兰、奥地利、波兰、葡萄牙、罗马尼亚、斯洛文尼亚、斯洛伐克、芬兰、瑞典。英国于 2020 年 1 月退出欧盟,书中一些统计数据仍然包含英国,将一一注明。

欧洲河网稠密,湖泊众多,水量丰沛。与世界上其他许多国家和地区相比,欧洲大部分地区的水资源较为丰富,水资源禀赋相对较好。欧盟27个成员国及英国的多年平均水资源总量约为2.2万亿 m³,人均水资源占有量为4 560 m³。约一半欧盟成员国的人均水资源占有量(见图1-2)超过世界平均水平(7 500 m³),德国、丹麦、比利时等7国少于中国,西班牙、意大利、法国等略多于中国。

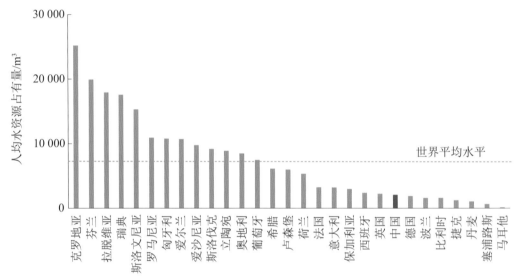

图1-2 欧盟成员国、英国与中国的人均水资源占有量(2020年)
(数据来源:FAO AQUASTAT)

欧盟成员国可耕种面积约为1.13亿 hm²,其中灌溉面积约为1 850万hm²,考虑气候条件,实际灌溉面积更少,仅占可耕种面积的8%~9%。南部欧洲灌溉面积占可耕种面积比例相对较高,马耳他为28%,西班牙和葡萄牙约为13%。自1960年起,欧盟成员国灌溉面积总体呈增加趋势(见图1-3)。受干旱等因素影响,2006年之后灌溉面积存在小幅下降波动。图1-4为欧盟成员国及英国灌溉面积(2017年)。

1.1.2 水资源利用

欧盟成员国及英国年取水总量约为2 100亿 m³(2017年)①,占水资源总

---

①数据来源:联合国粮农组织数据库 FAO AQUASTAT。

量的 9%。由于 80% 的工业和发电取水最终能够回归自然水体,水电几乎能 100% 地回归到自然水体,农业用水大约有 1/3 回归自然水体,因此欧盟在统计用水时,分别统计取水量和耗水量(取水后实际消耗、不返回大自然的水量)。总体上,取水总量的 40% 用于实际消耗,60% 可返回自然水体。

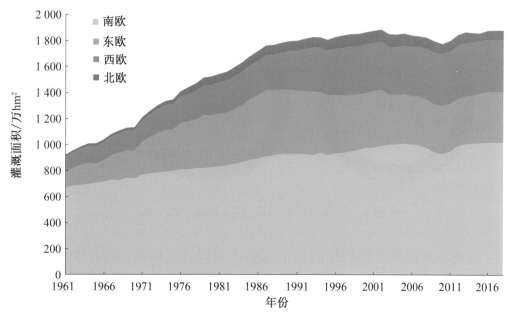

图 1-3 欧盟成员国及英国(分区域)灌溉面积(1961—2018 年)

(数据来源:FAO AQUASTAT)

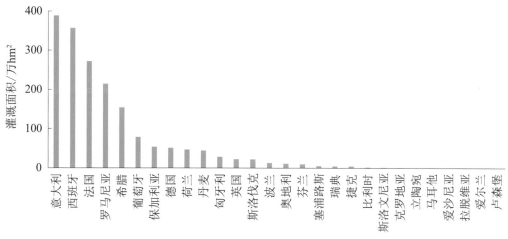

图 1-4 欧盟成员国及英国(分国别)灌溉面积(2017 年)

(数据来源:FAO AQUASTAT)

欧盟成员国农业取水占取水总量的 31%,市政和服务业取水占 21%,工业取水占 48%(含发电,主要用作冷却水)①;农业、工业、市政和服务业耗水量占比分别为 58%、29% 和 13%。因此,虽然农业取水量占取水总量比不足 1/3,但实际耗水则超过了总耗水量的一半,农业仍然是用水大户(见图 1-5)。

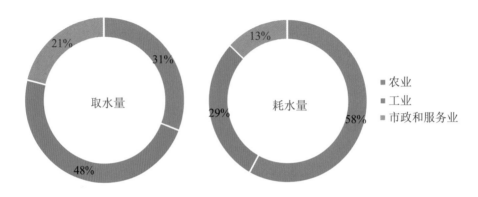

图 1-5　欧盟成员国取、耗水情况(2017 年)

欧洲各地区水资源利用的侧重点各不相同。在南欧,农业取水占取水总量的一半以上,有些地区甚至超过 80%;南欧灌溉面积占欧盟总灌溉面积的 60%,灌溉取水量则达到欧盟国家灌溉取水总量的 80%~90%。在西欧,一半以上的取水用作能源生产的冷却水。在北欧,水资源主要用于市政供水,满足居民、公众事业、商业的需求。

近年来,欧盟用水效率有所提高。如果以 1995 年为基准年,2017 年的耗水量减少了 16%,但是产值提高了 20%。

农业耗水量呈现不同趋势。欧盟国家农业耗水总体趋势下降,但是仍有 1/3 的国家农业耗水量呈增加趋势,有近 2/3 的南欧国家农业耗水量增加(见表 1-1)。

受历史传统、气候和土壤条件等综合影响,南欧国家的种植结构以高耗水作物为主,如棉花、苜蓿、玉米、水果、蔬菜等,大多数南欧国家每年单位灌溉面积取水量超过 5 000 m³/hm²。西班牙和意大利的单位灌溉面积取水量与中国相近。图 1-6 为欧盟成员国及英国单位灌溉面积取水量(2016 年)。

---

①数据来源:联合国粮农组织数据库 FAO AQUASTAT。

表 1-1 欧盟成员国及英国农业耗水趋势（2010—2017 年）

东欧	北欧	南欧	西欧
保加利亚↓	丹麦↓	克罗地亚↑	奥地利↓
捷克↓	爱沙尼亚↓	塞浦路斯↓	比利时↓
匈牙利↑	芬兰↓	希腊↑	法国↑
波兰↓	爱尔兰（无数据）	意大利↑	德国↓
罗马尼亚↑	拉脱维亚↑	马耳他↑	卢森堡（无数据）
斯洛文尼亚↓	立陶宛↓	葡萄牙↓	荷兰↓
	瑞典↓	斯洛文尼亚↑	
	英国↓	西班牙↓	

注：对欧盟国家的区域分组，遵循联合国地理分区方案。

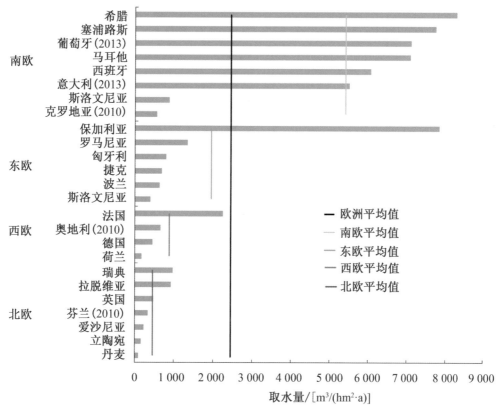

图 1-6 欧盟成员国及英国单位灌溉面积取水量（2016 年）

注：对欧盟国家的区域分组，遵循联合国地理分区方案。

发电用水在某些欧洲国家用水结构中占比较高，尤其是能源生产过程中的冷却用水。法国和德国的冷却用水占欧盟所有成员国冷却水耗水量的45%。

与人口持续增加趋势相反,1990—2017年间欧盟地区市政和服务业用水下降了16%。但是南欧在此期间增加了10%,南欧市政和服务业用水量占欧盟成员国同行业用水总量的60%(2017年),主要是用于旅游业。欧盟国家人均生活用水量约为147 L/d,不同国家间用水水平差距较大。人均生活用水量多少与气候条件和收入水平密切相关。寒冷且收入水平相对较低的地区,人均生活用水量偏少;炎热且收入水平较高的地区,人均生活用水量也相对较高。比如比利时人均生活用水量为115 L/d,而西班牙则达到了265 L/d。

公共供水的管网漏损也是影响用水水平的重要因素。欧盟各成员国公共供水管网漏损率差异很大,漏损率最低的荷兰仅为5%,德国也相对较低,约为6%,而管网漏损率最高的爱尔兰则达到了48%(见图1-7)。

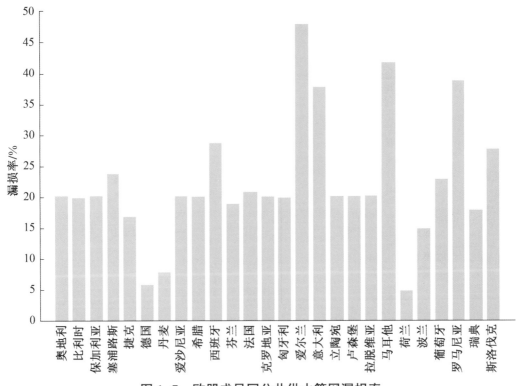

图1-7　欧盟成员国公共供水管网漏损率

注:无斯洛文尼亚数据。

从水源看,欧盟61.9%的用水取自河流,24.5%取自地下水,12.1%取自水库,1.5%取自湖泊。第2、第3季度是用水高峰期,一些地区高峰季度用水量是最低季度(第 4 季度)的近 3 倍。图 1-8 为部分欧洲国家取水水源及取水季节(2017 年)。

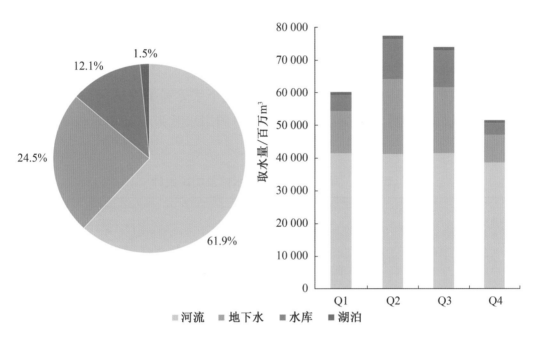

图 1-8 部分欧洲国家取水水源及取水季节(2017 年)

注:该统计数据范围除欧盟 27 个成员国、英国外,还包括挪威、瑞士、土耳其、阿尔巴尼亚、波斯尼亚和黑塞哥维那、黑山、北马其顿、塞尔维亚等国。

1.1.3　面临的主要水挑战

随着需水量增加和全球气候变化加剧,越来越多的欧盟国家面临着水资源短缺问题。据统计,1976—2006 年间受干旱影响的地区和人口均增加了近 20%,干旱损失达 1 000 亿欧元。21 世纪以来,极端暑热及干旱发生频率加剧。2022—2023 年欧洲连续两年发生 500 年一遇的大旱,2/3 的地区受到旱灾影响。法国 2022 年 7 月降水量比平均水平低 85%,法国、意大利、西班牙等国均实行了用水限制,并面临农业歉收绝收。欧洲面临的水资源压力越来越严峻,未来很可能爆发更为频繁和严重的干旱。

部分地区河流流量减少、湖水位和地下水位下降、湿地逐渐干涸,对淡水生态系统造成损害;很多地方的需水量已经接近可用水量临界值。水质恶化问题不易缓解,因水资源减少而导致的水质恶化有严重的趋势。部分地区地下水超采,咸水日渐入侵整个欧洲的滨海含水层。

2012年,欧盟对成员国123个流域的评估显示,整个地中海地区、中东欧、北欧的部分地区面临水短缺问题。降雨时空分布不均、经济发展布局与当地水资源条件不相匹配、雨热不同期是这些国家主要的水资源问题。

2021年,欧盟进一步详细统计了不同用水行业存在取水压力的水体数量。欧盟成员国、英国和挪威共约有17%的地下水体和10%的河段长度存在取水压力,法国、西班牙、塞浦路斯、匈牙利等国用水紧张程度相对较突出(见表1-2)。

表1-2 具有取水压力的水体及国家统计

用水行业	受影响的水体数量百分比	受显著影响的地表水体数超过10%的国家	受显著影响的地下水体数超过10%的国家
农业	42.8%	保加利亚、塞浦路斯、法国、荷兰、西班牙	比利时、塞浦路斯、希腊、匈牙利、意大利、马耳他、西班牙
能源(冷却水)	40.1%		比利时
工业	11.2%	法国	比利时、匈牙利、西班牙
市政	57.2%	塞浦路斯、法国、西班牙	比利时、法国、匈牙利、卢森堡、马耳他、西班牙

据预测,2030年的缺水流域数量将达到50%,影响的面积将达到欧盟总面积的30%~45%。

1.2 循环经济与绿色新政

1.2.1 经济及产业结构

欧盟是除美国以外的第二大经济体。大多数西欧和北欧国家在20世纪六七十年代就步入人均GDP超过1万美元的水平。2022年欧盟成员国GDP为15.8万亿欧元(125万亿元人民币),略多于我国。

近些年欧盟成员国大多处于经济衰退期,但整体社会经济发展仍处于较高水平。其中,仅保加利亚、罗马尼亚的人均GDP略低于我国。西欧、北欧以及传统的南欧国家经济发展水平高,人均GDP超过我国人均GDP的3~5

倍(见图 1-9),甚至更多。

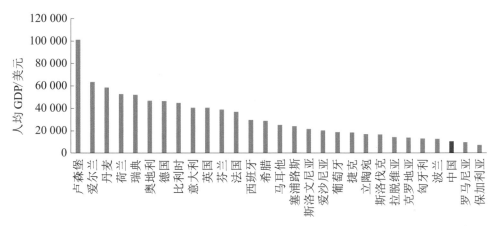

图 1-9　欧盟成员国(含英国)人均 GDP 水平及与中国的对比(2019 年)

本书选取的英国、西班牙、葡萄牙、法国、意大利、丹麦和德国等 7 个典型欧洲国家,仅葡萄牙人均 GDP 相对较低,但仍是我国的 2 倍多。

近年来,欧盟逐渐走出金融危机及欧债危机,但随后受英国脱欧、全球贸易紧张局势、新冠疫情等影响,2020 年后经济再度回落。

世界自然基金组织研究报告显示,随着经济快速发展和人口增加,当一个国家进入高速发展的工业化阶段,尤其是当进入人均 GDP 超过 1 万美元的中高收入阶段,用水与工业化之间的矛盾开始不同程度显现,资源环境压力加大,开始强调水资源节约和水环境治理,这是大多数国家在经济社会发展过程中的用水趋势(见图 1-10)。欧洲国家更早出现经济社会发展需求与当地水资源状况不相匹配的现象,在管理供需矛盾、水资源节约方面积累了更多经验。

1.2.2　循环经济政策

2008 年国际金融危机爆发,欧盟为应对经济发展转型,提出经济发展要由线性增长转为循环型增长模式,以不断提高资源利用效率和科技创新促进经济发展。欧洲是循环经济的发源地。2014 年 7 月,欧盟委员会正式通过欧盟循环经济可持续发展战略决定。2015 年 12 月,欧盟提出循环经济一揽子计划,通过推进实现公平、气候(碳)中和、资源节约型的循环经济,创造新的商业机遇和就业机会,巩固欧盟对外经贸关系。

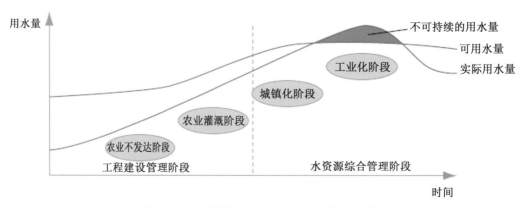

图 1-10　世界经济发展与用水趋势规律

早期欧洲的循环经济主要从废弃物治理的角度出发,目标是降低固体废弃物对环境的影响。随着循环经济计划的推进,循环经济的理念在经济社会发展的方方面面逐步体现出来。循环经济计划实施以来,欧盟已经取得了多项成就,包括通过《欧洲塑料战略》、废弃物立法、引入生产者延伸责任制、发行 100 亿欧元循环经济项目扶持资金等。欧盟预测,到 2030 年可有效降低欧盟原材料需求量 17%~24%,新增就业 58 万人,这意味着每年可节约 6 300 亿欧元的原材料成本,提升欧盟 3.9% 的 GDP。

水是该计划确定的七个关键领域之一。欧盟要求制定再生水利用法规,鼓励再生水在农业上的循环利用;在工业领域支持提高水的循环利用率。欧盟委员会还将考虑审查关于污水处理指令和污泥指令,并对去除营养物质(如藻类)的自然方法进行评估。欧盟认为保持水环境可持续发展的重要手段是少用水、不给大自然增加负担、增加水的循环利用次数、减少排污量,也就是从源头上减少资源消耗,提高资源利用效率。

1.2.3　绿色新政

2019 年 12 月,新一届欧盟委员会发布《力争到 2050 年成为首个气候中和大陆的欧洲绿色新政》(简称"绿色新政"),以 2050 年实现碳中和为核心战略目标,构建经济增长与资源消耗脱钩、富有竞争力的现代经济体系。这是欧盟应对气候变化、迎接环境挑战的新承诺,也是落实 2030 年联合国可持续发展议程的新举措。为此,欧盟提出"可持续欧洲投资计划",承诺欧盟项目预算的 25% 用于气候,"投资欧洲"基金的 30% 用于应对气候变化,同时要求成员国制定环保预算、实施税收改革等。

欧盟计划通过减缓和适应气候变化、促进清洁循环经济发展、绿色和高效节能建筑设计、修复地下水与地表水的功能、保护与修复生态系统和生物多样性等相关措施,在降低能耗的同时,促进水资源的节约保护。

水行业的稳定发展,是欧盟向绿色低碳转型发展必不可少的方面。据统计,欧洲拥有 9 000 多个活跃的涉水中小企业,这些中小企业善于创新、富有活力,具有绿色增长的巨大潜力。水行业提供了众多工作机会,欧盟范围内的供水公司可提供 60 万个直接就业机会,其他与水相关的领域(用水行业、水技术开发等)也提供了许多直接和间接的就业机会。提升欧洲水行业的竞争力,对促进欧洲经济增长、实现可持续发展至关重要。

1.3 水资源管理政策及节水要求

欧盟水政策主要以《水框架指令》为法律框架,以实施流域管理规划为主要抓手,为其成员国提供统一的水资源管理战略、政策、法规、技术标准和指南。为了应对越来越严峻的水短缺挑战,欧盟不定期开展评估,根据评估结果调整、修订流域管理规划以及主要的项目措施。

1.3.1 《水框架指令》总体目标要求

欧盟于 2000 年提出《水框架指令》(全称《欧洲议会与欧盟理事会关于建立欧共体水政策领域行动框架的 2000/60/EC 号指令》),是各成员国水资源管理需遵循的总的法律框架和要求。

《水框架指令》提出了统一的目标和要求,即尽可能实现欧盟境内 11.1 万个地表水体和 1.3 万个地下水体的"良好状态"。所谓"良好状态",指适合鱼类和其他水生物种生存的、健康良好的生态环境,可以被人类安全使用。一般需要满足化学条件、水文条件、形态条件等 3 方面的指标。

这是一项长达 30 年的长期政策。欧盟要求成员国将《水框架指令》的相关要求纳入本国法律,于 2009 年前实施第一轮流域管理规划,在 2015 年达到拥有"良好化学与生态状态"的水体目标。

《水框架指令》对节水非常关注,重点提出以下 3 方面要求:

(1)控制取水量。要求各成员国进一步控制取水量,保证水系统的可持

续性。

（2）使用经济手段。要求各成员国将经济手段作为流域规划措施的一部分，考虑供水与污水处理服务的成本回收问题，包括环境成本和资源成本；要执行能够鼓励用水者节约用水的水价政策。

（3）节约用水。要求成员国采取需求管理措施，特别是农业生产方面，鼓励种植需水量低的农作物，推广高效节水灌溉技术等。

1.3.2 欧盟在《水框架指令》执行中的作用

欧盟在落实《水框架指令》、推进各成员国水资源管理方面起着引导者和监督者的作用。主要体现在以下几方面：

（1）目标管理。自2000年《水框架指令》实施以来，欧盟发布了一系列与水有关的法规、政策，为成员国提出了统一的任务目标、工作要求和实施路径。

（2）统一监测。欧盟建立了欧洲水信息系统（WISE），收集各个流域的关键数据（包括流域压力、发展趋势、环境状况、影响评估等），判别不同经济部门产生的用水压力，并结合其他经济部门政策信息，制订未来发展趋势预测方案。

（3）定期评估。欧盟根据流域管理规划实施进展，以6年为一个周期开展评估，并根据评估结果及时为成员国提供必要的技术指导。

（4）技术指导。为了协助成员国实现水目标，欧盟编制了一系列共同实施战略指南文件以及相关的技术报告。这些文件是非强制性的、技术性的，无法律约束力，主要是为一些重要工作提供方法、原则以及要点，有些文件还附有较多的实践案例供成员国参考。

各成员国须将《水框架指令》的要求纳入本国法律法规，明确主管机构，划定流域区，实施流域管理规划。成员国在流域规划实施方面具有较高的自主性，自行确定各项工作的组织和完成方式。

1.3.3 《水框架指令》总体实施进展

欧盟先后于2012年、2019年对《水框架指令》实施情况进行了综合评估（见表1-3）。

表 1-3　欧盟各成员国执行《水框架指令》的详细情况(2019 年)

主要结论	说　明
地表水体的情况不太乐观	●仅 38%的地表水体达到了良好化学状况,40%达到良好生态状况。 ●相较 2009—2015 年周期,仅少数水体状况得到改善。 ●已基本确定全部水体状况,不确定性大大降低。 ●生态状况监测仍然存在重大差距
地下水体水量状况和化学状况的监测与评估有所改善	●大量成员国未设置合适的监测点。 ●化学状况监测仍然低于标准。 ●大量地下水体缺少监测核心参数或仅监测少数核心参数
采取了减少取水影响的措施,但缓解水资源压力的进展较慢	●对于受到取水影响的水体,已经采取了关键措施,但实施情况因成员国而异,压力缓解的进展较慢。 ●大部分成员国对少量取水不加以管制或登记。尤其对于已经存在缺水问题的成员国以及水量较少的水体,缺乏管制和登记,需要引起注意
大多数成员国的农业用水是最主要的压力	●有些措施缺乏事前评估,因此是否有助于实现《水框架指令》目标并不清楚。 ●很多农业措施取决于农民的意愿
非农部门措施比较到位	●对影响环境的污染物控制较好
饮用水源保护区和自然保护区方面的进展甚微	●对于大部分保护区,缺乏现状信息和压力信息,也未设定相关目标。 ●针对保护区(包括贝类)的监测报告十分有限,有的甚至完全缺失
半数左右的成员国存在干旱问题	●缓解干旱影响的一个关键措施是制订干旱管理计划,但该措施落实得并不理想
水价制定有一定改进	●缺乏配套的投资

2012 年,欧盟认为各成员国实施进度比预期缓慢,2015 年如期实现目标的挑战较大,有 43%的地表水体未达到良好生态状态,各成员国对《水框架指令》的解释、落实力度和完成程度并不相同,一些国家执行得过于宽松。

2019 年,欧盟认为《水框架指令》实施进展总体向好,但还远未达到预期目标。74%的地下水体达到良好化学状态,89%的地下水体水量状况达到良好状态,但仅有 40%的地表水体达到良好生态状态(与 2012 年评估相比,地表水达到良好状态的比例降低了,原因是这一周期将很多"未知状态"水体纳入实施范围,并被初始认定为"不合格水体")。虽然一些成员国采取了合适措施并进行了较大投资,但仍然面临着面源污染(如农业、交通、基础设施)和点源污染(如工业或能源生产)、过度取水以及一系列人类活动导致的水文情势变化。

欧盟总结实施进展不理想的原因主要是:①政策措施出台速度较慢,措施实施所需时间比预期时间长,自然生态系统恢复需要时间;②部分未知状况水体被纳入监测范围,因水体尚无相应数据,加之水质标准监测报告方法的改变,这部分水体被评为"不符合要求"。

1.3.4　流域管理规划的节水措施及效果评估

欧盟要求流域管理规划中要纳入节水措施。根据欧盟 2012 年《欧盟水短缺和干旱报告》评估,在流域管理规划中,采用比较多的节水措施主要有三大类:政府提供更多知识、提高用水效率和新增水源(见图 1-11)。

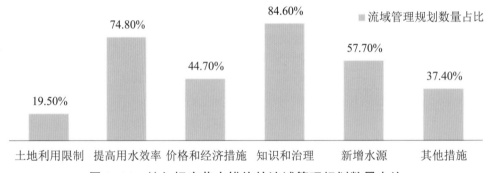

图 1-11　纳入相应节水措施的流域管理规划数量占比

在生活用水方面,欧盟推动采取雨水收集和推广节水器具等方式开源节流。采取雨水收集的方式灌溉花园和洗车,法国和英国可以节约 50%～80% 的家庭用水。采取减少管网漏损的措施,使英格兰和威尔士减少了 29% 的供水量,使意大利减少了 52% 的供水量;通过为洗车行业安装水处理设施,匈牙利节约了该行业 80% 的用水;通过安装节水器具,英国节约了 44%～55% 的该类别用水量,德国节约了 25% 的该类别用水量;通过推行用水效率高的洗碗机,整个欧洲的洗碗机用水效率提高了 40%。

在农业灌溉方面,欧盟推动改造灌溉设施和技术、利用再生水灌溉等方式减少用水。通过提高输水效率,可节约 10%～25% 的灌溉用水;通过改变灌溉方式,比如在南欧,滴灌比传统灌溉节约了 60% 的水量;法国通过改变种植模式,比如种植更为耐水的作物,节约了 50% 的灌溉水量;通过再生水利用,葡萄牙和意大利分别节约了 10% 和 12% 的灌溉用水,塞浦路斯节约的灌溉用水达 25%;西班牙农场主采取水权交易的方式,用再生水灌溉替换饮用水源。

在工业用水方面,欧盟推动主要用水行业采用循环用水、改进工艺等方式减少用水,主要用水行业是造纸、化工、纺织、食品、皮革和运输等。通过安装计量设施、循环用水,英国节水 15%~90%;通过使用污水处理技术、循环用水,西班牙比之前节约了 90% 的用水;通过改进电子行业流水线和办公楼用水,改进纺织行业的水电气管理系统和新装热水设施,英国显著减少了这些工业领域的用水量。

在面临水资源短缺或者干旱的流域,采取减少城市管网漏损、管理和控制地下水开采、提高生态系统韧性(如生态流量)、节水教育培训、相关研究等措施更为普遍,超过 2/3 的流域将这些措施纳入流域管理规划,另有超过半数的流域将再生水利用水价机制改革、农业节水、提高水表安装率提高生态系统韧性(如生态流量)等措施纳入规划(见图 1-12)。

欧盟委员会在 2014—2020 年的一些资助计划中,对高效供水和水需求管理方面项目给予投资倾斜,引导成员国重视用水效率的提高。在大约 30% 的流域管理规划中包含新建或更新改造水库和其他水源基础设施,提高水资源利用率。大约 25% 的流域管理规划包含新建和更新改造调水工程,50% 的流域管理规划包含再生水利用工程,30% 的流域管理规划包含地下含水层回补和雨水收集设施建设,少量流域管理规划中列有海水淡化项目。

1.4　再生水利用政策

在全球水危机的大背景下,再生水越来越成为水安全和可持续发展不可或缺的重要水源之一。根据全球水智库(Global Water Intelligence)报告,再生水的市场将很快超过海水淡化,全球在 2009—2016 年间对再生水的投资增长率为 19.5%。欧盟国家的污水处理收集设施已经覆盖 84% 以上的人口,污水处理再利用潜力非常大。在南欧,再生水已经成为农业灌溉和环境用水的主要来源。目前,欧盟国家再生水利用量约为 11 亿 m^3,据欧盟 2018 年调研报告,预计到 2025 年这一数据将达到 35 亿 m^3,若用于灌溉,可减少 5% 的灌溉水量(直接取自地表水和地下水)。

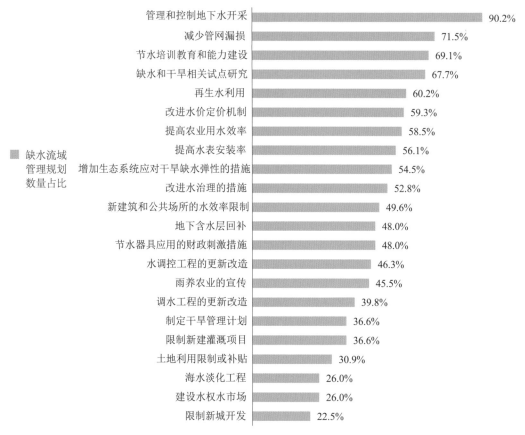

缺水流域管理规划数量占比

措施	占比
管理和控制地下水开采	90.2%
减少管网漏损	71.5%
节水培训教育和能力建设	69.1%
缺水和干旱相关试点研究	67.7%
再生水利用	60.2%
改进水价定价机制	59.3%
提高农业用水效率	58.5%
提高水表安装率	56.1%
增加生态系统应对干旱缺水弹性的措施	54.5%
改进水治理的措施	52.8%
新建筑和公共场所的水效率限制	49.6%
地下含水层回补	48.0%
节水器具应用的财政刺激措施	48.0%
水调控工程的更新改造	46.3%
雨养农业的宣传	45.5%
调水工程的更新改造	39.8%
制定干旱管理计划	36.6%
限制新建灌溉项目	36.6%
土地利用限制或补贴	30.9%
海水淡化工程	26.0%
建设水权水市场	26.0%
限制新城开发	22.5%

图 1-12　各类节水措施被纳入缺水流域的流域管理规划数量占比

1.4.1　政策发布情况

欧盟推进再生水利用的倡议最初发布于 2012 年的《保护欧洲水资源蓝图》，随后被列入 2015 年《欧盟循环经济行动计划》，欧盟要求各成员国通过再生水利用的立法予以落实。

2016 年，欧盟发布《〈水框架指令〉背景下将再生水纳入水资源规划和管理的指南》(部分摘译见附录 1)，以技术指南的方式规范了再生水项目规划建设和运行管理的原则与要求；2017 年，欧盟联合研究中心完成《再生水用于农业灌溉和含水层回补的最低水质要求》技术报告，为欧盟提出再生水水质标准奠定了科学基础；2020 年，欧洲议会通过了《再生水利用的最低水质要求条例》(译文见附录 2)，实现了在农业灌溉中安全使用再生水的水质标准立法，该法规于 2023 年 6 月正式施行；2022 年，欧盟联合研究中心完成《欧洲农业灌溉项目再生水利用风险管理技术指南》(部分摘译见附录 3),为成员国安全建设运营再生水灌溉项目提供了技术参考和实际案例。表 1-4 为欧盟再生水政策发布一览表。

表 1-4 欧盟再生水政策发布一览表

时间	文件名称	文件类型
2016 年	《水框架指令》背景下将再生水纳入水资源规划和管理的指南	技术指南
2017 年	再生水用于农业灌溉和含水层回补的最低水质要求	技术报告
2020 年	再生水利用的最低水质要求条例	法规
2022 年	欧洲农业灌溉项目再生水利用风险管理技术指南	技术指南

部分欧盟成员国,如塞浦路斯、法国、希腊、意大利、葡萄牙、西班牙等,在解决本国水资源问题时,根据需要颁布了再生水利用法规(见表 1-5),颁布时间相较欧盟再生水政策则要早很多。比如,塞浦路斯早在 2002 年就在相关法规中规定了再生水相关要求。

1.4.2 项目规划要求

欧盟《〈水框架指令〉背景下将再生水纳入水资源规划和管理的指南》对再生水规划管理提供了技术指导,一般针对水资源短缺的地区。总体上,欧盟要求再生水利用,应结合流域管理规划、干旱管理计划、土地利用规划、灌溉计划、供水与卫生计划或者其他规划计划等,纳入水资源管理、公用事业管理、城市规划等机构的规划之中,尤其是可以将再生水利用作为流域管理规划中一项重要的补充措施。

欧盟提出了再生水利用规划的 9 个关键步骤(见图 1-13)。

(1)明确水资源短缺和超采对水体的总体压力和影响、用水户(包括下游用户)的水量需求以及需求变化,分析是否挖掘了所有节水潜力,缺水是否严重到必须利用再生水的程度。

(2)确定合理的措施方案或水源,明确每种措施方案将如何解决具体的水量需求,将所确定的措施纳入《水框架指令》第 11 条要求的措施方案中。

表 1-5　欧盟成员国再生水法规发布情况

国家	法规名称	发布机构
塞浦路斯	LAW 106（I）（2002 年）：水和土壤污染控制及相关法规； KDP 772（2003 年）：水污染防治（城市污水排放）条例； KDP 379（2015 年）：小型污水处理厂法令	农业、自然资源与环境部
法国	JORF 0153 号法律（2014 年）：城市污水用于农业灌溉的法令	公共卫生部，农业、粮食和渔业部，生态、能源和可持续部
希腊	CMD 145116 号法令：污水再利用的措施、限制和程序（2011 年）	环境、能源和气候变化部
意大利	DM 185 号法令（2003 年）：污水再利用的技术措施	环境部，农业部，公共卫生部
葡萄牙	NP 4434（2005 年）：城市污水的灌溉再利用； 再生水风险管理条例（2019 年）	葡萄牙质量研究院
西班牙	RD 1620（2007 年）：污水再利用的法律框架	环境部，农业、粮食和渔业部，卫生部

（3）确定可回用的污水量以及如何配置以满足各种需求。

（4）充分考虑欧盟和各成员国的法律，确定再生水处理要求，以及能够确保安全使用与环境保护的其他要求。

（5）确定各项成本，包括处理不同来源废水的成本，以及将再生水输送给不同用户的成本。

（6）与其他备选方案（包括"不采取行动"的选项）以及可实现的效益（包括外部效应）进行比较分析。

（7）确定资金来源，确定适当的水价。

（8）污水处理厂管理者与用水户签署协议或合同，明确各自职责和责任。

（9）建立监测系统和管控制度，确保再生水的使用对人和环境无害，确保运营商履行相关法律义务。

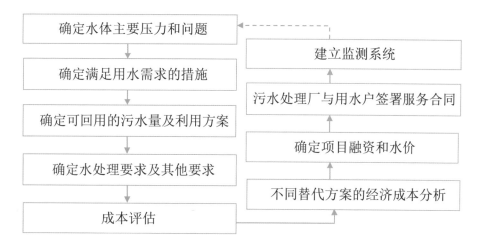

图 1-13　欧盟再生水利用规划步骤

随着规划过程的推进和项目的实施,上述 9 个步骤将根据需要循环往复、不断优化。

1.4.3　用途管制

欧盟成员国将再生水广泛用于城市景观、农作物、果树、高尔夫球场和林地灌溉等,尤其在南欧国家比较普遍(见表 1-6)。

欧盟通过《〈水框架指令〉背景下将再生水纳入水资源规划和管理的指南》对再生水的具体用途进行了解释说明。虽然再生水的来源很多,但该指南主要关注城市污水处理系统中的生活污水和回用的工业废水。由于生活污水和工业废水的污染物组成差别较大(例如:有机物含量、病原体、重金属等),生活污水与工业污水混合在一起,处理工艺和处理成本较高,该指南不适用于生活污水和工业废水混合的情况。该指南归纳再生水的主要用途包括环境、农林牧渔、工业和市政等四个方面(见表 1-7)。欧盟也明确表示,未来可能还会出现更多的再生水的新用途。

确定是否使用再生水,需要考量的主要限制因素包括水质能否影响用户和环境、水量是否充足且便于配送、成本等。此外,欧盟将公众和利益相关者接受度纳入考虑,并重视在项目前期就明确再生水利用各方的责任与义务。

欧洲节水政策与技术
OUZHOU JIESHUI ZHENGCE YU JISHU

表 1-6　欧盟部分成员国再生水主要用途现状

用途	塞浦路斯	法国	希腊	意大利	葡萄牙	西班牙
私家花园灌溉						√
卫生设施用水				√		√
城市景观灌溉	√	√	√	√	√	√
街道清洁			√	√		√
土壤压实			√			
消防			√	√		√
车辆清洗				√		√
生食作物灌溉	√	√	√	√	√	
非生食作物灌溉	√	√	√	√	√	
动物养殖场灌溉		√	√	√		
水产养殖						√
果树无接触灌溉	√	√	√	√	√	
观赏花卉无接触灌溉		√	√	√		
工业、非粮食作物、饲料、谷物灌溉	√	√	√	√	√	√
非食品行业的处理和清洗用水			√	√		√
食品行业的处理和清洗用水			√	√		√
冷却塔和蒸汽冷凝器用水			√	√		
高尔夫球场灌溉	√	√	√	√	√	√
无公共入口的观赏池塘			√			
局部渗透式含水层回补	√		√			√
直接注入式含水层回补	√					√
封闭式林地和绿地灌溉	√	√	√		√	
生态环境用水(生态流量或湿地用水)						√

表1-7 再生水主要用途

行业	具体用途
环境	创造更多水生环境、增加河流流量、回补地下水(如防止海水入侵或过度取水)
农林牧渔	农牧林灌溉、渔业养殖(含藻类养殖)
工业	冷却水、工艺用水、骨料清洗、混凝土制造、土方碾压、除尘等
市政	公园灌溉、娱乐和运动设施、私人花园、路侧绿化用水、道路清洁、消防、洗车、冲厕、除尘

1.4.4 水质要求

欧盟《再生水利用的最低水质要求条例》对灌溉用再生水水质提出明确要求,回应公众对再生水灌溉的农产品安全问题的疑虑。这项法规为再生水的安全使用提供了法律依据。

欧盟对利用再生水的农作物进行了详细分类,不同作物种类的灌溉要求和再生水水质均不同。欧盟按照农作物是否生食、食用部分是否接触再生水等原则,将农作物进行如下分类:

(1)生食作物:指在天然或未经加工状态下供人类食用的作物。

(2)加工食用作物:指经处理加工(烹调或工业加工)后供人类食用的作物。

(3)非食用作物:指不是供人类食用的作物(例如:牧草和饲料、纤维、观赏植物、种子作物、能源作物、草皮作物)。

根据作物种类,欧盟给出不同再生水水质等级的允许用途、灌溉方式和监测频率(见表1-8),并为每个类别确定了最低水质标准(见表1-9)。例如:对于生食作物,而且可食用部分直接接触再生水,必须使用A级再生水进行灌溉,对于灌溉方式则无特殊要求。对于不与再生水接触的生食作物,则使用B级或C级再生水均可,但是当使用了水质标准较低的C级再生水灌溉时,则要采用滴灌或者其他可避免直接接触作物可食部分的灌溉方式。

欧盟提出的再生水最低水质指标并不多,主要是大肠杆菌、五日生化需氧量(BOD_5)、总悬浮固体(TSS)、浊度、军团杆菌属、肠道线虫等。但指标值要求比我国标准高,具体分类更细。我国用于农业灌溉的再生水,尚未细化到灌溉不同的作物采取不同水质。

表1-8 再生水用于农业灌溉的作物种类、灌溉方式

再生水水质等级	作物种类规定	允许的灌溉方式
A	可食部分与再生水直接接触的生吃食用作物	所有灌溉方式
B	可食部分长在地上、不直接接触再生水的生吃食用作物；需加工的作物，包括用作牲畜饲料的作物	所有灌溉方式
C		滴灌或其他避免直接接触作物可食部分的灌溉方式
D	工业、能源和种子作物	所有灌溉方式

表1-9 再生水用于农业灌溉的最低水质要求

再生水水质等级	指示性技术目标	水质要求				
		大肠杆菌/（个/100 mL）	BOD$_5$/（mg/L）	TSS/（mg/L）	浊度/NTU	其他
A	二级处理、过滤和消毒	≤10	≤10	≤10	≤5	军团杆菌属：<1 000 cfu/L，有气溶胶形成风险； 肠道线虫（蠕虫卵）：≤1个卵/L，用于牧草或草料灌溉
B	二级处理和消毒	≤100	根据欧盟《城市污水处理指令》（91/271/EEC）	根据欧盟《城市污水处理指令》	—	
C		≤1 000			—	
D		≤10 000			—	

欧盟要求再生水水质满足下列准则：

（1）90%以上样本中的大肠杆菌、军团杆菌属和肠道线虫指示值满足要求。

（2）大肠杆菌和军团杆菌属的所有样本值均未超出指示值1对数单位的最大偏差限制，肠道线虫的所有样本值均未超出指示值100%的最大偏差限制。

（3）90%或以上样本的BOD$_5$、TSS和浊度指示值满足等级A要求；所有样本值均未超出指示值100%的最大偏差限制。

1.4.5 监测要求

欧盟《再生水利用的最低水质要求条例》要求污水回收设施运营商应进

行常规监测,验证再生水是否满足最低水质要求。对于 A 级再生水,需要对大肠杆菌、BOD_5、TSS 等指标每周监测一次,并连续对浊度进行监测,军团杆菌属和肠道线虫等指标需要两周监测一次。B 级、C 级和 D 级再生水监测要求相对宽松(见表1-10)。

表1-10 再生水用于农业灌溉的最低常规监测频率

再生水水质等级	最低监测频率					
	大肠杆菌	BOD_5	总悬浮固体(TSS)	浊度	军团杆菌属(如适用)	肠道线虫(如适用)
A	每周一次	每周一次	每周一次	持续	每月两次	每月两次,或污水回收设施运营商根据进入设施污水中的蠕虫卵数量确定的其他频率
B	每周一次	根据欧盟《城市污水处理指令》	根据欧盟《城市污水处理指令》	—		
C	每月两次			—		
D	每月两次			—		

在新的设施投入运行之前,或在升级设备、新增设备或工艺的情况下,均需开展核实监测。

对要求最严格的 A 级再生水水质要进行验证性监测,验证监测应监测每一类病原体(细菌、病毒和原生动物)相关的指示微生物(见表1-11),要求至少90%的验证样本应达到或超过性能指标。

表1-11 再生水用于农业灌溉的验证监测

再生水水质等级	指示微生物	处理链的性能指标(log10 去除率)
A	大肠杆菌	≥5,0①
	总大肠杆菌噬菌体/F-特异性大肠杆菌噬菌体/体细胞大肠杆菌噬菌体/大肠杆菌噬菌体	≥6,0
	产气荚膜梭菌孢子/形成孢子的硫酸盐还原菌	≥4,0(产气荚膜梭菌孢子);≥5,0(形成孢子的硫酸盐还原菌)

---

①逗号前后的两个数据,分别代表再生水处理前和处理后的数据。

1.4.6 许可管理

欧盟对再生水用于农业灌溉实施许可。许可证中的内容包括再生水水质等级、农业用途、使用地点、水回收设施、预计年产量、最低水质要求和监测要求等，主管部门再生水利用风险管理计划可能的附加条件和要求(例如:消除对人类和动物健康及环境造成的任何不可接受的风险所必需的任何其他条件)，再生水设施运营商及任何其他有关责任方的义务，以及有效期。

如果产能发生重大变化或设备升级、增加新设备或新工艺，或者地表水体生态状况发生变化，要定期重新审核许可证。要建立再生水利用追溯机制，消解公众对再生水利用的疑虑。

主管部门将通过定期现场检查、数据监测等方式核实许可证规定的条件是否得到了满足。如果不符合许可证规定的条件，主管部门将要求再生水设施运营商和相关责任方采取必要措施，并告知受影响的终端用户。如果因不符合许可证规定的条件而对人类或动物健康以及环境构成重大风险，主管部门将敦促再生水设施运营商或任何其他责任方立即中止再生水供应，直到主管部门确认合规。

1.4.7 风险管理及评估

欧盟《再生水利用的最低水质要求条例》第五条及附件 2 规定了再生水风险管理的一般性要求，包括主管部门应制订再生水风险管理计划、明确所有相关方职责、识别潜在危害、确定可能面临风险的环境和群体、提出防范性管理措施等。《欧洲农业灌溉项目再生水利用风险管理技术指南》给出了风险管理各个技术环节的原则和标准，指导水资源管理者和主管机构落实风险管理计划。

《欧洲农业灌溉项目再生水利用风险管理技术指南》将《再生水利用的最低水质要求条例》提出的 11 个风险管理关键要素分成四个模块，逐一阐述对不同要素的落实实施，并强调加强流程管理(见图 1-14)。

模块 1 包括制订风险管理计划所必需的一系列预备活动。首先，要确定整个再生水系统的范围，界定并清晰描述所有可能存在的健康和环境风险的外延和边界，确定可能影响系统的内外部因素，制作系统流程图展现子系统之间的相互关系。这既包括污水处理厂、污水回收设施、泵站、贮水池、灌溉设施、配水管网等工程设施,也可能包含一些外延的范围(比如:再生水终端用户、土壤、地下水以及相关的生态系统等)。其次,要确定相关参与者的角色和责任。

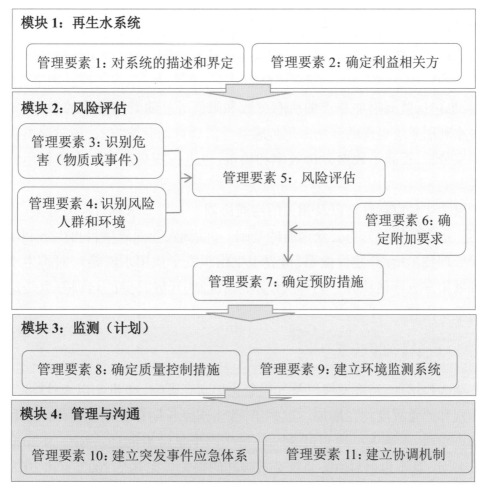

图 1-14　再生水系统风险管理要素及管理流程

模块 2 风险评估主要以国际标准化组织 ISO 20426 号标准作为参考。首先,识别再生水系统可能带来的公共卫生和环境方面的有害物质(污染物和病原体)或危害事件(处理失败、意外泄漏、污染等),确定可能接触到的人、动物或环境受体以及可能的接触途径。然后,开展风险评估,可采用定性或半定量方法,分别对健康风险和环境风险进行评估,根据严重性和发生概率建立风险矩阵,确定风险等级。评估的范围可能非常广泛,比如地下水和地表水脆弱程度、硼、氯、氮磷、盐度和土壤碱度等农业有害物,甚至是一些新型污染物。最后,根据评估结果,确定是否为水质和监测增加一些附加要求(确定是否需要增加额外的监测参数等),并提出预防措施,设置安全屏障(例如:为尽量减少再生水对食品生产链的微生物污染,要进行再消毒;采取地下滴灌避免再生水散发;在作物收割前即停止灌溉等)。

模块 3 主要是规划再生水处理设施的所有监测活动,确定处理设施的质量控制和环境监测方案,包括常规监测要求、计划(如:地点、参数、频率等)和程序,也包括监测附加要求的所有参数和限值等。随着信息化的发展,一些再生水利用系统也逐渐开始采用传感器等信息自动获取方式,通过建模辅助实验室分析,提高了数据分析效率和质量,也进一步提高了再生水利用的安全性。

模块 4 是应急管理以及相关的沟通协调。一般要求制订应急方案,这也是再生水责任相关方与公众沟通的基础。《欧洲农业灌溉项目再生水利用的风险管理技术指南》建议按照《世界卫生组织安全饮用水框架》,对再生水项目开展第三方评估检查。另外,建立协调机制、开展必要的培训等也是这部分的重要内容。

1.5 干旱管理政策

受人口增加、经济发展以及气候变化加剧等影响,21 世纪以来,欧洲干旱的频次和严重程度均在增加。近些年,欧盟国家长期存在用水紧张的面积已经超过 20%,影响人口约超过 30%。每年因干旱带来的经济损失为 20 亿~90 亿欧元,且不包括对生态系统造成破坏的损失。尤其是 2022 年和 2023 年干旱,影响了整个南欧地区和绝大部分西欧地区,阿尔卑斯山脉雪水当量已经远远低于历史平均水平。

自 2000 年以来,欧盟每年发生严重干旱的面积达 12.1 万 km^2,干旱最严重的地区主要发生在伊比利亚半岛、法国西南部等地区。南欧和中欧大部分地区、巴尔干半岛(保加利亚、匈牙利、罗马尼亚、斯洛文尼亚)等地的干旱发生得愈加频繁。图 1-15 为不同类型土地受旱情影响的面积(2000—2016 年)。

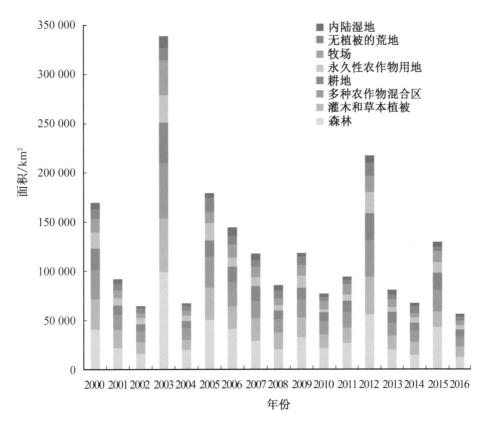

图 1-15　不同类型土地受干旱影响的面积 (2000—2016 年)

注：该统计数据来自欧盟环境署，国家范围除欧盟 27 个成员国、英国外，还包括挪威、
瑞士、土耳其、阿尔巴尼亚、波斯尼亚和黑塞哥维那、黑山、北马其顿、塞尔维亚等。

干旱管理越来越受到欧盟重视。欧盟通过加强干旱监测、干旱风险管理计划和干旱评估，形成了比较完善的干旱灾害风险评估、防控、处置、规避和适应等全过程管理战略，管理措施从过去的应急管理向风险管理转变。

欧盟干旱管理政策措施主要有三项：一是加强干旱监测，通过干旱监测模型系统对旱情进行总体监测，并按季度发布干旱情况报告。二是要求各成员国制订干旱管理计划，并与流域管理规划和其他规划相结合，提高干旱管理水平。三是不定期评估水短缺和干旱情况，分析总结各流域采取的节水措施，对比分析差距，为成员国提出改进建议。

1.5.1　干旱监测

从应急管理向风险管理转变的最重要手段是干旱监测。干旱监测为干旱管理决策提供了重要基础信息支撑,是干旱管理的核心内容之一。欧盟重视对旱情的持续监测,于 20 世纪末即建立了欧洲干旱观测站(European Drought Observatory,EDO),由欧盟联合研究中心和欧盟环境总司联合运营,是哥白尼应急管理服务中心的一部分。欧洲干旱观测站与欧洲各地的重要数据中心达成兼容和互用协议。该观测站主要基于标准气象干旱降水指数(SPI)、土壤湿度异常指数(SMA)、植物冠层吸收光合有效辐射比例(FA-PAR)等指标,形成综合干旱指数(CDI),综合分析欧盟范围内的干旱情况。

基于干旱指标,欧盟定期发布干旱信息,并预报下一阶段干旱情况。针对 2022 年大旱,欧洲干旱观测站发布信息,欧盟成员国有 47% 的面积处于干旱"预警"状态,土壤含水量不足;另有 17% 的地区处于更严重的干旱"警戒"状态,植被和农作物受干旱影响较为严重。

长期的监测已经形成了欧洲干旱影响数据库,其中包含 1970—2022 年欧洲 36 个国家超过 2 万个干旱影响记录。

哥白尼应急管理服务中心

哥白尼应急管理服务中心成立于 2012 年,由欧盟联合研究中心负责管理和运营。哥白尼应急管理服务中心不仅提供欧洲范围的服务,还为全球范围的其他国家和地区提供相关服务。该中心主要提供的服务包括以下几方面:

(1)预警和监测。提供欧洲和全球的重要地理空间信息,并提供欧洲和全球洪水感知系统、欧洲森林火灾信息系统、欧洲和全球干旱观测系统等服务。

(2)灾害暴露图。提供灾害区内居住区和人口的信息。

(3)按需制图。主要针对世界各地自然或人为灾害紧急情况,根据需求进行制图。

欧洲干旱观测站是哥白尼应急管理服务中心的一部分。它提供正在发生的干旱事件等信息,以及未来可能发生的干旱预测信息。哥白尼应急管理服务中心开发了自动干旱监测和跟踪的新方法,并已经集成到哥白尼干旱应急管理系统中;在不久的将来,还将利用人工智能等工具,开展全球人工智能增强气候服务。

1.5.2 干旱管理计划

流域管理规划中有减少取水量的一些措施,但这些措施主要侧重于解决临时缺水问题。制订单独的干旱管理计划,采取干旱风险管理的方式,可以更有效地预防干旱。

成员国可以自主采取具体的干旱管理措施。目前,法国、西班牙、葡萄牙、德国、荷兰、爱尔兰、希腊、罗马尼亚、瑞典、芬兰、匈牙利、捷克、塞浦路斯等 13 个欧盟成员国制定了干旱管理计划。英国政府也要求环保署以及各级地方机构、水务公司均制订各自的干旱管理计划。

干旱管理计划通常成为流域管理规划的一部分,或者成为气候适应计划的一部分。

1.5.3 不定期评估

欧盟自 2007 年发布《欧盟水短缺和干旱报告》后,在随后的 5 年中,每年发布水短缺和干旱评估报告,总结采取的节水措施效果以及差距,并提出今后的计划。

2007 年,欧盟提出应对水短缺和干旱的 7 项措施,包括合理制定水价、高效分配资金、改进干旱风险管理、增加供水基础设施、推进节水技术研发应用、培育节水文化、提高数据收集能力等。

2011 年,欧盟强调,不只是地中海国家,除一些人口稀少、水资源丰富的北部地区外,对于整个欧盟范围,水资源短缺和干旱都是一个日益严重的问题。

2012 年,欧盟对 2007 年的 7 项节水措施进行了评估,认为欧盟缺水和干旱的现状并未改变,需更加注重水量问题;要确定和实施生态流量,确定用水效率目标并予以落实,采取促进高效用水的经济激励措施,改进缺水情况下的土地利用,加强欧洲的干旱管理等。

2021 年,在关于欧洲水资源紧张程度的最新评估中,欧盟进一步强调将以下措施纳入流域管理规划:

- 建立水平衡和水账户;
- 设立生态流量;

- 许可登记和取水管理;
- 建立有利于成本回收和运行可持续的水价机制;
- 开发多种水源,包括非常规水利用(如:再生水);
- 开展节水和高效用水项目。

1.6 水效标识政策

在水短缺和干旱的背景下,提高用水产品水效成为一项越来越重要的市场手段。根据欧盟委员会环境总司水效标准研究统计,淋浴器和水龙头分别占家庭平均用水量的 33% 和 10%,采用节水器具可使生活用水量整体下降 32%。

在水资源短缺、干旱以及生态设计方法的背景下,欧盟越来越强调用水器具水效。欧盟委员会早在 1992 年即出台了"生态标识"制度,随后于 2005 年补充完善了关于水龙头和淋浴喷头的生态标识和绿色公共采购标准,主要从环保角度,为浴室产品(特别是水龙头、淋浴设备和抽水马桶)的最高效产品授予标识。

2015 年,为了进一步规范产品性能,为消费者提供标准统一的洗浴产品水效信息,推广应用水效产品,欧洲水龙头和阀门协会、欧洲卫生陶瓷联合会和代表数百家制造商的国家浴室协会等共同制定了简明统一的《欧洲水效标识方案》(译文见附录 4)。该方案是非强制性的。除欧盟 27 个成员国外,英国、以色列、挪威、瑞士、俄罗斯、乌克兰和土耳其等国也加入了该方案。

在"节水就是节能减排"的理念下,该标识方案详细规定了对加入产品(淋浴设备、水龙头、抽水马桶、男用小便器等)的要求,尤其是流量限制要求。参加水效标识方案的厂商,需要签署承诺书,承诺致力于产品的各项节水节能性能提升,为用户提供产品水效信息,自我监测实施情况,并进行一些宣传推广。

水效标识方案最初是由英国卫浴行业创建并拓展为欧洲范围的方案,主管部门为位于英国的水效标识有限公司;同时设立治理委员会,负责向主管部门提出具体处理事项的相关建议(包括各签署厂商或第三方的投诉处理),提出水效标识方案修正案,提出行政管理和监管的调整建议,欧盟委员会为治理委员会的观察员。

所有在欧盟、以色列、挪威、瑞士、俄罗斯、乌克兰和土耳其市场销售适用产品的厂商,都可向水效标识方案主管部门提出申请,申请材料包括申请表和合规公告。无论主管部门是否同意申报,都将给出同意或拒绝的理由。如果申请的产品技术特性发生变化,可能影响流量和产品分类,需向主管部门另外提供第三方出具的合规证书或测试报告副本等支撑材料。

加入水效标识方案的厂商每年需提供实施水效标识方案的相关信息,主管部门据此发布水效标识总体实施情况,评估水效标识知名度和市场转型影响等。

加入水效标识方案的公司需要接受定期审计。水效标识方案主管部门每年委托独立有资质的认证测试机构,从该方案数据库产品中选择 5% 进行审核,检视其是否符合要求。

如相关厂商无法达到欧洲水效标识要求,治理委员会将给予警告,要求厂商必须在 3 个月内纠正问题。如厂商已采取必要措施,但仍不能达到要求,治理委员会也可能视情延长合规截止期限。如果主管部门打算取消或暂停带有欧洲水效标识产品注册,需要书面通知厂商并告知理由。

第 2 章　英　国

提　要

英国属温带海洋性气候,常年湿润多雨,但岛内地势平坦,蓄水能力有限,且由于人口密度较大,人均水资源量不足 2 200 m³。

为应对气候变化和人口增长带来的水资源短缺、水生态退化等挑战,英国以"水资源高效利用"为目标,综合实施生活节水、工业节水、农业节水和公共节水,取得了良好成效。

英国相关部门出台了一系列节水法规和战略规划,采取的节水措施包括需求管理、取水许可管理、水价改革、干旱管理、节水补贴、水效标识、宣传教育等。同时,水务企业引领智能水表、节水卫浴设施、节水家电、水循环冷却、管道漏损检测、智能灌溉等先进节水技术的发展与应用。在多部门协同配合下,英国节水市场活跃,节水科技水位居世界前列。

面向未来,英国制定了中远期战略,将延续有效的节水措施,进一步加大工程节水和技术节水力度,持续提高水资源的调蓄、净化和供应能力,保障水安全。

2.1　自然地理、经济及水资源利用

2.1.1　自然地理

英国位于欧洲西北部、大西洋的不列颠群岛,国土面积 24.41 万 km²,人

口约 6 700 万人。受温带海洋性气候影响,英国常年湿润多雨,年均降水天数为 156.2 d,降水量自西北向东南沿途递减,全国多年平均降水量约 2 972 亿 m^3,折合降水深约 1 220 mm。英国年均水资源总量约 1 470 亿 m^3,仅为降水量的一半,人均水资源占有量不足 2 200 m^3,与我国相近。

由于岛内地势平坦、缺少大型水库、蓄水能力不足,加之土壤含水量较低、地下水补给有限,可供利用的水资源相对有限。

英国河湖水系众多,但河长较短,落差和流量较小。其中,塞文河是英国最长的河流,全长 354 km,流域面积 1.14 万 km^2,年径流量 33.74 亿 m^3;泰晤士河是英国流域面积最大的河流,全长 346 km,流域面积 1.29 万 km^2,年径流量 20.75 亿 m^3;泰河是英国流量最大的河流,全长 193 km,流域面积 4 970 km^2,年径流量 56.45 亿 m^3。此外,还包括特伦特河、瓦伊河、乌斯河等主要河流。英国北部地区多湖泊,以北爱尔兰境内的内伊湖最大,湖面面积 383 km^2,库容 35.28 亿 m^3,最大深度 25 m。

2.1.2 经济及产业结构

英国是世界第六、欧洲第二大经济体。2021 年 GDP 总量约 3.11 万亿美元,人均 GDP 约 4.62 万美元。在各产业当中,服务业占主导地位,约为 GDP 的 71%,此外,贡献较多的产业还有建筑业和制造业等。英国科技产业年估值约 1 万亿美元,位居世界第三,仅次于美国和中国。农业贡献率仅为 0.71%。

英国是世界第五大进口国和出口国,主要贸易伙伴是欧盟和美国,主要进口机械、运输设备、化学品、燃料、食品等,主要出口汽车、药品、电机等。

2007—2022 年,英国经济总量基本保持不变,受国际形势影响,总体呈现先下滑再回升的趋势。自 2020 年 1 月脱欧以来,英国贸易量大幅减少,经济总量下降约 4%。

2.1.3 水资源利用

1. 取用水量

2020 年英国取水总量约 84.2 亿 m^3,占水资源总量的 5.81%。按用途划分,生活及市政取水约占取水总量的 74%,农业取水约占 14%,工业取水约占

12%;按水源划分,约79.6%取自地表水,约20.4%取自地下水。

从变化趋势看,英国总取水量和人均取水量均呈下降趋势。如图2-1所示,2000—2020年,总取水量从162.7亿 m³下降到84.2亿 m³,工业取水量从71.9亿 m³下降到10.1亿 m³,农业取水量从19.5亿 m³下降到11.8亿 m³,生活及市政取水量从71.3亿 m³下降到62.3亿 m³;如图2-2所示,人均取水量从276.2 m³下降到124.0 m³。

图2-1 英国年总取水量(2000—2020年)

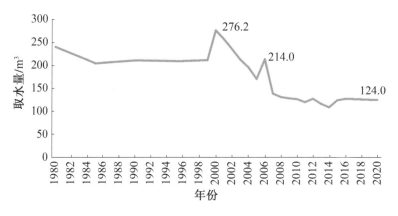

图2-2 英国人均年取水量(1980—2020年)

在流域层面,泰晤士河流域年降水量约2/3被蒸发,有效径流约45%为生态基流;在其余55%的可用水量当中,约18%用于工农业生产,82%用于居民生活(包括个人卫生、饮用、洗车、浇花等)和公共事务(包括商业、医疗、旅游、教育等)。

在城市层面,据伦敦市政厅统计,2021年伦敦市民每日用水量为144.4 L,较上一年度的152.2 L有所下降。其中用水占比最高的是个人卫生(包括沐浴和洗手),其次是厕所用水和衣物清洗,以上三项累计用水占比达 70% 左右,具体见表 2-1。

表 2-1 伦敦家庭用水情况

用水类型	用途	用水量/[L/(人·d)]		
		低	中	高
厕所	马桶冲水	35	39	45
个人卫生	淋浴	27	39	55
	洗手	10	12	15
饮用水	饮用水	2	2	2
其他	洗衣服	14.6	22	26.3
	洗碗	8	12	15
	洗车	0.9	1	1.2
	花园用水	4.3	9	14
	其他	13	20	32
总用水量		114.8	156	205.5

2. 用水效率

受产业结构影响,英国工农业用水比重较低,服务业发达,因此单位用水量经济产值较高。但由于基础设施老化、管网漏损等情况较为普遍,用水效率相较其他欧洲国家并不突出。英国供水管道总长约 34.6 万 km。2010 年,英国管网漏损率高达 30% 以上,漏损水量中约 26% 来自家庭用户,74% 来自企业及公共用水户,经过设施维护和技术升级,2018 年降至 22%,目前管网漏损率已降至 20% 以下。尽管如此,英格兰和威尔士每年因管道泄漏损失水量依然超过了 10 亿 m^3。

据统计,2022 年英国万元 GDP 用水量约 5 m^3,万元工业增加值用水量约 3.2 m^3,人均生活每日用水量 146 L,农田灌溉水有效利用系数为 0.65。

2.2 水资源管理

2.2.1 体制机构

英国总体上采用流域水资源管理一体化、供排水服务一体化、水务行业私营化的管理体制。在中央层面,环境、食品和农村事务部,环境署,水务监督管理局,饮用水监督委员会等机构负责英格兰和威尔士地区的水资源管理,具体职责包括政策制定、规划编制、执行监督和结果评估等。自1989年至今,相关地区的供水及污水处理排放采取了私有化的经营模式。在地方层面,水务公司具体负责各辖区内的供水、排水和污水处理,并接受政府部门监督。

苏格兰和北爱尔兰议会政府拥有较大的自治权,因而保留了供排水的国有经营模式。英国涉水管理机构及职责见表2-2。

表2-2　英国涉水管理机构及职责

机　构	职　责
环境、食品和农村事务部	英国政府水行政主管部门,负责制定国内相关水政策法律,并对水务管理机构进行监管和改革
环境署	负责执行英格兰和威尔士水政策,受环境、食品和农村事务部领导,具体负责取水管理和河湖监测、审批发放取水许可证、干旱管理、监督和报告执行情况等
水务监督管理局	直接向议会负责,宏观调控水价,确保水价在合理范围内;每5年评估一次水价,审查水务公司定价原则及财务状况
饮用水监督委员会	负责监督、保障英格兰和威尔士的公共用水,特别是饮水安全
水务公司	在获得政府取水、污水排放许可证的基础上,根据政府分配水权和指定服务区域,自主经营、自负盈亏

英国公共供水历史悠久。早在1447年《大宪章》中即有关于供水的规定。到19世纪中期,供水已成为普及性的公共服务。1848年英国政府颁布《公共健康法》之后,各地陆续成立了供水企业,为日益增加的城市人口提供用水服务,供水体系由此建立并迅速发展。20世纪70年代以前,英国水利工作的重点主要是规划和兴建水库等基础设施,以提升供水保障能力。1973年《水法》颁布后,水利部门逐渐将工作重心由开发建设转向水资源规范管理和科学利用,尤其是近30年来,由重视水量转向水环境和水生态,通过提高用水效率和减少污染,保障供水需求。

2.2.2　法律法规

英国涉水法律众多,《水法》《水资源法》《建筑物条例》中都对用水行为进行了相关规定,要求水权持有者应采取必要措施,对水资源进行合理利用和保护,避免污染和浪费。

1989 年修订的《水法》旨在推进英国水务行业私有化和市场化,该法案规定了英国的水资源管理机构、水利基础设施建设维护、水资源保护等事项,并提出英国水务行业必须以经济、高效、可持续的方式运作。其中,第 37 条和第 40 条分别对水务公司的经营和财务管理进行了明确规定,要求必须以经济高效的方式运营,满足用户需求,并保持合理的收费水平。此外,第 57 条还规定了水务公司必须向监管机构提供信息,接受法律监督。

1991 年修订的《水资源法》第 37 章第 71 至 75 条中具体规定了用水效率、用水计划、用水审计和水管理计划等具体要求。

《水资源法》相关规定

第 71 条　节约用水:一般义务

(1)每个供水企业有责任促进其供应水的节约使用。

(2)在不损害上述第(1)项的一般性原则的前提下,环境大臣可以通过法规要求供水企业:(a)制定并向其提交节约用水计划;(b)遵守这些计划或其中的具体规定。

第 74 条　提升用水效率的义务

(1)每个供水企业有责任促进其供应水的有效使用。

(2)在不损害上述第(1)项的一般性原则的前提下,环境大臣可以通过法规规定要求供水企业:(a)制定并向其提交用水效率计划;(b)遵守这些计划或其中的具体规定。

2010 年颁布的《建筑物条例》规定,新建住宅必须采用特定的用水设备和技术,包括低流量马桶、节水淋浴喷头和水龙头等。除户外花园用水外,人均每日用水量不得超过 120 L;政府投资新建住宅,人均每日用水量不得超过 105 L。这些措施旨在通过技术手段降低住宅的用水量,提高用水效率。2020 年,该条例对部分技术标准进行了调整,具体包括:对人均每日用水量指

标稍作上调,分别修订为 125 L 和 110 L,并规定新建住宅必须采用更高效的照明设备和保温材料等。

2.3 节水政策及实践

2.3.1 战略规划

多年来,英国在节水战略制定和规划编制实施方面开展了大量实践,在政府、企业、科研机构、民间组织等不同层面都制定了节水相关策略。

1.《水政策白皮书——生命之水》

英国环境、食品和农村事务部于 2011 年发布了《水政策白皮书——生命之水》。这是英国政府数十年来围绕治水政策制定的一份重要的改革性文件,主要提出了以下措施和目标:一是对取水许可制度进行改革,更好地协调环境和经济利益,保障公众权益。二是对水利行业格局进行改革,建立更加透明、更有竞争力和创新力的市场。三是采取更加综合和可持续的水环境管理措施,加强对水生态系统的保护和修复。四是推广节水技术、加强水资源管理和监测措施,实现水资源的可持续利用和节约用水。此外,白皮书还提出了支持工农业用水管理、加强水灾害预防和应对等措施目标,旨在全面提高英国水资源的可持续利用能力。

2.《创造美好生活环境:2020 年战略》

英国环境、食品和农村事务部于 2016 年提出了《创造美好生活环境:2020年战略》,针对水资源可持续利用和水环境改善提出了 7 个方面的目标和途径:一是清洁用水,通过改进污水排放和控制污染源提升水质;二是通过加强土地利用规划、提升资源利用效率、恢复生态系统等措施,保障水资源可持续利用;三是改善空气和土壤质量、减少噪声、保护自然风景和生物多样性,加强环境治理;四是增加城市公园和绿地面积,提高空气质量,维护生态系统健康;五是应对气候变化,降低温室气体排放,保护生态环境;六是推动健康、有益和环保的农业生产方式,发展绿色生态农业;七是改善农村居民生活和社区基础设施,促进农村发展。该战略强调,英国政府计划在未来几年内实现水质的大幅提升,并将投入数十亿英镑改善水资源管理、加强排放监管、提高污水处理率并继续推进循环经济,实现可持续利用和节约用水的目标。

3.《2030 年水效战略》

2017 年,英国研究机构"智水"组织(WaterWise)在政府部门指导下制定了《2030 年水效战略》报告,分析了英国面临的水资源挑战,评估了当前的用水模式、用水效率和浪费情况,提出了五年节水目标(2017—2022 年),计划通过推进智慧城市和水敏城市建设、推广节水产品和水效标识、强化取水监测和用水审计等措施,有效控制人均用水量,提高水表安装率和节水产品普及率,降低管网漏损率。

2022 年,该战略完成第一阶段实施,"智水"组织在总结相关经验和不足的基础上,结合新的形势要求,编制了英国《2030 年水效战略》报告。该报告首先回顾了前一阶段的目标完成情况,认为主要取得了 5 个方面的成效:一是为推动实施强制水效标识提供了充分依据,并促使政府做出承诺;二是向卫浴制造商指出了漏水问题,并促使其承诺通过优化设计来解决这一问题;三是向水务部门和用水单位明确指出了公共用水效率低、监管和激励措施缺乏的问题;四是在全国范围内举办了节水周等多项节水活动,并持续扩大了影响力;五是分析核算了雨水收集的成本和效益,并制定了发展"水中和"的指导文件。

报告指出,尽管取得了一定成绩,但新冠疫情影响了部分目标的实现,同时也加剧了用水需求的上升趋势,英国仍然面临严峻的用水挑战。如果不采取新的行动,到 2050 年英格兰的用水缺口将超过 400 万 m^3/d。

为缓解供水矛盾,《2030 年水效战略》报告提出 10 项具体目标:一是展现提高水效的领导能力;二是提供及时有效的节水信息;三是提高节约用水的意识能力;四是保持对水价值的终身学习;五是展现支持和建议的包容性;六是确保新增用水项目高水效;七是对已建项目进行节水改造;八是倡导安装和使用节水产品;九是杜绝卫生间设施漏水问题;十是提高公共机构节水积极性。各项目标的措施及跟踪评价等详见附录 5。

报告强调,在实施水效战略的同时,还要兼顾适应和应对气候变化、保护和改善自然环境、保障对当前和未来用水户的公平性、保持良好水质等。如果坚持实施该战略,到 2030 年,节水量将达到 150 万 m^3/d,不仅能提升供水的弹性和韧性,还有利于维持良好的水生态环境。

此外,战略中再次强调"水中和"目标。"水中和"的概念最早是由英国牛津大学教授里奇·塞里维尔(Riki Therivel)于 2006 年提出的,与"碳中和"概念类似,即新建项目不能增加该地区的取水总量,在用水的同时需要通过节约用水实现总用水量"零增长",也就是通过"水中和"抹去开发利用带来的"水足迹"。

自"水中和"在英国实施以来,对推进节约用水和水资源高效利用发挥了显著作用。2021 年威尔士水务公司和南部水务公司用水审计发现,建筑行业为实现"水中和"要求,采取了两项措施,均实现了节水成效。一方面,通过对新建住房加装节水设施和雨水收集系统,可将自来水人均用量从 138 L/d 降至 80 L/d;另一方面,对老旧住房实施节水改造,通过节水保持用水量不变,实现了住房增加、行业用水量不变的效果。

2.3.2 需求管理

水资源需求管理理念是由世界自然保护联盟(IUCN)于 2000 年提出的,旨在通过管理用水需求来实现节约水资源的目的。早在该理念提出之前,英国即开展了一系列相关实践,将水利工作重点从传统的建设基础设施、增加供水能力转移到了提高用水效率、回收和重复利用水资源上。

需水管理理念在流域、工业、农业、企事业单位、家庭和社区等不同层面均得到了广泛应用,包括利用行政手段实施取水许可制度、进行水权分配,利用经济手段对水资源费进行改革,利用技术手段提高城市和灌溉用水效率,制订水需求管理计划等。

2006—2010 年,中国水利部与英国国际发展部(DFID)联合实施了"中英合作水资源需求管理项目",通过开展甘肃省石羊河流域和辽宁省大凌河上游地区的试点工作,有效提高了项目区水利部门实施水资源需求管理的能力。

2020 年,英国国家审计署(NAO)发布了《水资源供给与需求管理》报告,总结了过去一个时期英国开展水资源需求管理的成效,分析了漏损率高、需水量持续增加、供水成本提高等方面的挑战,提出了下一阶段节水目标和具体措施,包括:到 2025 年,供水管网漏损率较 2020 年降低 16%,用水户水费减少 12%;到 2045 年,供水能力提升 100 万 m^3/d,实现供需平衡。

2.3.3 取水管理

1. 取水许可制度

英国取水管理采取许可制度。这项制度由土地及水资源私有制逐步发展形成,最早出现在 1973 年《水法》当中,其中规定,在英国境内的任何地方,任何人未经许可都不得擅自从河流、湖泊、地下水或其他水源中取水。

多年来,英国取水许可制度进行了多次改革,其宗旨是减少过度取水,重新评估水资源价值,以满足未来可能增加的用水需求,保障供水的安全性、可持续性和适应性。

取水许可的申请过程共包括五个步骤:第一步,填写申请表格,说明取水地点、用途、数量和时间等;第二步,提交证明文件,包括土地使用证、建筑物规划许可证、水资源评估报告;第三步,接受专业评估,以论证是否有足够的水资源可供使用,取水行为是否符合当地环境法规;第四步,签署协议,申请获批后即可签署取水许可协议,其中规定了取水的限制条件;第五步,缴纳费用,取水许可立即生效。如果申请人违反了协议中的任何规定,可能会面临罚款、暂停或吊销取水许可等处罚。

2. 取水计量报告制度

英国政府为监测和评估水资源利用状况,实行了取水计量报告制度。该制度主要面向取水许可持有人,要求其对取水量进行计量并提交报告。供水公司和大型用水企业须在每年 3 月 31 日前向环境署提交上一年度用水数据,包括供水量、用水量、损失量等。相关部门将根据这些数据评估用水情况,制定相应的水资源管理和保护政策,同时向社会公开,促进公众对用水行为的关注。

英国取水计量报告制度主要由两个方面组成,即计量设备的标准化和报告内容的规范化。计量设备的标准化要求取水许可持有人须使用经过认证的计量设备,并按照标准程序操作。相关设备需定期维护和校准,以确保计量的准确性和可靠性。报告内容的规范化则要求取水许可持有人按照规定格式和标准填写计量报告,并及时提交相关环境机构。该制度旨在确保取水行为的公开透明及合法合规,并提高水资源管理效率和数据统计精度。

3.《流域取水管理战略》和《取水许可战略》

自 2013 年起,英国环境署推行了《流域取水管理战略》(CAMS)和《取水许可战略》(ALS),旨在确保河流和水源可持续利用。其中,《流域取水管理战略》是一项针对整个流域的取水管理计划,包括为各个水源设定最大取水量、制订优先级和排放控制计划等;《取水许可战略》是一项为个体取水者设置取水限制的计划,对于单个用户的取水量设定上限,以确保河流和水源的可持续利用。这些取水管理措施不仅适用于大型工农业和公共供水系统,还包括小型私人水源。同时,针对不同情况和需求,环境署也制定了不同的取水限额,通过分析流域水量供需平衡、环境达标、水资源优化配置、跨流域调水的必要性及可行性、工程布局及成本、社会成本效益等,批准现存和新增取水、蓄水许可①,并且在颁发和更新时进行审核和调整。

2.3.4 水价改革

水价作为重要的经济工具,具有影响和调节人们用水行为的重要功能。放眼全球,英国是为数不多能够使供水单位回收成本并有微利的国家之一。根据 1963 年《水资源法》规定,英国于 1969 年开始实施取水收费制度。1973 年《水法》规定,供水单位应做到财务收支平衡并保持一定量的盈余。英国 1989 年水务私有化改革之后,水资源的监管与服务相分离,各水务公司有权自行制定和调整水价,但需要服从水务监督管理局的监督和宏观调控。

1. 水价构成

英国的水价由水资源费和水服务费构成。其中,水资源费指从水源取水而需要缴纳的费用,包含水资源保护费和水资源开发费。水服务费由供水服务费和污水处理服务费构成。

在遵循水务监督管理局最高限价要求下,水务公司可依据取水及供水成本、环境条件、可供水量、供水区域面积等不同因素自行定价并收取相应费用。

目前政府部门正在进一步开放水务市场,增强竞争机制,允许非家庭用

---

① 蓄水许可指在特殊时期专门为水库等蓄水设施制定的取水审批和监督制度,内容主要包括不同条件下允许水库蓄水量以及最高、最低水位等。

水户自行选择供水商并允许新的水务公司进入市场。这些措施将有助于降低用水成本,有效促进节水,同时得到更好的服务。

2.定价原则

在英格兰和威尔士,水务监督管理局负责确定供水和污水处理的价格及其浮动范围,并对水价进行宏观调控,通常根据供水规模、可用水量和水质达标情况等核算水价成本。私营供水公司经与利益相关方协商后,确定具体水价。表 2-3 为英国生活用水账单费用构成。

表 2-3   英国生活用水账单费用构成

费用类别	说 明
(1)供水固定费用	主要用于供水公司收取水费、维护和更新水表以及客户管理等服务的成本
(2)供水按量计价费用	根据用水量收取
(3)污水处理固定费用	用于支付与上述供水固定费用相同的服务成本
(4)污水按量计价费用	根据污水排放量收取
如果在个人地产范围内的雨水流入公共污水管网,污水处理公司也将收取相应的"收集和处理雨水"的费用。此项费用可能单独收取,也可能与上述(3)或(4)合并收取	

在苏格兰,水务公司仍归国有,苏格兰水工业委员会负责制订水价方案,家庭水价增幅不得超过居民消费指数 1.8%,商业水价增幅不得超过居民消费指数 0.3%。有水表用户的水价收费包含固定年费(供水及污水回收服务费)、按量计价用水费和物业及道路排水费等三部分。

苏格兰和北爱尔兰有关部门综合考虑供排水管径和实际输水情况制定水价,管径共分 4 档。根据 2022—2023 年度苏格兰水务公司公布的水价标准(见表 2-4),根据管径大小(小于或等于 20 mm、25 mm 和 30 mm、40 mm、50 mm)收取不同的固定年费。管径越大,收取的年费越高。管径为 20 mm 及以下的,每户供水和污水回收的固定年费分别为 166.23 英镑、170.72 英镑。而对于管径 50 mm 的,每户的供水和污水回收固定年费分别为 3 108.00 英镑、3 193.00 英镑。

对于管径 20 mm 及以下的用水户,采用阶梯水价方式。用水量每年 25 m³ 以内的,供水水价为 2.610 1 英镑/m³,超出部分或采用更大管径的,按

0.945 7 英镑/m³ 核算；污水排放量每年 23.75 m³ 以内的，回收水价为 3.374 8 英镑/m³，超出部分或采用更大管径的，按 1.595 9 英镑/m³ 核算。

物业和道路排水费根据房产估值的不同分为 8 个税阶对应收取费用，价格从每年 68.52 英镑到 205.56 英镑不等。

表 2-4　苏格兰和北爱尔兰生活用水账单构成（2022—2023 年）

管径	固定费用（每年每户）	按容积计费	物业和道路排水费
小于或等于 20 mm	供水:166.23 英镑；污水回收:170.72 英镑	供水:2. 610 1 英镑/m³（< 25 m³），超出部分按 0.945 7 英镑/m³ 计算；污水回收:3.374 8 英镑/m³（<23.75 m³），超出部分按 1.595 9 英镑/m³ 计算	根据房产估值分为 8 个税阶，费用范围为 68.52 英镑到 205.56 英镑
25 mm 和 30 mm	供水:494 英镑；污水回收:507 英镑	供水:0.945 7 英镑/m³；污水回收:1.595 9 英镑/m³	
40 mm	供水:1 398 英镑；污水回收:1 436 英镑	供水:0.945 7 英镑/m³；污水回收:1.595 9 英镑/m³	
50 mm	供水:3 108.00 英镑；污水回收:3 193.00 英镑	供水:0.945 7 英镑/m³；污水回收:1.595 9 英镑/m³	

注:苏格兰和北爱尔兰用水超出定额的部分,水价更低,是由历史原因造成的。

3. 水价水平

负责英格兰供水和排水服务的共有 32 家水务公司。各公司预测未来 5 年的平均水价标准、财政支出等，根据自身运行情况制订商业计划。2020 年西北水务联合公司单方用水价格（包括供水和废水处理）为 3.2 英镑（约合人民币 27 元）。英格兰和威尔士普通家庭年均水费约为 420 英镑，苏格兰普通家庭年均水费约为 372 英镑。英国普通家庭水费支出占人均可支配收入的 0.9% 左右。

4. 应课税价值

应课税价值(Rateable Values)是英国传统的水费收取方式,自 1847 年实行至今。该方式主要针对 1990 年之前的建筑,根据房屋面积、财产估值等因素综合评估应课税价值,收费标准由税务局估价制定,与实际使用水量无关。该制度用户广泛,接受度高,用户使用惯性大,政府和水务公司并不强制取消此制度。到 1990 年以后,所有新建房屋都安装了水表,按量计费。

该水费收取方式虽简便易行,但不利于节水。据统计,通过应课税制度方式收取的水费通常要多于按量计费的方式,较加装水表按量计费每年要多缴纳约 100 英镑水费。

官方数据显示,英格兰和威尔士地区水表普及率 2015 年为 40%,2017 年为 50%,2023 年上升至 60%。根据水资源管理规划(WRMP),家庭水表普及率将于 2030 年达到 75%,2040 年达到 88%,2050 年达到 91%,其中智能水表的比例将分别达到 43%、63% 和 65%,如图 2-3 所示;非家庭(企业和市政等)智能水表普及率将于 2030 年达到 22%,2040 年达到 32%,2050 年达到 35%,如图 2-4 所示。

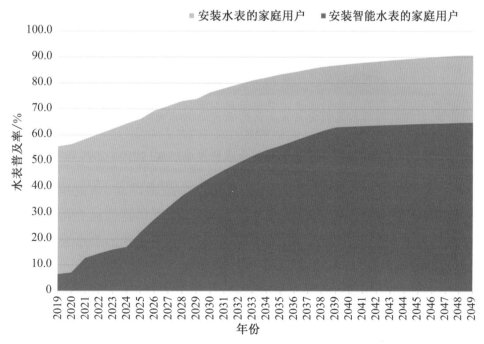

图 2-3　家庭用户水表和智能水表普及率规划(2019—2049 年)

5. 水价调整

英国水价实行最高限价制度和定期审查制度。最高限价制度也称价格帽制度,是英国水务行业私有化以来政府宏观管制垄断和规范市场的方法。水务监督管理局控制和监管向消费者提供供水和污水处理垄断服务的水价,达到既保护用户利益又保证水务公司正常运营的双重目的。制定价格帽是一项重要的水务管理工具,管理部门通过控制价格、履行管理职能和执行相关政策,实现可持续战略目标。

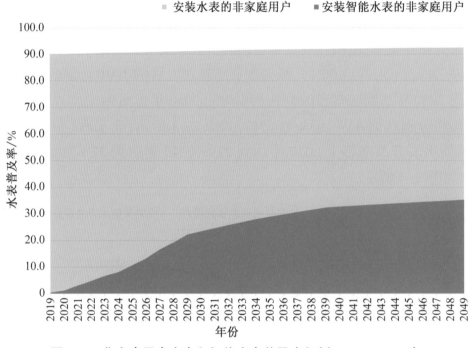

图 2-4　非家庭用户水表和智能水表普及率规划(2019—2049 年)

英国水价通常每 5 年调整一次,其间允许小范围浮动,该范围由水务监督管理局制定价格调整因子时参考通货膨胀等经济和其他社会因素做出估计,以 5 年为一个周期制定下一个周期内年度水价调整的最高水平。自 1989 年水务行业私有化以来,价格帽制度已经实施了 6 个周期(1989—2019 年),目前正处在第 7 个周期(2019—2024 年)。

图 2-5 为 2016—2022 财年英格兰和威尔士人均每日用水量变化情况。如图 2-5 所示,2022 财年英格兰和威尔士的平均每人每日用水量为 146 L。研究表明,有水表的家庭平均每人消耗的水量比没有安装水表的家庭少

40 L。

图 2-6 为 2020 年英国家用电器用水量情况。如图 2-6 所示,不同家电用水量差异较大,其中浴缸和洗衣机的用水量最大,使用浴缸洗澡平均每次用水 80 L,而淋浴则要低得多。自动淋浴器每分钟仅耗水 5 L,而手动强力淋浴器每分钟耗水则高达 13 L。

图 2-5 2016—2022 财年英格兰和威尔士人均每日用水量

注:英国财政年度是从 4 月 1 日到次年 3 月 31 日。

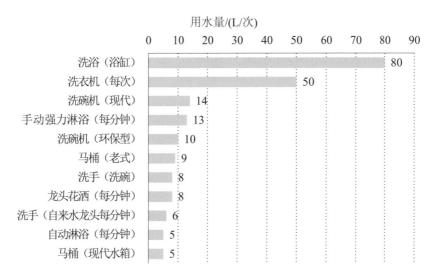

图 2-6 2020 年英国家用电器用水量

针对夏季用水量高于冬季的普遍情况,英国水务公司出台了季节性水价政策,即在夏季提高水价标准,冬季降低水价。自 2010 年以来,每年 6—9

月,居民用水水费比标准水费高 6%,其余月份比标准水费低 2%。监测结果表明,该方式有助于引导居民在夏季用水高峰期减少用水量,间接提高了用水效率,全年用水量可降低约 6%。

自水务行业私有化以来,英国家庭水费支出已累计增长了 40%。为保障弱势群体正常用水,政府及水务公司实施了供水保障计划。该计划针对特定用水户,对水费设置合理上限,避免因经济困难而出现用水拮据的情况,以保证弱势群体的日常必需水量。家庭中如有成员享有失业津贴、个人税收抵免、养老金信贷等福利待遇,即可获得供水保障计划提供的水费补贴,普通低保户可使用该计划金额的 5% 支付水费,特殊保障户可使用额度约占福利总金额的 25%。

2.3.5 干旱管理

2007 年以来,英国根据欧盟政策开展干旱管理,环境署、地方政府及供水公司均制定了各自干旱管理计划。其中,环境署及地方干旱管理计划旨在确保取水者适度取水、监管水务公司是否按其计划执行并在环境不受破坏的前提下保证供水,以及推进节约用水、减少环境破坏和保障未来供水的目标。供水公司则主要采取干旱期临时限制用水、控制水漏损、申请干旱许可证[①]和开展鼓励节约用水宣传活动等措施。2020 年英国脱欧后,仍延续欧盟干旱管理的相关做法。

2017 年,英国政府发布了《英格兰干旱应对框架》,规定环境署在干旱期间具有以下职能:一是加强监管计划以保证环境免受损害;二是监督自来水公司和其他用水者适度取水,并确保其执行干旱管理计划;三是处理干旱许可证申请,允许自来水公司在干旱期间继续供水,同时限制对环境的影响;四是向公众和政府报告干旱期间的水资源状况并与媒体沟通协调,以确保将正确的信息传达给受干旱影响的地区。

根据干旱的严重程度确定不同的管理阶段,分为正常时期(正常水资源

---

① 干旱许可证是指在极端干旱情况下的取水管理制度。一般情况,这项制度增加了极端干旱时期取水管理的灵活性。例如,水务公司申请干旱许可证,将能够临时突破水源取水的常规限制条件,以解决公众特殊时期的用水。

状况)、潜在干旱时期(长时间处于干旱天气,需要为干旱期做准备)、干旱时期(旱情已对人民生产、生活及环境造成影响)、干旱结束后。不同阶段采取不同行动:正常时期,开展干旱管理计划审查、确定各地区干旱管理小组的联络方式、回答相关咨询问题、确定干旱地理信息系统及信息显示方式、制定旱情地图等工作;潜在干旱时期,召集干旱管理小组进行抗旱准备工作、编制地下水预测报告、建立干旱日志、发布干旱信息等;干旱时期,持续记录干旱日志、增加干旱报告和简报(每周或必要时更新)、管理供水公司抗旱许可证申请等;干旱结束后,监测和管理水资源的恢复状况,须在 6 个月内出具灾后报告并根据情况对干旱管理计划进行审查和调整。

在政府部门颁布干旱管理政策前,部分企业已开展了抗旱规划等相关实践。2012 年,泰晤士水务公司制定了《水资源与抗旱规划》,2016 年和 2022 年又分别进行了内容更新。规划提出,发生流域性干旱后,应根据受灾等级逐级采取相应措施:一是通过电视、网络等媒体宣传节水措施并实施监督;二是在部分时段针对严重地区,严禁私人和公共绿化用水;三是严禁部分企业非必要用水;四是根据干旱指令,按家庭人数定额供水。

此外,该规划还提出了长期策略:一是投资新建水资源工程(包括开发新的地下水源、贮存水资源、提高海水淡化技术和雨水收集系统等),增加水资源可利用量;二是推广低流量卫浴设备、修补漏损管网、减少水浪费、改进管网和泵站等基础设施,保护水资源;三是改进客户服务(如提高客户用水信息的透明度、制订客户支持计划以及在社区建立水资源管理中心等),提高客户满意度和公司社会责任感;四是投资新的干旱应对技术和灵活的供水网络,以保证干旱时期的水资源供应,减少对客户和环境的不利影响。这些长期策略旨在确保企业能够应对不断变化的环境和人口压力,并保持可持续发展。

2.3.6 节水补贴

自 2012 年,英国政府开始在节水各领域推行"强化资本减免计划"。根据该计划,在英企业如果采购并使用了"政府节水技术清单"中的水龙头、卫浴、清洁设备等相关产品,即可申请第一年对节水设施支出进行等额免税。

换言之,原本用于交税的资金,可用于对企业进行节水改造。

绿色新政是英国政府设置的另一项促进节水节能的政府补贴机制。英格兰和威尔士的住宅和企业建筑如果安装了节水节能装置(例如安装污水回收系统,或者用减少能耗的双层玻璃代替单层玻璃),就可以申请绿色新政家庭改造基金,最高可获得 1 250 英镑的改造补贴。评估显示,绿色新政对促进节水节能产生了积极影响。

英国环境署设立"节水奖"(UK Water Efficiency Awards),以表彰对节水工作做出突出贡献的组织和个人。2020 年"节水奖"得主是威尔士自来水公司和英国连锁超市特易购公司,前者推广了多种节水措施,包括推广水表读数应用程序、为社区提供免费的节水工具包、可持续的水资源管理解决方案等;后者在其超市内更换高效节水设备、注重培养员工节水意识,每年实现节水 10 万 m³ 以上。2021 年的"节水奖"同时颁发给了卡迪夫大学和伯明翰市议会,前者采用高效节水卫生间和智能水表等措施,每年实现节约水 30 万 m³ 以上,为在校师生创造了更加绿色生态的校园环境;后者实施了一系列节水措施,包括在学校安装节水设施、提升节水意识等,节约了大量水资源,同时提高了公众对水资源管理的认识。英国政府还设立了一项 3 500 万英镑的"水资源创新基金",用于支持和资助水资源管理及节水技术的研究和开发。

2.3.7 水效标识

2022 年 9 月,英国环境、食品和农村事务部向社会公布了《水效标识计划》,并就建议方案、标识涵盖的产品类型(如水龙头、淋浴器、马桶、洗碗机和洗衣机等)、外观设计和特征、样品展示及相关参考标准等广泛征求各方意见。

根据规划,英国将于 2024—2025 年在全国推广实施新的水效标识(见图 2-7)。该标识是强制性标识,届时将被要求张贴于马桶、水龙头、淋浴器、洗碗机和其他家电产品上。水效标识以 A～E 代表耗水等级,其中 A 级表示每分钟

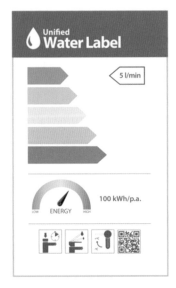

图 2-7　英国水效标识

耗水 5 L,B 级表示每分钟耗水 8 L;标识上印有品牌名称及产品型号,右下侧有二维码,可供查询产品信息。

2.3.8　宣传教育

早在 2000 年,英国环境署就发起了水需求管理计划,提出"要节水,首先要知道使用了多少水"的口号,并定期开展节水宣传活动,包括发布节水倡议、张贴宣传海报、播放公益广告、派发传单和宣传册、竖立节水宣传牌、在日用品上印刷节水标识等,向公众提供节水信息。

2020 年 9 月,英国水务监管机构通过对 2 000 人进行随机调查发现,英国人不知道的 10 种常见节水措施分别是:抗旱植物(81%)、节水龙头(79%)、水箱置换装置(74%)、密封管道以防止漏损(69%)、使用再生水或雨水冲厕所(66%)、淋浴限流器(65%)、节水洗碗机(63%)、节水洗衣机(54%)、节水花洒(51%)以及淋浴定时器(49%)。数据显示,家庭用水消耗了英国水资源的 30%,因此每个家庭对节水都发挥着至关重要的作用。比如,刷牙时如不拧紧水龙头,每分钟可能会浪费多达 5 L 的水。如果每个人在刷牙时都拧紧水龙头,每天能节约 18 万 m^3 的水,可供 50 万户家庭使用。

在推动节水工作时,英国政府经常委托有广泛社会影响力的非政府组织配合政策和项目实施,深入参与到水资源管理的各个环节,在节水宣传和建言献策方面发挥其重要作用。其中,"亲水"组织(Affinity Water)和"智水"组织(WaterWise)表现最为积极。

"亲水"组织向学校提供了丰富的节水教育服务,在幼儿园和中小学开展了节水教育,包括节水讲座、参观水厂和污水处理厂、参观水源地、举办节水知识竞赛等,通过亲身参与活动,学生们了解了水的重要性和稀缺性,知道了水循环原理、水如何维持生命、自来水来自何处以及人类对生态环境的影响,明白了为什么以及如何节约用水等。

"智水"组织在网站上专门设立了一个详尽的节水建议专栏,为公众提供浴室、厨房、花园、商用建筑等多个场景的具体节水建议。该组织每年主办节水周活动。

英国节水周

英国节水周自 2017 年开始举办,日期设在每年 5 月的第三周。

2021 年,节水周主题是"在家中控制用水"(Water efficiency at home)。该活动的目的是提醒公众在家中如何更好地控制自己的用水量,减少用水浪费。活动期间,各地举行了多场与节水相关的活动和讲座,包括社区活动、在线研讨会、数字媒体活动等。此外,活动还推出了节水周挑战,号召公众通过改变生活习惯,节约用水,保护地球。

2022 年,节水周主题是"节水创造更美好的未来"(Water efficiency for a brighter future),重点关注如何减少家庭、企业和农业用水的浪费,提高用水效率。活动期间举行了多场讲座、网络研讨会和互动活动,如"为您的花园浇水""如何减少商业用水"等。

2018 年英国节水周发布的学校节水海报

由此可见,英国政府十分重视节水宣传教育,包括在中小学设置节水课程、利用媒体开展宣传、组织专家提供技术指导以及创建节水科普场馆等,取得了良好成效。

2.4 节水技术及应用

英国节水技术的研发应用主要由大学和企业共同完成。比如:剑桥大学、帝国理工学院、爱丁堡大学等高校的研究团队长期开展给排水和灌溉系统智能控制及优化设计、膜技术、海绵城市、屋顶绿地等方面研究；泰晤士水务公司(Thames Water)、安格利亚水务公司(Anglian Water)、水动力公司(Aquamatix)、水扫描公司(Waterscan)等在智能水表、漏水检测、雨水利用及节水器具等产品研发和技术推广方面开展了丰富实践。水利企业作为先进技术的需求方和使用方，提供了大量研发经费。

英国政府还积极推动水利行业的数字化转型，通过推进数字技术应用，提高用水效率，降低用水成本。例如，使用智能用水控制系统、大数据分析和人工智能技术等，都可以帮助企业和机构更好地监控和管理用水，实现节水效果。

2.4.1　生活节水

智能水表、水压控制器等高科技设备，以及传统的生活节水技术在英国都得到了广泛的推广和应用，为英国的水资源节约和可持续利用做出了积极贡献。

1. 智能水表和水压控制器

智能水表和水压控制器是英国近年来推广的一种节水技术，其主要原理是通过对用水量和水压的监测与控制，实现节水的效果。

智能水表可以实时监测家庭或商业场所的用水量，并将数据传输到云端进行处理和分析。用户可以通过手机或电脑等终端随时查看用水量，并根据实际情况进行节水。一些智能水表还能检测到异常情况(如漏水)并自动发出警报，提醒用户及时采取措施。

泰晤士水务公司推广智能水表

近年来，泰晤士水务公司已加装了超过65万个智能水表，此举使家庭用水量减少了12%～17%。同时，将普通水表更换为智能水表，也能实现节水效果。泰晤士水务公司正在使用这些智能水表提供的高精度数据来识别和监督高耗水用户，并通过节水访问活动实现额外10%的节水效果。此外，约8%的家庭存在长流水问题，超过25%的非家庭用户存在该问题。

水压控制器是一种可以自动调节水压的设备。在英国,由于一些老式建筑的输水管道比较陈旧,水压不稳定,会造成水浪费的情况。水压控制器可以通过监测管道内的水压,并自动调节至合适的水压,保证水的使用效率。

Sentryx智能网络("iNet")是一款智能水表和水压控制器的组合产品,由英国i2O Water公司开发。该系统使用物联网技术,能够实时监测和分析用水情况,并自动调整水压和流量。此外,该系统还能提供水质监测和漏损检测功能,帮助用户及时发现和解决用水问题。

2. 节水龙头和淋浴头

在英国卫浴市场上,较为先进的节水技术有:梅斯文(Methven)品牌的节水淋浴头采用气体喷射技术,可以将空气混入水流中,让水流更加舒适柔和,同时能够减少用水量;布里斯坦(Bristan)品牌的节水龙头采用了水保存器技术,可以减少水流的流量,这种技术不会对淋浴或洗手的舒适度产生负面影响,还能实现节约用水的目的;高仪(Grohe)品牌的节水龙头和淋浴头采用了智能控制技术和水保存器技术,可以通过智能调整水流的流量和温度来实现更高效的节水效果,当手或身体接近时才会自动开启水流,可有效避免因关闭龙头不及时而浪费水资源。

3. 节水马桶

英国市场上有各种品牌的节水马桶产品,如特维福德E100方形系列坐便器可选择3 L或6 L的冲水量,还采用了特殊的"微胶囊技术",可以在冲洗时释放气味清新剂,保持卫生间空气清新。此外,还有个别型号采用了双冲程技术(可选择4.5 L或6 L的冲水量),采用了独特的内部通道设计,在冲洗时可通过提高流速,进一步减少用水量。

4. 节水洗衣机

英国公司研发的高效洗衣机可以通过节水节电来减少洗衣时的资源消耗。一些型号还具有特殊的清洁程序,可以在不浪费水的情况下有效清洁衣物。

英国利兹大学研发节水洗衣机

2009 年,英国利兹大学科研人员研发出一款节水洗衣机"Xeros",该洗衣机使用直径为 1.3 mm 的高分子清洗珠代替水资源清洗衣物,相较于传统洗衣机,可以节约 80% 的水量、50% 的电能和 50% 的洗涤剂。该发明被《时代》杂志评选为 2010 年全球最佳发明第二名。

该洗衣机的清洁原理是:高分子清洗珠表面的极性化合物在潮湿环境下能够将污渍吸附至表面甚至分子内部,从而在运动中有效带走衣物上的油污和污渍,实现更加彻底的清洁效果。而一批清洗珠可重复循环使用百次,相当于一个家庭 6 个月的洗衣次数。

由于工艺严谨、成本较高,研发生产"Xeros"洗衣机的公司每个月只生产 20~35 台且多被万豪、凯悦等国际知名连锁酒店采购。据估算,如果该技术能在全英国范围内推广使用,每年将为英国节省数百万立方米水。

2.4.2 工业节水

近年来,英国的工业节水技术在不断地发展和进步,各种技术手段的应用也越来越广泛。

1. 循环冷却用水

循环冷却用水是指通过换热器交换热量或直接接触换热方式来交换介质热量并经冷却塔凉水后,循环使用,以节约水资源。在循环过程中可减少 90%~95% 的耗水量,但与此同时,循环水也会吸收污染物和矿物质,因此需要进行过滤处理。

英国的许多工业园区都使用该技术降低制冷系统的用水成本,例如,位于伦敦金融城附近的大型工业设施使用循环冷却水技术,每年可节约 10%~30% 的水费开支。

2. 管道漏损检测

在英国,管道漏损检测是一项关键的节水技术,因为管道漏损不仅浪费了大量的水资源,还会导致水质污染。通常采用的管道漏损检测技术包括以

下几种：

●声波检测技术。这是一种通过声波检测管道漏损的方法。检测人员使用特定设备在管道上扫描,通过声音的变化确定管道是否漏损。

●涡流检测技术。这是一种通过电磁感应检测管道漏损的方法。检测人员使用探头在管道上扫描,探头发出电磁信号,通过电磁感应检测管道是否漏损。

●热成像检测技术。这是一种通过红外线检测管道漏损的方法。检测人员使用热成像仪在管道上扫描,通过红外线检测管道是否漏损。

上述几种技术均可以准确定位管道漏损的位置,并在很短的时间内检测出漏损。另外还有管道压力监测技术,设备通过监测管道压力的变化确定管道是否漏损。这种技术可以在管道系统中实时监测漏损问题,并且可以通过数据分析来确定漏损的大致位置。

这些技术可快速准确地检测出管道漏损问题,并及时采取措施进行修复。

2.4.3 农业节水

由于降水量年内分配较均匀,灌溉在英国农业发展史上的作用并不突出。20世纪之前,英国农民只对河边的牧草进行漫灌。到20世纪中期,现代灌溉技术才陆续得到推广应用。英国90%以上的室外灌溉采用喷灌(主要集中在英格兰和威尔士),室内作物则主要采用滴灌。

1. 智能灌溉系统

英国智能灌溉系统通过环境监测和数据分析,可实现农业用水效益最大化。该系统一般有以下特点和功能：

●无线传感器技术。采用该技术可实时测量土壤水分含量、气温、土壤温度和湿度等环境指标。这些数据通过互联网传输到云端,通过数据分析和预测模型,帮助农民更好地掌握农作物的水分需求。

●多元化的应用场景。智能灌溉系统可应用于各种农作物和种植环境,包括田野、温室和牧场等。

●定制个性化的灌溉计划。智能灌溉系统可根据农作物种类、地理位置、气象条件和土壤类型等因素定制个性化的灌溉计划。系统会自动调整灌溉时间、水量和频率等参数,以确保农作物及时获得充足水分。

● 节水效果显著。智能灌溉系统通过科学合理的灌溉计划和准确的测量数据,可以实现最大化的用水效益,减少水资源浪费和污染。

● 智能控制中心。智能灌溉系统可以通过智能控制中心实现对整个灌溉系统的监测和控制。农民可以通过手机应用程序或互联网登录控制中心,对灌溉系统进行远程监控。

英国智能灌溉系统 Harvst

智能灌溉系统 Harvst 由英国哈维斯特(Harvst)公司开发,主要利用传感器和无线技术,自动监测土壤湿度、气温、光照等环境参数,并由此智能地控制灌溉水量和频率。

Harvst 系统可以按照农作物需求进行优化灌溉,根据农作物的类型和生长阶段自动调节灌溉量和频率,还可以根据天气预报自动调整灌溉计划,以避免在下雨天过度灌溉。

除了智能控制灌溉,Harvst 系统还提供实时数据监测和报告,帮助农民及时了解农田水分状况和植物健康状况。该系统的应用可以帮助农民提高水资源的利用效率和农作物的产量与品质。

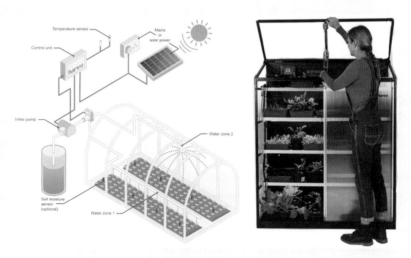

智能控制系统 Harvst

2. 地下滴灌技术

地下滴灌技术是一种高效的灌溉技术,通过管道将水和肥料输送到植物的地下根系区域,直接渗透到土壤中,从而为植物提供水分和养分。与其他灌溉方式相比,地下滴灌技术可以有效地减少水的蒸发和流失,同时还可以防止水肥的浪费,保证了灌溉的效率和可持续性,为农业生产带来的节水增效效益显著。

该技术在英国得到广泛应用,萨里郡的许多葡萄园使用地下滴灌技术来浇灌葡萄藤,以提高葡萄的品质和产量;肯特郡果园和蔬菜种植园普遍采用地下滴灌技术浇灌草莓、番茄和黄瓜等作物;威尔特郡的许多农场使用地下滴灌技术来种植油菜籽、豆类等作物。

2.4.4　公共节水

英国在公共节水方面的投入和推广力度不断增强,旨在减少浪费、提高效率和保护环境。公共节水技术主要应用于节水型建筑、海绵城市建设和校园节水行动当中。

1. 节水型建筑

英国的节水型建筑设计注重降低建筑物的用水量和能源消耗,以减少对环境的影响并提高可持续性。

● 雨水收集系统。通过在建筑物屋顶或其他区域设置雨水收集系统,将雨水收集起来处理并再利用,可大大减少该建筑的自来水用量,并减少污水排放。

● 灰水再利用系统。灰水是指在洗澡、洗手、洗衣服等活动中产生的污水,可用于冲洗厕所或浇灌植物。

● 节水喷灌系统。使用自动化喷头和计算机控制系统,可将精确计算的水量喷洒到绿植上,减少无效蒸发。

● 绿色屋顶。绿色屋顶不仅可在降雨时吸收和蓄存雨水,减缓城市径流,还可以降低建筑物对空调的需求,实现节能。

为系统评估建筑物的可持续性和环保性能,英国建筑研究院于1990年创建了绿色建筑评估体系(BREEAM),秉持"因地制宜、平衡效益"的核心理念,兼具"国际化"和"本地化"特色,成为绿色建筑的权威国际标准。

绿色屋顶计划

"绿色屋顶计划"得到了伦敦市政府的大力支持,在城市水务建设中长期规划中做出有关绿色屋顶、绿色墙壁的相关安排。该计划可推动实现以下目标:一是帮助建筑物降温以适应气候变化;二是提升城市排水系统的可持续性;三是减少碳排放以减缓气候变化;四是增加生物多样性;五是提升屋顶空间的利用率,增加活动场地;六是提高建筑物的韧性和美观度;七是增加绿化面积。

伦敦绿色屋顶

BREEAM 包括节水、节能、建筑材料、室内环境等 10 项指标。其中,节水要求包括:建筑内部安装智能水表并进行实时监测;用水效率不低于 90%(无效用水不得超过建筑物用水总量的 10%);循环供暖设施和所有水龙头(包括消防栓和洒水器)安装流量控制器与漏损检测系统;建筑物加装雨水收集系统并用雨水冲洗马桶;建筑物顶部设计为绿色屋顶;室内景观和绿植采用节水灌溉方式;节水马桶/小便池单次冲洗的用水量和频率符合有关标准等。目前,全球已有超过 50 万幢建筑完成了 BREEAM 认证,包括汇丰银行全球总部、普华永道英国总部、联合利华英国总部等。

伦敦 Gherkin 大厦节水设计

伦敦 Gherkin 大厦被认为是英国最具代表性的节水节能建筑之一。该建筑位于金融城圣玛利艾克斯 30 号,于 2003 年建成,楼高 180 m,是伦敦地标建筑,因其轮廓形似"小黄瓜",故而得名 Gherkin。

该建筑采用了多项节水设施和高效用水技术,包括雨水收集系统、节水卫生设施、智能水表和监测系统、循环冷却水系统等,节水效果显著,获得了 BREEAM"优秀"评级。

为进一步节约资源,Gherkin 大厦于 2013 年采用了一种新型绿墙面板的外墙设计,利用膜材料吸收空气中的水分,用于表面植被,形成常年绿色的外立面,实现遮阳、隔热、减少水分消耗、净化空气、自然通风的效果。

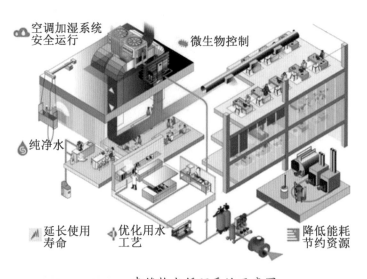

建筑物水循环系统示意图

大厦外观绿墙设计

2. 集雨贮水系统

英国的集雨贮水系统一般有两种类型:地下贮水系统和地面贮水系统。地下贮水系统是将水贮存在地下的蓄水池中,这种系统需要进行地面挖掘和施工,因此安装成本相对较高,但是,它可以最大程度地减少地面空间的占用,并可以贮存大量的水。地面贮水系统通常是将水贮存在地面上的水池、绿地或水箱中,这种系统安装简单,易于维护,但需要占用一定的地面空间。

伯明翰市的集雨贮水系统是由"可持续排水系统(SuDS)"项目实现的。该项目通过建设一系列的绿色基础设施,包括花园、草坪和人工湖泊等,以收集和贮存雨水,减少了市区内的洪水和排水压力。

集雨贮水系统的优点是可以为生活和商业用途提供水资源,降低了依赖自来水的程度,同时可以降低用水成本和环境影响。例如,在英国一些住宅区和学校中广泛使用集雨贮水系统,以减少水资源的浪费并提高环境可持续性。需要注意的是,使用集雨贮水系统需要对水质进行严格的监测和处理,以确保用水安全。

3. 海绵城市建设

海绵城市是指在城市规划、建设和管理中,通过模仿自然生态系统的功能,以保护城市的水资源,减少城市水灾,提高城市生态系统的适应性和韧性。英国是实施海绵城市建设理念最早的国家之一,近年来取得了显著成效。多座城市通过大量铺设透水砖、建设积雨池,对雨洪水进行有效过滤和存蓄,既提升了城市供水保障能力,也降低了洪水风险和损失。

曼彻斯特是英国海绵城市建设的代表城市之一。该城市通过改造城市排水管道、采用开放式河道和城市公园等创新性措施,将城市的绿地面积提高到30%以上。曼彻斯特还利用雨水收集和处理系统,将雨水用于城市绿化和街道清洁。

伦敦也在积极开展海绵城市建设。该市在各个区域建设了不同类型的海绵公园,利用这些公园来收集和处理雨水,同时提高城市的绿化率。伦敦还采用智能排水系统和高效绿色屋顶,来改善城市的水循环。

总之,英国海绵城市建设的理念、标准以及实践案例均处于国际领先地位,为全球其他国家和地区提供了很好的借鉴与参考。

4. 校园节水活动

在政府和企业的支持下,英国开展了校园节水活动。以伦敦城市大学参与的"连锁反应"(Ripple Effect)公益计划项目为例,针对学校洗手间用水量大的特点,企业利用政府提供的资金,为水龙头加装了自动感应控制器,并调整了开闭时间,同时利用新安装的智能水表对用水数据进行实时监测分析,及时处置"跑冒滴漏"等异常情况,帮助该校减少年用水量 1 183 m³,节省水费

2 350 英镑。

伦敦大学学院(UCL)实施了一系列的节水措施,包括安装流量调节器、优化冲水系统、安装低流量淋浴和水龙头等。在此基础上,还开展了水源追溯和消费监测项目,以促进更好的水资源管理。

帝国理工学院在建筑改造方面采用了一系列节水措施,例如安装了节水马桶、淋浴头、水龙头和压力控制设备,以及水表监测和控制系统等。此外,学院还将绿地灌溉改为集雨系统,降低了用水量。除建筑方面的改善外,学院还致力于提高学生和员工的节水意识。学院的绿色小组定期组织节水宣传活动,例如宣传海绵城市和雨水收集,同时还通过建立绿色志愿者计划和支持学生创新项目的方式推动水资源可持续利用。

第 3 章 法 国

提 要

法国水资源管理历史悠久,以流域为单元开展水资源管理的经验比较丰富。法国政府赋予流域较大自主权,流域机构一般按照"以水养水""谁用水、谁出钱"等原则,自行确定水价,并基本能够覆盖成本。与此同时,利用取水税和排水税等税赋手段,强调水资源的稀缺性。为进一步鼓励节水,法国计划改革现有水价体系,制定阶梯水价。

法国政府要求各流域制定节水目标,加强取水许可管理。近年来,受气候变化影响,法国干旱问题频发。为应对干旱,法国绘制了"干旱地图",不同的干旱等级将采取不同的措施。为进一步推进水资源节约,法国在 2023 年发布《节水计划 53 条》,希望通过减少用水、优化供水、防治水污染、改善水资源管理等措施,至 2030 年实现减少 10% 取水量的目标。

法国整个社会节约用水氛围浓厚,公众节水意识较高,尤其是在城市地区,公民以使用节水器具、节约用水为荣,公民视更换节水器具为时髦而高尚的生活方式。法国还通过节水奖评选和其他多种节水活动,提高公众节水意识。

3.1 自然地理、经济及水资源利用

3.1.1 自然地理

法国位于欧洲西部,是欧盟面积最大的成员国,国土面积 55 万 km² (不含海外领地),人口约 6 804 万人(2023 年 1 月)。总体地势东南高、西北低,平原面积占总面积的 2/3。

法国不同地区气候特点也有所不同。西部(布列塔尼、诺曼底等地区)属温带海洋性气候,降雨持续时间较长,且年内温度变化不大;中部和东部(香槟地区、勃艮第地区、阿尔萨斯地区)为大陆性气候,冬季寒冷,夏季炎热;南部(普罗旺斯、蔚蓝海岸和科西嘉岛)是亚热带地中海型气候,夏季炎热干燥,冬季温和且降雨充沛。法国年降水量为 700~1 200 mm,主要发生在秋季和冬季。

法国主要河流有卢瓦尔河、罗讷河、塞纳河、加龙河、莱茵河等。法国多年平均水资源总量约 1 900 亿 m³,人均水资源量约 3 100 m³。法国水资源总体较为丰富,但近年来,由于受到气候变化的影响,降水减少,干旱频发,特别是在南部地区,多个省份(伊泽尔省、瓦尔省、罗讷河口省和东比利牛斯省等)用水紧张。

3.1.2 经济及产业结构

法国是最发达的工业国家之一,在核电、航空、航天和铁路方面居世界领先地位。2021 年法国各产业增加值占比情况如下:农业占 1.9%,工业占 18.8%,服务业占 79.3%。

法国主要工业部门有汽车制造、造船、机械、纺织、化学、电子、日常消费品、食品加工和建筑业等,钢铁、汽车和建筑业为三大工业支柱。核能、石油化工、海洋开发、航空和宇航等新兴工业部门近年来发展较快。

法国是欧盟最大的农业生产国,也是世界主要农产品和农业食品出口国。一直以来,法国中北部地区是谷物、油料、蔬菜、甜菜的主产区,西部和山区为饲料作物主产区,地中海沿岸和西南部地区为多年生作物(葡萄等水果)的主产区。法国已基本实现农业机械化,农业生产率很高。农业食品加工业是法国对外贸易的支柱产业之一。

法国服务业在国民经济和社会生活中的地位举足轻重。自 20 世纪 70 年代以来,服务业发展较快,连锁式经营相当发达,已扩展至零售、运输、房地产、旅馆、娱乐业等多种行业。

3.1.3 水资源利用

根据法国生态与团结化转型部的数据统计,法国 2010—2019 年间年均取水量 328 亿 m^3,其中 168 亿 m^3 用于发电冷却(主要是核电厂),53 亿 m^3 用于生活,52 亿 m^3 用于河道生态,29 亿 m^3 用于农业,26 亿 m^3 用于工业,取水结构如图 3-1 所示。

根据法国能源部数据和统计研究部门(SDES)数据统计,2010—2019 年期间,法国平均每年耗水量为 41 亿 m^3,农业耗水占比最多(58%,23.8 亿 m^3),远高于生活耗水(26%,10.7 亿 m^3)、发电冷却耗水(12%,4.9 亿 m^3)和工业耗水(4%,1.6 亿 m^3),如图 3-2 所示。在法国,每人每天的生活用水量约为 148 L。

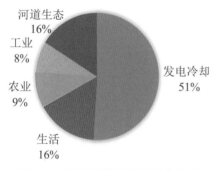

图 3-1　法国不同用途取水占比

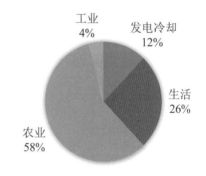

图 3-2　法国不同用途耗水占比

3.2 水资源管理

法国的水资源政策体系主要源于 1964 年颁布的《水法》及其历次的补充和修订。《水法》颁布伊始就确立了流域管理体制,对水资源管理体制进行改革。1992 年《水法》(修订)进一步强化了流域管理体制;制定了水资源综合管理原则,即提出水资源必须综合管理,长远考虑生态系统的平衡,全面管理所有水体(地表水、地下水、海水、沿海水域);要求水资源开发利用要民主,即在实施水资源开发管理等各项水政策时,需要各层次有关用户协商和积极参与等。

2004 年,法国将欧盟《水框架指令》纳入本国法律。2006 年,法国颁布了《水和水环境法》,巩固并完善了整个水政策体系,重点强调人人都享有水权、考虑适应气候变化、改革水务机构融资体制,并建立了国家水资源和水环境办公室(ONEMA)。2009 年,法国颁布《环境协商会议实施议程法》;2010 年,法国颁布《国家对环境的承诺法》。这两项法律针对水资源管理,明确提出取水口保护区设定与保护、污水处理、雨水和污水的回收利用、节水灌溉等与节水相关内容。

2021 年 1 月,法国再次颁布新《水法》,强调统筹兼顾地表水、地下水、洪水、再生水、海水等各类水资源的水量与水质,同时考虑流域内生态系统健康和湿地保护,旨在充分保障水资源可持续利用和区域社会经济可持续发展。2021 年新《水法》规定了再生水和雨水利用的方式与要求,以促进高效、节约用水和水资源的可持续开发利用。

法国将全国水系分成六大流域,水资源管理体制以流域委员会为主体,涉及国家层面的生态与团结化转型部、国家水务委员会等机构,并涉及与地方的合作,主要关系见图 3-3。各流域委员会和流域水务局负责本流域内水资源的统一规划、统一管理,目标是既满足用户的用水需求,又满足环境保护

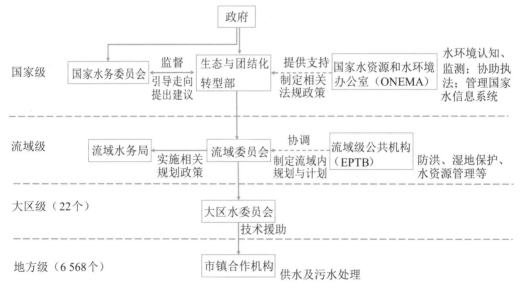

图 3-3　法国水资源管理体制

的需求。流域水资源管理采取"以水养水"即"谁用水,谁付费;谁污染水,谁交钱治理"的政策。流域水务局是流域委员会的执行机构,除制定水资源开发利用总体规划外,还要依法征收水资源税(费)、排污费和用水费等。

3.3 节水政策及实践

3.3.1 颁布实施节水计划

为推进水资源节约和保护,2023 年 3 月,法国总统马克龙发布《节水计划 53 条》(译文见附录 6)。这是法国最新的重要节水政策举措。该计划包括减少用水、优化供水、防治水污染、改善水资源管理、保障资金支持等多个方面,共计 53 项措施,总体目标是至 2030 年减少 10%的取水量。

1.减少用水

为达到减少用水的目标,各个部门均需制订本部门的节约用水计划,明确节水目标;各个流域也要根据水资源情况和用水情况,制定减少取水的措施。

在减少取用水量方面,自 2023 年起,工业部门支持 50 个工业区挖掘节水潜力、减少取水量;在国家政府机关内部推行节约用水与反对浪费的活动。自 2024 年起,新建房屋须采用节水设计;每年向农业节水提供 3 000 万欧元的补助;支持居民安装节水器具与雨水收集器。

在加强取用水管理方面,自《节水计划 53 条》发布至 2027 年,逐步取消超过流域供水能力的取水许可;自 2024 年起,对于大规模取水,必须安装具有远程传输功能的水表,最晚至 2027 年完成该水表的推广工作;自 2027 年起,明确全国 1 100 个子流域的节水量化目标。

2.优化供水

优化供水措施主要包括减少管网漏损、推进非常规水利用、保护水源等。法国多个社区管网漏损率超过 50%,为减少管网漏损,保障饮用水供应,自 2024 年起,水利机构将为此提供 1.8 亿欧元额外补助。

在推进非常规水利用方面,自 2023 年起,在尊重居民意愿和保障生态系统健康的前提下,撤销农业食品行业、其他工业领域以及部分生活用水中对非常规水利用的管理限制;为非常规水利用提供申请便利,消除制度障碍;建立非常规水利用观察站。自 2024 年起,鼓励沿海地区开展非常规水利用可

行性研究,推广普及在农业建筑物屋顶收集雨水的做法,尤其是在养殖场屋顶收集雨水作为牲畜用水。

在保护水源方面,自 2024 年起,每年额外补助 5 000 万欧元,用于湿地保护,加强湿地生态系统功能;每年提供 3 000 万欧元农田水利投资基金,推进现有水利工程现代化提升;在用水平衡与生态系统平衡的前提下开发新项目;制定地下含水层补水的国家策略和技术指南。

3. 水污染防治

预防水环境污染,要重点加强对水源地的保护。自现在起至 2027 年,为所有水源地及引水工程制订水卫生安全管理计划,并鼓励在水源地开展生态农业或有机农业项目。

在农药管理方面,落实"绿色农业"计划(Ecophyto 2030),在水源地使用植物性农药产品,并按要求管理植物性农药使用剂量。自 2024 年起,水利机构每年为水源地生态恢复提供 5 000 万欧元;每年提供 3 000 万欧元环境服务费;每年提供 2 000 万欧元征地补助以支持农业生产中使用低剂量农药的做法。

在生态恢复方面,自 2023 年起,开展 70 项"基于自然"的引领性抗旱工程,开展湿地修复、复原或者河道修复示范项目;落实农业生态措施,纳入《农业更新及未来公约》和《未来农业法》的协调框架;绿色环保基金框架下拨款 1 亿欧元开展土壤保水和生态修复项目;自 2024 年起,每年提供 5 000 万欧元补助用于污水处理站标准化改造。

4. 加强管理

通过改进水资源管理,增加透明度和管理效率,鼓励相关方参与。主要措施包括:从计划发布至 2027 年,为各子流域建立对话机制,制订水资源区域共享政策方案。自 2023 年起,对《水资源开发和管理规划》进行优化,简化地方水资源委员会的运行程序、强化规章制度,优化取用水分配并确定用水优先方案;扩大国家水务委员会,吸收新的用水户和青年代表。2024 年起,在技术财政支持方面,为省议会有效介入提供便利条件;为试点海外省提供支持与帮助,将水环境管理和防洪能力融入海外省水资源计划中。

5. 增加资金支持

自 2023 年起,银行将为水资源项目贷款提供新一轮减息及相关支持服务,改革水资源累进费率;自 2024 年起,水利机构将拨款提升至每年 4.75 亿欧元;每年为海外省水资源管理额外提供 3 500 万欧元补助,并为专项工程提供每年 100 万欧元的支持;将水资源保护和修复纳入当地政府多年投资计划。同时,还将调整水价政策,提出阶梯水价改革方案。

3.3.2 干旱管理

法国有专门的干旱管理机构(主要由地区代表和利益相关者组成),如果河流流量或地下水水位降至某一水平,将启动特殊用水期并实施抗旱管理措施。在此期间,中央政府有权减少部分已授权的取水量,负责灌溉用水的集体管理机构(OUGC)将与灌溉用水户协商,减少取水量。在此期间的取水优先顺序为:

第一优先,生活用水和国家安全用水,包括饮用水、卫生用水、核电厂冷却水等国家安全用水;

第二优先,环境用水,即保持生态和经济用水的平衡;

第三优先,农业、工业、能源生产用水,流入海洋或其他流域的水。

法国根据干旱严重程度,将干旱分为 5 个级别(级别 0 限制,级别 1~级别 4),不同干旱等级实施不同的用水限制措施(见表 3-1)。

表 3-1　干旱等级及采取的措施

干旱级别	应采取的措施
级别 0 限制	无
级别 1 预警	1. 鼓励个人和企业减少用水,但并不强制; 2. 地方政府和部门宣传有关减少用水和管理干旱的信息; 3. 禁止清洁屋顶、人行道、外墙(专业清洁公司除外)
级别 2 警戒	1. 在规定时间内,禁止灌溉花园、绿地或高尔夫球场; 2. 在规定时间内,禁止洗车; 3. 限制游泳池用水; 4. 限制农业灌溉时间; 5. 禁止打开水闸; 6. 禁止清洁屋顶、人行道、外墙(专业清洁公司除外)
级别 3 高度警戒	1. 对花园、绿地或高尔夫球场进行更严格的浇灌限制,甚至要求停止浇灌; 2. 严格限制洗车,在某些情况下,完全禁止; 3. 进一步限制农业用水; 4. 禁止清洁屋顶、人行道、外墙(专业清洁公司除外)

续表 3-1

干旱级别	应采取的措施
级别 4 危机	1. 仅允许必要的用水,如饮用、卫生、城市安全和清洁; 2. 禁止浇灌花园、绿地或高尔夫球场,在特定时间内,允许为树木、灌木和菜园浇水; 3. 除国家/国际赛事外,禁止白天浇洒体育场地; 4. 禁止洗车; 5. 禁止游泳池用水; 6. 禁止大多数农业用水; 7. 禁止清洁屋顶、人行道、外墙(专业清洁公司除外)

为使公众了解干旱程度以及所采取的措施,法国政府绘制了"干旱地图",方便查阅干旱信息。公众可以通过点击干旱地图的相应区域,查阅该区域干旱级别以及对应措施,以便了解应采取的应对措施。

法国不断加强信息的全面收集,为公众提供便捷简单的工具帮助其了解不同地区与不同水资源使用者可能被采取的限制措施,以及必要的生态行动。为更好地应对干旱危机,法国将更新干旱限制措施指南,研发政府辅助决策工具,加强干旱预测,确定易受干旱威胁区域等。

3.3.3 水价

自 1964 年《水法》开始施行,法国就明确水资源属于国家资产,任何人不得浪费。政府制定了"以水养水"的政策以及"谁用水,谁出钱"的规定,有效地控制了工农业用水;随后政府按照"谁污染,谁付费"的原则治理水污染。因此,早在 20 世纪 60 年代,法律即赋予并强化了水的经济属性和环境属性。法国的水价体系即以此为基础设置。

综观法国水价发展历程,不同阶段强调的定价方法并不相同。20 世纪70 年代,主要采用全成本定价法,以水资源社会循环过程中所发生的所有成本为基础确定水价;1992 年《水法》(修订)要求水价作为经济杠杆对调节水资源可持续利用和节约用水发挥作用,此时期开始强调边际成本定价法;2006 年以后,《水和水环境法》和相关条例规定,水价政策在达到激励用水户节约用水目标的同时也要提供一定的社会保障,开始推广保障最低消费下的阶梯水价法。

目前,法国水价体系包括水费和水税两部分,两部分采用不同的定价原则。水费采用全成本核算定价(包括成本和适当的利润),用于支付供水工程成本和供排水设施的运行维护;水税定价主要依据本流域水资源的稀缺性,主要取决于改善水环境质量的费用。

水税

为响应欧盟层面颁布的对饮用水水质、水源水质和敏感生态系统水质标准加强管理的条例,法国水价体系中的水税部分不断得到完善。到20世纪90年代,水税部分已经细分为取水税、污染税和其他税收等。水税在水价中的比例自20世纪90年代至21世纪初,呈现逐年上升的趋势,其中,1990年法国水税征收约占总水价的11%;到2000年,水税占水价的比例达到27%左右。2000年以后,水资源保护和水环境治理的开支相对稳定,水税几乎保持不变。

近年来,由于法国加大对排污系统的投资,水价有所上涨,但是仍然低于欧洲的平均水平。随着干旱问题的加剧,法国近期计划在全国推广"阶梯水价",鼓励民众节水。法国政府期望通过阶梯水价差的方式,减少用水。

1. 水费

水费一般包括两部分:固定部分和可变部分。在城市地区,固定比例约为30%;在农村地区,固定比例约为40%。可变部分主要根据计量来收费。根据公共供水和卫生服务观察站(Observatoire des services publics d'eau et d'assainisement)的最新报告(2022),法国供水和排水服务的平均收费为4.08欧元/m³,其中,供水费2.05欧元/m³,排水服务费①2.03欧元/m³。如果以每个家庭每年用120 m³水量计,一个家庭每年平均水费约为490欧元。在过去5年中,家庭平均水费水平相对稳定。

由于运营服务的成本取决于许多因素,特别是地方议会和地区水务机构对供水与污水处理服务的投资水平差异,加上地理差异和人口密度的不同,法国不同地区的水费差异较大。布列塔尼(Brittany)大区和上法兰西(Hauts-

①没有接入主排水管的家庭(约10 000个社区)不支付排水费,但是需要支付化粪池的清空和维护费用,以及定期进行的法定检查费用。

de-France）大区属于水费较高的地区,平均水费价格分别为 4.82 欧元/m³、4.60 欧元/m³。普罗旺斯-阿尔卑斯-科特迪瓦-达祖尔（Provence-Alpes-Côte-D'azur）大区和大东部（Grand Est）大区属于收费较低的地区,平均水费价格分别为 3.58 欧元/m³、3.81 欧元/m³。

2. 水税

法国针对取水和排污均设置征税体系。流域委员会的执行机构——水务局负责征收相应的税,用于机构运行、污水防治等费用。取水税按照取水量和耗水量（不返回水环境的用水）分别收取,取水的税费相对较少,耗水的税费则比较昂贵。排污税的征收标准相对更高,根据生化需氧量（BOD）、化学需氧量（COD）、悬浮颗粒物、热量、有毒物质以及磷酸盐和硝酸盐等排放情况进行适当调整。

排污税的发展

法国早在 1968 年就开始征收水排污税,法国将水排污税的对象分为家庭户和非家庭户。前者适用于人口大于 400 户的所有城镇,后者适用于排污量相当于 200 个居民户排污负荷的单位,政府对每个排污口的排污种类和数量进行测算后,根据相应的税率确定其排污税金额。

法国水排污税税收征管主要由流域委员会和水务局负责,流域委员会负责水排污税税基和税率的制定,水务局负责水排污税税款的具体征收。对于非家庭单位,流域委员会根据排污口的污染物种类和排放量确定其相应的应纳税额;对于家庭户,排污税采用单位用水水费附加方式征收,征收相对比较简单。

3.3.4 节水宣传教育

1. 公众宣传

法国特别注重节水的公众宣传,各大电视台和电台每天播出节水公益广告。政府不断向民众发放介绍节水方法的册子,重视具体节水技巧的宣传,例如:选择淋浴,避免使用浴缸;使用节水淋浴喷头,少用马桶冲水;检测并修复泄漏的水龙头,及时关闭水龙头等。此外,还有"节水警察"会在易干旱地区巡视,发现违规用水或浪费水资源者都将处以 500 欧元以上罚款。

政府的宣传使得民众养成了自觉节水的习惯。在巴黎的一些中高档居民区,虽然日常生活用水实行包干制,但很多家庭仍会使用节水马桶,甚至花费更多的钱去安装生态淋浴系统,将洗澡水处理后重新装入马桶,可节省近40%的生活用水。几乎家家户户都安装集雨管,下雨时,可以将屋顶的雨水引入地下蓄水池,在过滤净化处理后,可以作为厕所等二类生活用水使用。法国一些城市还制定了有关雨水利用的地方性法规,比如规定新建小区必须配备雨水利用设施,否则将征收雨水排放费。

由于法国政府的极力推广和民众的积极响应,法国的节水技术较为先进,节水装置使用极为广泛,包括住宅的集雨管、公共场所的定时水龙头等。

2. 节水奖评选

在干旱频发、可用水资源量减少的背景下,节水已经成为人们关注的焦点。在过去两年里,法国能源、水、数字网络化公共服务协会(FNCCR)受法国生态与团结化转型部的委托,负责运营节水俱乐部。该俱乐部旨在宣传本地的节水行动并在全国范围内促进经验分享。2021 年 3 月 22 日,在世界水日之际,俱乐部组织了第一届"节水奖",评选和奖励一次性或长期节水实践。

在 2021 年和 2022 年的"节水奖"评选中,减少取水量和用水量的政策与方案、提高用水户节水意识、打造"节水社区"标识、制订针对特定部门的节水战略、制订针对不同人群的节水传播计划等节水最佳做法得到了奖励。

随着"节水奖"影响力的增加,2023 年的节水奖由节水俱乐部与法国市长和社区间主席协会(AMF)共同组织,获得节水奖的单位不仅得到相应奖励,还将作为促进和加强地区节水的范例进行宣传。2023 年的节水奖进一步扩展参评范围,设置"社区基础设施中的节水方法"的新类别。

3. 节水邮票

为了宣传水资源的珍贵,唤起人们对水资源的重视,提高人们节约用水的意识,法国邮政部门于 2014 年 4 月 7 日发行了以不干胶自贴折叠形式印制的小本邮票,主题是"环境保护",内含 12 枚无面值邮票。其中 1 枚邮票的图案以写意的手法展示了一双手托捧着从水龙头中滴下的一颗钻石,非常清晰而又形象地告诉人们,当你打开水龙头的时候,流出来的水如同钻石一样珍贵,在邮票的左侧还专门配有"水很珍贵请予珍惜"的文字说明。这个小本票中的 12 枚不干胶自贴邮票均无面值,但每枚邮票价值相当于法国国内 20 g 以下邮件的邮政资费,标准是 0.61 欧元。该小本节水邮票兼具纪念和实用价值,不仅使用十分方便,而且能更好地发挥宣传教育作用。

3.4 节水技术

3.4.1 加强科研创新

法国重视对整个水资源管理价值链进行创新研究,以提高水资源管理水平。在 2023 年《节水计划 53 条》中,明确将开展水文预测、水需求演变、水相关的整个价值链和用途的核算、水足迹等一系列研究,加强对企业创新的支持等。

开展与水资源有关的主要研究计划,包括 Explore 2 研究计划、OneWater 优先研究计划与装备、城市–区域项目与策略观察平台研究行动计划等,通过改进管理,施行水资源综合政策,更好地应对气候变化。

3.4.2 水资源循环利用技术

法国生态与团结化转型部表示,到 2025 年,法国城市雨水、工业废水、生活污水等的再利用量将增加 3 倍,经过处理后的水可直接用于农作物灌溉、消防、道路清洁等。据法国《费加罗报》报道,近年来法国开始由点及面推动污水处理技术在城市群推广,例如纳博讷周边城市已开始研究修建管道连接污水处理厂和工厂。

在 2022 年夏天持续干旱时期,法国南部的纳博讷市威立雅污水处理厂研发了一种名为"再利用盒子"的容器,用于对污水进行过滤和消毒。经过处理的污水虽不能饮用,但足以用于农作物灌溉、城市清洁、绿地浇灌等。

第 4 章　西班牙

提　要

西班牙是欧盟成员国中受干旱影响最严重的国家之一,水资源空间分布不均,长期存在水资源短缺的压力,气候变化更加剧了该国水资源短缺问题,由于水量少导致水质变差的状况也比较普遍。西班牙人均水资源占有量约 2 200 m³,作为最缺水的欧洲国家之一,西班牙具有较强的水资源危机意识,开展节水工作相对较早。

作为传统农业大国,西班牙的主要用水行业是农业,农业用水占用水总量的 65%。西班牙通过建设节水灌溉设施、提高工程运营管理效率、改进农业种植结构、开发非常规水等多种措施,实现农业节水增效。

为了进一步提高用水效率,西班牙于 1999 年开始引入水权交易,在特别干旱等特殊情况下,也采用水银行水权交易。第一次较大的水权交易发生在 2005—2008 年严重干旱时期,交易量超过 2 亿 m³。

4.1　自然地理、经济及水资源利用

4.1.1　自然地理及经济

西班牙位于欧洲西南部伊比利亚半岛,地处欧洲与非洲的交界处,西邻葡萄牙,北濒比斯开湾,东北部与法国及安道尔接壤,南隔直布罗陀海峡与非洲的摩洛哥相望。西班牙是一个多山国家,总面积 50.5 万 km²,其海岸线长

约 7 800 km,人口约 4 820 万人(2023 年)。

西班牙水资源空间分配不均,降水从西北至东南逐步减少。北部和西北部沿海属于温带海洋性气候,雨量较为充沛,年降水量 800~1 600 mm,局部地区可达 2 000~2 500 mm;中部高原属于大陆性气候,四季分明,冬秋多雨,夏季干旱少雨,年降水量 500~600 mm,最少年份只有 300 mm;南部和东南部为亚热带地中海型气候,年降水量为 200~500 mm,且多集中在冬季。西班牙河流多为跨界河流,下游流经葡萄牙入海。西班牙境内河流被划分为 16 个流域。

西班牙是世界第十四、欧洲第五大经济体。2022 年国内生产总值约 1.33 万亿欧元,人均约 2.79 万欧元,农业、工业、建筑业、服务业占 GDP 比重分别为 3.4%、16.3%、6.2%、74.1%。虽然农业占 GDP 的比重不高,但作为欧盟第四大农产品生产国,以及欧盟第一大、世界第三大果蔬出口国,西班牙农业现代化水平较高,西班牙总面积的 47% 为农牧业用地,面积 2 400 多万 hm²,居欧盟第 2 位,其中农业灌溉面积约 347 万 hm²(2011 年),且近年来规模变化不大。

西班牙主要进口石油、化工产品、燃料、工业原料、机械设备等,出口汽车、钢材、皮革制品、纺织品、葡萄酒和橄榄油等。主要贸易伙伴为欧盟、亚洲、拉丁美洲和美国。

4.1.2 水资源利用

西班牙地表水资源总量 1 090 亿 m³,地下水资源总量 180 亿~200 亿 m³,年补给量 20 亿~30 亿 m³,人均水资源占有量 2 200 m³。不同流域人均水资源占有量差别很大,最大的地区达 14 000 m³,最小的只有 260 m³。北部地区面积占全国的 11%,径流量却占全国的 40%;东南部地中海沿岸经济发达,人口众多,但却常年干旱少雨,有些地方甚至呈现荒漠化的趋势。除了自然条件限制,西班牙还面临着人口增长和经济发展对水资源需求增加的压力,城市化和农业用水是两个主要的水需求领域,农业是消耗水资源最多的部门,尤其是在干旱地区。世界资源研究所预测 2040 年全球水资源压力最大的国家中,欧洲有西班牙与希腊两国。

为解决东南部缺水问题,西班牙在 20 世纪 60—70 年代建设了塔霍河—塞古拉河调水工程(全长 242 km,设计年调水能力 10 亿 m³),将中部塔霍河的水调入东南部阿利坎特、穆尔西亚和阿尔梅利亚,为当地农业用水和公共供水提供水源,该工程为西班牙东南部的粮食生产和社会发展提供了基本保障。

西班牙年均总用水量约为 290 亿 m³,其中农业用水为 190 亿 m³,占总用水量的 65%,工业用水占 19%,城市用水占 16%(2020 年)[①]。其中,地下水年使用量 72 亿 m³,74% 用于农业,22% 用于服务业,4% 用于工业,地下水灌溉面积约为 120 万 hm²。

4.2　水资源管理

4.2.1　体制机构

西班牙水资源归国家所有,水资源管理分国家、流域和自治区三个层级(全国划分为 17 个自治区、50 个省、2 个自治市,每个自治区由 1 个或多个省组成)。西班牙的水资源管理机构为生态转型与人口挑战部、国家水委员会和流域管理机构。

生态转型与人口挑战部负责制定关于水资源、海岸、林业、环境、气候气象、能源的相关立法,管理地表水、地下水、领海、专属经济区和大陆架的自然资源以及海岸等。

国家水委员会是全国水资源问题的权威咨询机构,于 1985 年西班牙《水法》颁布时成立,由国家水行政部门和各自治区、流域管理机构、重要的国家涉水专业机构和不同商业性供用水单位的代表组成。国家水委员会主要职责是制定全国水文规划,通报全国水文规划以及各流域管理规划执行等相关情况。

流域管理机构最早成立于 1926 年,最初职责主要是建设水利基础设施。2003 年,西班牙将欧盟《水框架指令》相关要求纳入本国法律后,流域管理机

---

①数据来源:联合国粮农组织数据库 FAO AQUASTAT。

构的职责转变为致力于水资源保护和可持续利用。

1985 年《水法》规定,当河流流域仅位于一个自治区时,流域管理由流域所在自治区政府指定专门的水事管理机构或自治区政府的一个部门负责。西班牙有 7 个自治区级流域。

当河流流域涉及多个自治区时,成立跨自治区的"流域水文联合委员会",有 9 个跨区流域。流域水文联合委员会统一管理流域内的水事务,成员包括生态转型与人口挑战部,农业、渔业和食品部,工业能源部,卫生部代表各 1 名,以及流域涉及的各个自治区代表至少 1 名。自治区代表人数按各自治区在本流域中所占面积及拥有的人口确定,灌溉、水电等各部门代表至少要占 1/3。委员会的办事机构即流域管理机构也有代表参加,委员会的主席由内阁会议任命,并由流域管理机构的主席担任。上述委员会管理的面积相当于西班牙总面积的 85%。

4.2.2 法规及规划

1985 年《水法》是西班牙水资源管理的基本法律,规定所有形式的水(包括地下水)都属于公共财产,鼓励通过有效使用水资源以达到保护的目的。《水法》强调水资源利用须注意不破坏环境和资源本身,尤其要最大限度地减少社会经济成本,并使水资源在整个循环过程中所带来的费用和负担能够得到合理的分担,确保在各种情况下都能够对各用水方公平合理。

1999 年修订的《水法》规定,将海水淡化水和再生水纳入水资源配置范畴,并通过市场手段进行水资源的再分配水。

2001 年,为了解决水资源短缺与分布不均等问题,西班牙以行政令10/2001 批准了首部《国家水文规划》(NHP)及《水文规划条例》(随后于2007 年和 2010 年进一步修订)。

《水法》规定水文规划分两个层次:国家级和流域级。为确保规划的长期性、连续性和可操作性,在规划制定的过程中,流域管理机构将努力保障公众最大程度的参与。规划一般每 20 年进行一次,一经国会批准,规划实施时基本不做改动。

《国家水文规划》汇总和协调各流域管理规划,提出不同流域或地区之间的调水规划。《流域管理规划》由流域机构或其上级主管部门编制,由中央政府批准。《流域管理规划》服从于《国家水文规划》。《国家水文规划》关注水资源开发对环境和生态的影响。目前,西班牙已改变传统粗放的扩张型发展政策,逐渐减少新建大型灌溉工程,优先开展老化破损骨干工程和田间配套工程的更新改造,公共投资主要投向水源保护、取水工程和输配水管网系统的升级改造、田间灌溉系统的技术改造和渠道防渗节水技术的推广。

根据贯彻实施欧盟《水框架指令》相关安排,2023 年 1 月,西班牙政府批准了新一轮总投资 228 亿欧元的计划(其中,中央政府提供 103 亿欧元,自治区政府提供 83 亿欧元,市政府提供 23 亿欧元,剩余资金由其他渠道融资)。这项计划将西班牙年供水量削减到 268 亿 m^3,与上一个五年相比,减少了4%。此外,通过加强对污水处理和再生利用基础设施的投资,扭转城区水质长期不达标的窘况。

4.3　节水政策、技术及实践

作为农业大国,西班牙节水政策重点在农业节水,主要包括鼓励农户使用高效灌溉技术,以及鼓励市民节约用水(如设立节水奖励计划等)、优化城市水资源管理和推广水资源循环利用等。

4.3.1　农业节水

西班牙主要灌溉作物为小麦、水稻、柑橘;山丘高原地区坡耕地大部分是旱作耕种牧草和燕麦、杂豆等。一般大田作物采用固定式喷灌,山地果树采用滴灌设施,也有部分为畦灌,田间输水多为矩形渠道。

西班牙在农业领域采取了一系列节水灌溉措施,这些举措有助于减少农业用水量,提高水资源利用效率,促进农业可持续发展。几十年来,西班牙农业节水灌溉发展很快,仅 2002—2022 年,西班牙农户和公共管理部门投资了50 亿欧元用于现代化灌溉技术的推广应用,节约了 16% 的灌溉用水。西班牙农业节水成就在很大程度上得益于政府的一系列政策支持。这些政策主要包括以下几方面:

（1）实施国家灌溉计划。由于 20 世纪 90 年代中期的严重干旱,除执行欧盟共同农业政策外,西班牙 2002 年还制定了《国家灌溉计划——地平线2008》。在 2002—2008 年间,完成 110 万 hm^2 的灌溉土地现代化改造,包括升级改造输水渠道、输配水网络以及农业设备,总目标为每年节水 27 亿 m^3。除灌溉现代化目标外,还兼顾调整灌溉作物种植品种、减少农业面源污染、提高农业应对气候变化韧性等目标。

2005—2008 年西班牙发生历时较长的严重干旱,为此实施了《灌溉现代化行动计划》和《更新改造灌溉计划》。两项计划总投资约 76 亿欧元,共完成230 万 hm^2 灌区输水管网和基础设施的改造。

（2）对农业节水提供财政支持。西班牙政府通过法规和政策鼓励农民使用节水灌溉技术和实践,提供财政支持和补贴以帮助农民更新灌溉设备和系统,推广节水农业。具体措施包括支付农业灌溉工程的科研、设计等技术方面的全部费用,农业节水灌溉供水水源以及输水管网的建设和管理,也由政府负责。对于田间灌溉设施的投资,政府提供 1/3 左右的资金补助,银行对发展节水灌溉的农户提供长期低息贷款。例如:瓦伦西亚农户在果园安装的滴灌设施,由政府资助 40% 的费用。

（3）研发和推广节水灌溉技术。西班牙建立了较为完善的节水灌溉技术及材料的研发、生产、销售、培训和服务体系,拥有多种先进的节水灌溉技术和设备,在促进本国节水灌溉发展的同时,也在国际节水灌溉技术和设备市场占有一定份额。节水灌溉技术和设备已经发展成为西班牙具有国际竞争优势的产业。例如:滴灌和喷灌技术可以使水资源精确投放到植物根系附近,减少水的蒸发和浪费。智能灌溉系统利用传感器和数据分析,根据土壤湿度和植物需水量智能调节灌溉量,提高水的利用效率。

（4）调整农业种植结构。在农业节水灌溉较发达的地区,由于缺水,水费相对较高,节水灌溉设施的使用也会增加农业生产成本。为解决农业生产成本增加的问题,调整种植结构是一条有效的路径:一是减少高耗水农作物的种植;二是大力发展高附加值的农作物。农业结构的调整和生产效益的提高,也为节水灌溉技术的发展和应用提供了更大的市场。

（5）在旱地农业地区尝试应用咸水灌溉。西班牙国内设有咸水灌溉站,专门研究和试验咸水灌溉的理论和技术。咸水矿化度<1 g/L,可以用于所有农作物的灌溉;矿化度4~6 g/L,其中氯离子含量为1~3 g/L的水,如果排水条件好,可以用于灌溉棉花、苜蓿、麦类,也可以用于灌溉水稻;如果地质、水文条件好,并建有专门灌排设施,可以使用矿化度>5 g/L,甚至10~15 g/L的咸水灌溉。

(6)设立分区域节水灌溉推广服务机构。西班牙各自治区均根据自身农业发展的特点,建立相应的农业灌溉研究机构,机构由政府和民间投资共同支持,主要针对本区农业发展技术(如节水灌溉技术)开展研究与推广工作。如阿拉贡自治区农业食品研究中心下设灌溉研究室,拥有大型蒸渗监测仪等先进试验仪器设备,在全区建立了由100多个综合气象站组成的气象观测网,通过对试验观测数据的分析,进行全区作物需水量的实时预报,并在网上发布,供灌溉协会参考制订灌溉计划,指导农户进行科学灌溉。瓦伦西亚自治区农村培训与试验中心由当地农业银行资助,开展不同作物经济高效灌溉、施肥方案等研究,农户依据方案即可操作。

(7)鼓励农民参与节水农业实践。例如选择耐旱作物和品种,科学管理灌溉时间和灌溉水量,避免过度灌溉;还会采取一些土壤保水措施,如覆盖物料和保水剂,以减少水的蒸发和渗透等。

瓜达尔基维尔河流域灌溉现代化

瓜达尔基维尔河流域位于西班牙南部,面积5.75万 km^2,有476个城镇,人口约420万人。该流域年均水资源总量63亿 m^3,降雨时间分布极为不均,可用水量少。实行干旱管理计划以来,通过对天然水资源的开发调蓄,每年可用水量达30亿 m^3。

瓜达尔基维尔河流域农业用水占87%、家庭用水占11%、工业用水占2%。灌溉面积约为71.5万 hm^2,占总种植面积的25.5%,相较西班牙全国平均水平(13.8%),该地区的灌溉面积比例较高。农业产生的总附加值为6%。灌溉水源主要是地表水(占80.9%)、地下水(占18%)和再生水(占1.1%)。

该流域灌溉系统现代化节水措施包括:

(1)将明渠改为压力管道;

(2)将漫灌改为滴灌或喷灌;

(3)在改进的灌溉系统设备中增加用水计量装置。

这些措施自 2005 年开始产生效果。漫灌效率仅为 55%,而喷灌和滴灌则可分别达到 75% 和 90% 的灌溉效率。针对计量用水,按统一费率支付水费,可降低 20% 的用水量。

通过采取上述综合措施,瓜达尔基维尔河流域滴灌和喷灌面积占总灌溉面积的 45%,再叠加改进有压管网配水系统,每公顷灌溉用水量由 7 000 m³ 降至 5 000 m³。

4.3.2 再生水利用

西班牙是欧洲再生水利用率最高的国家之一,再生水年利用总量约 4 亿 m³,再生水利用率约 11%。在缺水严重、水资源压力大的胡卡尔河流域,再生水利用率达 24%,塞古拉和巴利阿里群岛的再生水利用率为 50%~60%。污水处理再利用是西班牙中小型农业地区灌溉用水的重要来源,灌溉用水占总再生水量的 64% 左右,如穆尔西亚自治区每年有超过 1 亿 m³ 再生水用于农业灌溉。2016 年西班牙再生水的主要用途如图 4-1 所示。

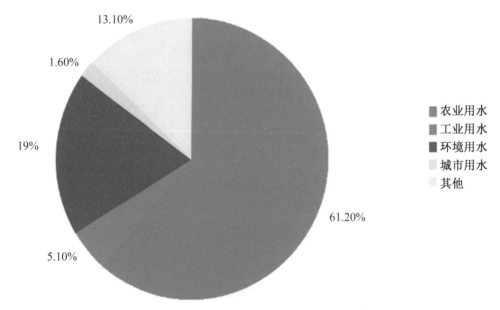

图 4-1　西班牙再生水的主要用途(2016 年)

1. 政策与标准

西班牙再生水利用主要集中在加泰罗尼亚河、胡卡尔河、塞古拉河流域等。为了解决缺水危机，西班牙为再生水用于农业灌溉制定了长期目标（见图 4-2）。预计至 2027 年，地中海-安达卢西亚河流域、塔霍河流域、巴利阿里群岛等区域的再生水利用量将大大提高，其中地中海-安达卢西亚河流域的再生水灌溉水量未来可能居全国第一。

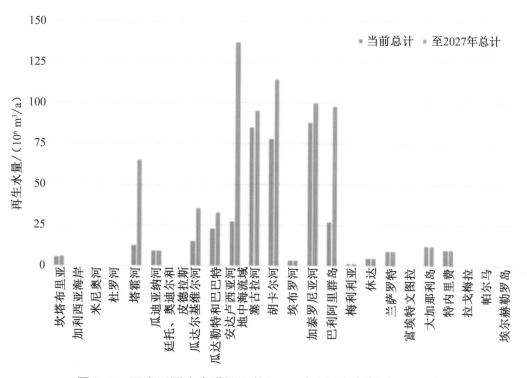

图 4-2　西班牙再生水灌溉现状（2018 年）及未来预测（2027 年）

早在 2007 年西班牙就制定了再生水利用法规（RD 1620/2007），规定了再生水用途以及不同用途的水质标准。一般以肠道线虫、大肠杆菌、悬浮物等细菌含量和再生水的浊度为衡量指标。对于超出规定范围的用途，西班牙采取灵活的管理方式，由流域管理部门参考相关法规制定水质标准。

西班牙法规禁止再生水用于可能影响人体健康的食品工业、医用设备、双壳类软体动物水产养殖、游泳池、公共场所或公共建筑物内的景观用水（如喷泉、水面墙），以及公共卫生部门认为对人类健康有害的其他用途。

法规允许再生水主要用途包括城市用水（浇灌花园、卫生器具用水、城市绿地灌溉、街道清洗、消防蓄水、车辆清洗等)、农业用水(作物及牧场灌溉、水产养殖、观赏性花卉苗圃等)、工业用水(一般工业加工、清洁用水等)、娱乐用水(仅供观赏的池塘或湖泊等)和环境用水(含水层补给、湿地保护、植树造林等)。

法规要求,按照属地管理的原则,各地方相关行政部门负责监管再生水利用方案的制订和实施。方案中需详细规定再生水处理程序、所需基础设施、经济分析和合理定价等。如穆尔西亚自治区的公共卫生局要求,当地再生水利用方案的技术建议书中应详细说明污水处理等级,并要求至少进行二级处理;要提供污水处理厂出水分析报告以及再生水处理流程图,必要时根据再生水的预期用途采取三级处理。

除再生水利用外,西班牙作为沿海国家也通过海水淡化的方式增加供水水源。西班牙《国家水文规划》(2005—2008年),投入39亿欧元资金(其中1/3的资金由欧盟提供),以海水淡化为重点,并通过开展需求管理、水资源循环利用和提高用水效率,达到每年节水约11亿 m^3 的目标,其中70%的目标通过海水淡化实现。到2017年,西班牙海水淡化的能力已达10亿 m^3/a。

2. 污水处理技术发展

西班牙有一批具有先进节水技术的国际知名企业,如阿驰奥纳公司,该公司具有先进的海水淡化和苦咸水淡化技术,拥有设计、建造及运营饮用水处理厂、残余净化厂、再生水三级处理厂和反渗透海水淡化厂的能力;法罗里奥公司拥有供水、污水处理和水循环利用等先进技术。

在城市污水处理和再生水利用方面采取的主要技术如下:

(1)初沉池处理:①斜板沉淀池;②根据实际需要和成本要求使用不同的曝气系统(完全混合、推流曝气、卡鲁塞尔式、固定接触式等);③建立系列生物处理厂;④使用生物滤池或生物床去除营养物(约翰内斯堡工艺、福列德克斯脱氮脱磷工艺并辅以污泥发酵法)。

(2)污泥处理:①使用多种浓缩方式(重力、气浮、离心),利用空气或氧气进行好氧消化;②厌氧消化;③通过带式压滤机、离心机进行脱水,经焚烧、堆肥等综合处理,用于农业施肥。

(3)污水三级处理:①开放式滤池和紫外线消毒法;②双层滤料密封滤池和紫外线消毒法;③环形过滤池和紫外线+氯气混用消毒法。

在加那利群岛中的兰萨罗德岛上实施的再生水利用深度处理技术在西班牙居领先地位,有效解决了当地遇到的废水含盐量高的问题。它先利用粗纤维膜进行微滤处理,再利用反渗透法清除盐分,生产出了高质量的滴灌用水。

工业废水处理需要借助于厌氧阶段或好氧阶段不同的生物处理机制,当污染负载很高时,两者可结合使用。啤酒企业、罐头公司、造纸厂等进行工业废水厌氧处理时,采用颗粒状厌氧污泥膨胀床工艺,可有效降低化学需氧量,获得高能量的沼气,处理后的产品可以作为燃料使用。

在处理加工用水或中(高)压锅炉给水中,西班牙奥科利雅公司、贝朴索尔化学公司采用反渗透工艺技术,处理后水的含盐量和二氧化硅成分都极低,可继续用于锅炉补水、密闭式循环冷却水系统的补水等,增加了水循环利用率。

4.3.3　水权交易

1975—1995 年间,西班牙农业灌溉面积大幅扩张,一度成为欧洲农业灌溉面积最大的国家。随着灌溉面积的不断增加,供水需求也不断增长,西班牙面临着严重的用水紧张状况,尤其是在东部和南部大部分流域。西班牙政府不得不从增加供水向节水转变,水权交易成为西班牙节水的重要管理措施之一。

西班牙的水权主要有三种形式:①政府行政许可水权,由流域管理部门向环境、工业等用水户颁发,年限一般为 75 年;②灌区历史水权,由灌区用水协会持有,这部分水权占西班牙灌溉水权的 80%;③地下水私人水权,由政府颁发用水许可证予以承认。

西班牙水权交易经历了逐渐成型和完善的历史过程。1985 年《水法》规定水资源所有权归国家所有,水资源使用权可以通过行政许可获得。个体用户的水权分配由流域管理部门确定,水权许可证持有人不能交换、出售水权,只有流域管理部门能够进行水权交易。

20 世纪 90 年代连续数年的旱灾,致使 1999 年修订的《水法》允许水权许可证持有人进行市场交易,但是水权交易只允许在同一流域内进行。此次修订引入市场方式进行水资源的再分配,这一方式作为用户之间和部门之间临时或永久重新分配用水的一种手段,包含两种机制:①水现货市场。主要是用水户之间水权交易,参与交易的用户必须是水权的合法持有人。卖方只能将水权交易给其他拥有同等或更高优先权的人。水权的优先次序是:城市供水、农业、电力生产、工业、水产养殖、娱乐、航运以及其他用途。②水银行。作为水现货市场的补充,只在严重干旱或地下水过度开采的情况下才启用,且只在特定的流域(瓜迪亚纳河、胡卡尔河和塞古拉河)运行。当出现干旱等特殊情况时,流域管理部门以公开购买水权的方式临时收购水权,以预先设定的固定价格公开报价,以固定价格甚至免费的方式,在潜在用户之间重新分配。西班牙水权交易量如表4-1所示。

表4-1　西班牙水权交易量　　　　　　　　单位:万 m³

交易类型	2001—2004 正常年份	2005—2008 干旱年份	2009—2011 正常年份	2001—2011 总计
流域内	4 666	7 799	3 170	15 635
跨流域		20 434	3 105	23 539
水银行		19 834		19 834
总计	4 666	48 067	6 275	59 008

此外,1999年《水法》虽然引入环境流量作为其他用途用水的优先限制条件,但对环境流量的要求并不明确,因此在《流域管理规划》中并未真正将环境流量纳入其中。2005—2008年西班牙再次发生严重干旱,政府对水权市场进行改革,允许跨流域水权交易,但是只允许临时性水权交易。2013年西班牙进一步扩大水权交易,允许跨流域用水户进行永久性水权交易,但是前提是得到政府批准。

西班牙水权交易实践

西班牙第一笔水权交易发生在2000年。

2000—2008年塞古拉河流域共产生54笔水权交易,交易水权1 901万 m³。

2007年,在地中海-安达卢西亚河流域内发生了一笔灌溉用户之间的水权交易,以0.15欧元/m³的价格交易水权90万 m³。

较大的跨流域水权交易发生在塔霍河流域向塞古拉河流域转让。
2006—2008 年,塔霍河流域的埃斯特雷马杜拉(de Estremera)向塞古拉
河流域的辛迪卡托(Sindicato)平均每年转让水权 3 105 万 m³,2006 年
水权交易价格为 0.19 欧元/m³,2007 年和 2008 年水权交易价格为 0.22
欧元/m³。同一时期,塔霍河流域拉斯艾维斯(de las Aves)的农业水权
向塞古拉河流域的泰贝拉(del Taibilla)的生活用水权转让,2006—2008
年共签订了 3 份正式转让合同,转让水权分别为 118 万 m³、850 万 m³ 和
3 690 万 m³,平均水权交易价格为 0.27 欧元/m³。2011 年塔霍河流域
和塞古拉河流域签订了一份 10 年的合约。前者以 0.06 欧元/m³ 的价
格承诺每年转让水权 1 020 万 m³,并同时规定购买方需要每年向灌区管
理部门缴纳水资源税。

4.3.4 干旱管理

西班牙 2018 年通过新的干旱管理计划,取代了 2007 年的计划,将传统
的紧急干旱管理转变为干旱风险管理,即从学术研究、政治议程和决策过程
中均考虑减少干旱风险的管理策略。

新的干旱管理计划将水资源短缺分为临时性缺水(降水量不足导致的暂
时性缺水)和永久性缺水两种情况。该计划仅在临时性缺水情况下处理与用
水需求管理相关的问题;日常用水需求则通过《流域管理规划》来满足。此
外,针对永久性缺水问题,列入《流域管理规划》,通过常规措施进行分析评估
并提出解决方案。

各地区依据当地实情制定干旱管理政策,对干旱天气进行预报、监测和
应对。生态转型与人口挑战部建立了完整的水文指标体系,评价旱情的步骤
主要包括:①选取具有代表性的水文指标,如降水量、水库入库流量、水库蓄
水量、地下水位等;②确定相应水文指标的时间跨度;③计算指标值(指标尺
度为 0~1);④用历史数据进行验证。

新的干旱管理计划从内容、干旱指标体系、阈值和建议措施等方面进行
了详细阐述,并提出不同缺水情况的具体应对措施:

（1）正常情况下,采用总体规划和监测。

（2）预警情况下,提高公众意识,采取节水和监测。

（3）严重缺水情况下,对用水需求和供水进行管理、控制和监测。

（4）极端缺水情况下,进一步强化严重缺水情况采取的相关措施,并根据发展情况采取其他特别措施。

生态转型与人口挑战部公布的最新数据显示,由于受到 2022 年和 2023 年大旱的严重影响,6 个流域区的水库水位比近 10 年同期平均蓄水位低 20% 以上。西班牙全国水库蓄水量仅为正常蓄水量的 47.4%。为应对极端干旱问题,加泰罗尼亚政府一方面宣布对近 600 万人实施新的用水限制,每人每天的用水量限制从 250 L 调整到 230 L,其中包括街道清洁等公共服务的用水量,并禁止向喷泉等景观设施供水。另一方面,加泰罗尼亚政府努力将海水淡化和再生水利用能力提高 1 倍。

一些非政府组织呼吁在严重干旱地区停止农业灌溉,确保饮用水供应。2023 年 5 月,西班牙政府宣布了一项 22 亿欧元的紧急资金,以应对持续的干旱,该项紧急资金主要用于海水淡化、再生水利用、为农户提供补助和减税等（见表 4-2）。

表 4-2　干旱紧急投资资金分配

投资内容	金额分配/亿欧元
海水淡化	10.2
再生水利用	2.24
改善取水、贮存和分配	1.24
种植者税收减免	0.57
为农户提供补助金、保险和减税	7.94

除最后一项资金由农业、渔业和食品部负责外,其他所有资金都由生态转型与人口挑战部负责。

第 5 章　葡萄牙

提　要

葡萄牙与西班牙毗邻,人均水资源占有量 7 493 m³,水资源相对比较丰富,但由于同样是以农业为主要产业的国家,与西班牙类似,也存在水资源短缺问题。由于局部缺水、农业用水紧张,葡萄牙将农业作为节水的重点领域,主要通过完善节水灌溉设施、再生水利用等措施提高用水效率。

在利用再生水进行灌溉时,葡萄牙更为注重采取风险管理的方式,通过对整个输水前端、末端以及使用端的风险进行评估,采取水质控制和管理措施相结合的方式,增加再生水使用的安全性。

在干旱管理中,葡萄牙改变以往以危机管理方法为主的被动措施,采用基于抗旱准备和降低长期风险的主动措施,制订干旱行动计划,从预防、监测和应急三方面积极应对旱情。

5.1　自然地理、经济及水资源利用

5.1.1　自然地理及经济

葡萄牙位于欧洲西南部,伊比利亚半岛西部,东、北与西班牙毗邻,西、南濒临大西洋,地形北高南低,多为山地和丘陵。北部属温带海洋性气候,南部属亚热带地中海型气候。国土总面积 9.2 万 km²,人口约 1 046 万人(2023年),全国分为 18 个行政区和 2 个海外自治区。

葡萄牙年均降水量为 854 mm,降水年际分布不均,地区分布自北向南递减,东北部高达 1 500 mm 以上,中部 800~1 000 mm,南部减至 600 mm 以下。在中部和南部,旱季长达 4 个月。葡萄牙水资源总量约 770 亿 m³,人均水资源占有量约 7 493 m³。

葡萄牙河网发达,其中最主要的河流是多罗河和蒙德哥河。两条河流流经葡萄牙大部分地区,是这个国家的重要水源,还有其他几条河流如达尼亚河、莫尼德河、沙贝尔河等,这些河流在提供上游生态系统和下游农业用水的同时,也供应城市和居民使用。河流年径流总量约 370 亿 m³,其中 200 亿 m³ 来自西班牙。河流水量年内分配不均,北部河流的最小、最大流量比值为 1∶8~1∶10;东部、南部河流的比值较大,最高可达 1∶40。

葡萄牙的湖泊也提供了部分的水源。其中最大的湖泊是阿尔库埃纳湖和卡斯卡迪欧垄湖,这两个湖泊通过灌溉渠道将水输送至旱地和农地。

葡萄牙作为欧盟中等发达国家,2022 年,葡萄牙国内生产总值 2 392.53 亿欧元,该国工业基础较薄弱,经济发展以服务业为主。森林面积 347 万 hm²,覆盖率 39%。2021 年,葡萄牙农业用地 400 万 hm²,占领土面积的 43%,其中草地牧场 213 万 hm²、永久作物 86.6 万 hm²、耕地 96.5 万 hm²。葡萄牙种植的主要农作物是谷物、玉米、葡萄、橄榄和西红柿。

5.1.2　水资源利用

葡萄牙年均用水总量 54 亿 m³,其中农业、公共供水、电力和制造业各行业的用水分别占 70.64%、14.56%、11.71% 和 3.09%。葡萄牙约有一半的农场采用灌溉,总灌溉面积约为 46 万 hm²,年均地下水抽取量约 19 亿 m³[①],82% 的地下水用于灌溉。主要部门的分配用水占比在南北流域之间存在差异,北部流域的城市和工业供水占比较高,南部流域农业用水占比高。

5.2　水资源管理

葡萄牙水资源管理采用国家管理和流域管理相结合的模式。国家层面的水资源管理部门是环境和能源转型部下属的国家环境署(APA),负责水资

---

① 数据来源:联合国粮农组织数据库 FAO AQUASTAT。

源综合规划和管理、制定和监督水资源管理政策、计划和协调水资源的分配，制定流域管理规划并通过流域管理达到水法规定的目标要求。流域的水资源管理通过流域管理局（国家环境署在区域一级的机构）实施。负责地下水管理的国家机构除了国家环境署外，还有农业和海洋部下属的农业和农村发展总局（DGADR）、规划政策和综合管理办公室（GPP）。此外，DGADR 主要负责组织实施国家水资源规划（PNA）和流域灌溉发展规划；GPP 负责处理农业政策与其他政策（包括水政策）的衔接。

2005 年 12 月，葡萄牙将欧盟《水框架指令》以第 58/2005 号法律的形式纳入本国《水法》，修订了水资源利用的主要规则，此后《水法》经过了多次修订（2009 年、2012 年、2016 年、2017 年）。修订后的《水法》规定，要制定国家水资源规划，优化水管理。国家水资源规划包括整个国土范围的水资源综合管理、流域及沿海水域的流域管理规划，这是葡萄牙以水资源管理与保护支持经济社会发展的基础。

葡萄牙公共土地上的湖泊、河流、渠道中的水资源都属公共所有；私有土地上的水资源（包括湖泊、地下水和泉水等）属于私人所有，但是汇入公共区域部分，则属公共所有。授予灌溉水永久使用权的公共水资源也被认为是私人所有。私人所有的水资源可以免费使用和经营，对其限制很少。传统上对公共水资源不收费，但对其使用设有限制，包括禁止向水体大量排放有害物质，如违反规定将受到处罚。修建水利工程供用户使用的公共水资源，国家将征收水费。

葡萄牙政府为增强国家应对气候变化和地球环境恶化的能力，构建了一系列水资源监测系统和管理计划，同时推动水资源管理和保护措施，例如提升节水意识，建设水资源储备设施，以及加强水资源监测和管理。这些努力有助于确保葡萄牙合理利用和保护其有限的水资源。

5.3 节水政策及实践

5.3.1 节水灌溉

葡萄牙面临着水资源相对有限的挑战，因此节水灌溉是该国农业可持续发展的重要组成部分。葡萄牙政府和农民采取了一系列的举措，包括推广灌溉技术、构建灌溉预警系统、合理制定农业水价、缺水时减少灌溉水量、严重缺水时减少灌溉面积等各类节水政策与技术,以实现高效、可持续的农业灌溉。

(1)强化水资源管理。重视水资源的管理和监测,以确保其合理使用。建立了灌溉水源管理系统,监测和控制水的供应和分配。此外,政府还制定了一套灌溉用水规范,以确保农民使用水资源的合理性。

(2)灌溉系统改进。包括两方面改进:一是由政府统一组织,进行规模化土地整理,应用激光控制平地技术实施高精度土地平整,在此基础上,根据采用的灌溉技术要求合理确定农田规格以及配套的灌溉输配水设施。二是在田间灌溉技术方面,政府鼓励和支持农民采用先进的高效节水灌溉技术,如滴灌、喷灌和微喷灌等压力灌溉技术,或者水平畦灌、水平沟灌等精细地面灌溉技术。这些技术可以减少水的蒸发和浪费,精确控制水的供应,大大提高用水效率。

(3)作物选择和轮作。倡导选择适应当地气候和土壤条件的作物,以最大程度地减少灌溉需求。此外,实行农作物轮作,使土壤得到充分休养和保护,降低了灌溉的频率和用水量。

(4)加强农艺技术应用。采取合理的土壤保水措施,如应用秸秆覆盖、保护性耕作等技术,以减少土壤水分的蒸发和流失。

(5)水源利用多样化。鼓励农民利用多样化的水源,包括地表水、地下水和再生水等。再生水灌溉技术的推广也是其中的一部分。这种技术可以降低成本,减少对地下水和地表水的压力,同时对环境也有一定的净化作用。由于葡萄牙所处的气候条件,再生水灌溉在其农业中起着重要的作用。

在葡萄牙南部的阿尔加维大区,通过利用再生水为灌溉水源,以及组合种植作物,在节约用水的同时,较好地利用了再生水中的氮、磷等营养物质,节约了化肥的使用,取得了多种效益。

葡萄牙南部混合种植的节水灌溉实践

　　葡萄牙南部的阿尔加维在温室(面积通常为 $1\sim2\ hm^2$)中种植着数种小红果水培产品。温室灌溉每年排出的水量为 $300\sim400\ m^3$(其中旱季排放的水量为 $100\sim200\ m^3$)。这些水富含养分,因此可以和其他水源(地表水或地下水)混合后继续灌溉周边地区的其他作物,如柑橘、石榴等果树。由于存在这种共生关系,在 7 月的总灌溉需求中,近 15%是通过再生水来满足的。相应地,化肥的消耗也减少了(磷和氮减少 $10\%\sim12\%$)。

5.3.2　再生水利用

　　葡萄牙一直推动再生水的利用,尤其是用于农业灌溉。2005 年,葡萄牙制定了再生水利用标准,明确了再生水用途及水质标准。2007 年修订的关于水资源使用制度的第 226-A/2007 号法令第 57 条规定,经处理的污水应尽可能或适当重新利用,并将此纳入欧盟《城市污水处理指令》。目前葡萄牙将再生水用于花园、高尔夫球场、小型农田、公园等场所的灌溉。

　　根据欧盟 2017 年的数据,葡萄牙再生水生产量不足 2.2 万 m^3/d,远低于其他南欧国家,如西班牙(110 万 m^3/d)、意大利(65 万 m^3/d)和希腊(12 万 m^3/d)。为响应欧盟关于开展节水推进循环经济发展的要求,葡萄牙政府于 2019 年推出了促进污水再利用的新战略。该战略由环境和能源转型部负责,旨在到 2025 年将占葡萄牙污水处理总量 75%的 50 个最大污水处理厂的再生水生产能力提高 10%,到 2030 年再提高 20%。

　　与此同时,政府和民众普遍关心利用再生水可能引起的健康与环境问题。因为再生水利用过程中,如果水质处理不达标,仍然含有较高的盐分、多种毒性物质(重金属、有机污染物等)、过量的氮元素及致病微生物等,这些物质随着灌溉进入土壤-植被系统,会对土壤、植物生态系统产生危害,污染地下水,进而危害人体健康。为防范风险,葡萄牙于 2019 年 8 月颁布了《再生水风险管理条例》(见附录 7),详细规定了再生水项目健康和环境风险评估的许可程序,明确了再生水用于农业灌溉、城市景观、消防等用途的水质标准、风险等级以及风险管理要求和环境质量标准,制定了具体的监测要求及风险管理的主要任务,如确立了相应的许可制度,建立了确保信息获取和透明度的机制。上述措施有助于提高用户对再生水安全的信任。

《再生水风险管理条例》较好地借鉴了世界卫生组织、国际标准化组织和欧盟委员会等国际(区域)组织的再生水使用标准,也吸收了西班牙、法国、意大利、希腊等的再生水利用标准,规定了不同项目应采用的水质标准,并在再生水水质风险管理方面提出更详细的要求和方法。该法规对再生水用途进行了拓展,并予以明确,包括城市用水(景观、冲洗、消防、街道清洁、休闲娱乐)、生活用水、工业用水、农业灌溉用水以及生态系统用水等。提出的主要战略措施如下:

(1)跟踪再生水利用领域的最新发展动态,参考欧洲及国际再生水利用标准。

(2)拓展再生水利用途径。

(3)评估再生水生产者与最终用户的距离,以及基础设施的维护成本。

(4)在不损害健康和环境安全的前提下,建立一套灵活的管理制度及方法。

葡萄牙应用再生水进行灌溉的过程如下:

(1)再生水处理。再生水灌溉系统依赖于对废水进行有效的处理。废水通常经过物理、化学和生物处理过程,以去除悬浮物、有机物、重金属和其他污染物。处理后的水质达到农业灌溉标准的要求,可以安全地用于灌溉农作物。根据欧盟的相关标准,葡萄牙的再生水必须符合一定的质量要求才能用于灌溉。政府也强制要求农民对再生水灌溉的使用量及方式进行监控和报告,以确保其安全合理使用。

(2)再生水灌溉网络。葡萄牙建立了再生水灌溉网络,将处理后的再生水输送到农田。这些网络通常由管道、泵站和灌溉设备组成,确保再生水能够有效地供应到需要灌溉的农作物区域。

(3)水资源管理。葡萄牙在再生水灌溉方面采取了严格的水资源管理措施。这包括监测和控制再生水的使用量,确保合理的水资源分配和利用。此外,还采取了水资源节约措施,以最大限度地减少水的浪费。

（4）环境保护。葡萄牙在实施再生水灌溉时注重环境保护。再生水处理过程中采用先进的技术，以最大限度地去除污染物，并确保再生水的质量符合相关标准。再生水灌溉还有助于减少对地下水和自然水源的依赖，减轻对环境的压力。

与此同时，葡萄牙更注重采取风险管理的方式，通过评估整个输水前端、末端以及使用端的风险，采取水质控制和管理措施相结合的方式，增加再生水使用的安全性。通过风险评估，明确适用于各个再生水利用项目的水质标准、风险等级以及应用的风险管理条件，一般情况下再生水利用风险评估程序如图 5-1 所示。

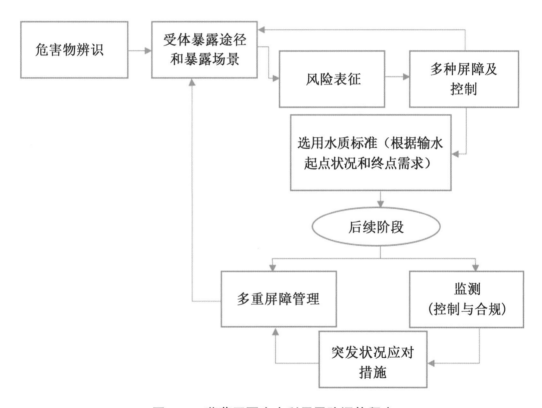

图 5-1　葡萄牙再生水利用风险评估程序

风险评估一般采用定量和定性相结合的评估方式，考虑不同风险因素的重要性，如危害等级、暴露途径、暴露场景，确定 1、3、5、7、9 五个风险等级。评估再生水灌溉项目风险主要分为三个阶段：

第一阶段，确定再生水对直接和间接接触的受体（人、动物等）的风险等

级,主要依据污水处理工艺及大肠杆菌的数量确定(见表5-1)。

表5-1　受体的危害等级确定风险等级

污水处理工艺	大肠杆菌/(CFU/g)	风险等级
二级处理	>10 000	9
二级处理+灭菌	1 000~10 000	7
深度处理	100~1 000	5
二级处理+灭菌+后氯化	10~100	3
深度处理+后氯化	<10	1

　　第二阶段,确定暴露途径及风险等级情况。通过暴露途径(见表5-2)和暴露场景发生的概率(见表5-3)两个因素共同形成损害矩阵,并确定风险等级。通过半定量方法,作出综合判定,对各个重要的再生水项目进行风险特征评估。表5-2为通过半定量方法评定暴露途径的风险等级。

表5-2　暴露途径确定风险等级

暴露途径	风险等级	观测结果
摄取	9	绝对重要
	9	在喷灌灌溉系统中绝对重要
吸入	5	在其他灌溉系统中非常重要 (某些泄漏可能促进一些细小水滴形成)
皮肤接触	3	由于感染案例较少,重要性较低

表5-3　暴露场景发生的概率确定风险等级

风险等级	根据文献资料获得的观测结果
9	暴露途径具有很高的发生迹象
7	暴露途径具有较高的发生迹象
5	暴露途径具有中等的发生迹象
3	暴露途径具有较低的发生迹象
1	暴露途径没有发生迹象

　　第三阶段,确定预防措施。再生水水质还将考虑最终用户需求和用途。葡萄牙《再生水风险管理条例》与欧盟制定的《再生水利用的最低水质要求条例》相类似,再生水用于农业灌溉遵循同样的原则。葡萄牙的新政策要求所有项目必须经过许可程序。

5.3.3 干旱管理

葡萄牙早期的干旱管理以危机管理方法为主,遇到严重干旱时,发布国家供水政策应对缺水问题,如:减少配水管网的损失并提高用水效率;改变森林政策,减少桉树和松树的种植面积,制定激励措施,种植以耐火耐旱的橡树和软木树为主,减少因干旱引发的森林火灾;提高地下水贮备;限制农业和旅游业等用水量大的行业的经济活动。

经历了 2004—2006 年的极端干旱事件之后,葡萄牙政府将干旱管理由被动转变为主动,组建干旱委员会,负责监测干旱的进展,并协助减轻其影响,具体措施包括提高灌溉地区的水价(如阿尔加维地区)、将再生水用于花园灌溉、加强对公共供用水效率的监管、在城市地区开展节水宣传、建立与西班牙政府之间的抗旱沟通机制等。

近年来葡萄牙政府又制定了干旱行动计划,进一步提升干旱管理水平,该计划包括预防、监测和应急措施。

1. 干旱预防

干旱预防的主要做法包括完善政策和管理组织架构、提高用水效率、制定干旱规划的主要政策等。如:制订国家高效用水计划、流域规划、供水及污水处理计划;从中央政府层面开展顶层设计,在干旱频率和强度增加的情况下制订适应性管理计划,并明确公共行政部门的任务分工和责任;将再生水用于灌溉和开展工业再生水循环利用;提高用水效率和出台节水方案,如在多雨年份对超采的地下含水层进行人工补给、减少城市供水系统的漏损、通过新的耕作方法和种植耗水较少的作物等方法提高农业用水效率。

2. 干旱监测

对干旱进行监测可为应对干旱提供有效信息支持,并提升管理效率。葡萄牙拥有国家干旱信息系统和国家水资源信息系统两个干旱监测系统,已成功监测预警多次严重干旱事件。目前,葡萄牙采取多种措施不断提升干旱监测系统的能力:

(1)通过优化网络提升水资源监测能力,特别是地下水和灌区内水资源的监测。

(2)建立跨界水资源信息监测网络。

（3）建立一个永久性的系统，用于干旱预报、早期预警和监测，并为各个部门提供关于水量、水质和需水量的实时信息。

（4）确定干旱开始和结束的阈值指标，并明确各项干旱指标监测的责任部门。

（5）将干旱指标与干旱影响联系起来，制定有助于评估与干旱有关的风险指标（如社会经济综合指标）。

（6）在制定干旱指标时考虑区域和地方的实际情况。

3. 应急措施

紧急情况的干旱管理措施主要是限制一些行业的用水，保证关键行业用水。在 2022 年严重干旱时，葡萄牙 45% 的陆地区域处于极端干旱状态，其他地区处于严重干旱状态。为应对干旱情况，葡萄牙阿尔加维地区批准了一系列应对措施，如在夏季关闭部分公共游泳池、限制绿化浇水或改种需水量较少的植物、酒店业减少洗衣用水、观光项目减少或取消装饰性喷泉、提高水价、限制水力发电和农业灌溉、开展逐日旱情监测等。

第 6 章　意大利

提　要

意大利国土狭长,南北地区气候、降水以及水资源分布差异显著,水资源时空分布不均导致的水资源短缺问题比较突出,人均水资源占有量约为 3 100 m³,约为世界平均水平的 36%。意大利 56% 的土地属农业用地,是世界传统农业大国和农业强国,农田灌溉用水量约占总用水量的一半。意大利南部地区的经济以发展农业为主,因此水资源更为短缺。近年来,受到气候变化的影响,意大利面临严重干旱问题。因此,节约用水,特别是农业节水一直是意大利水资源政策的重点。

近年来,在欧盟推动循环用水和农业节水政策的背景下,意大利积极推广普及节水灌溉,大力发展智慧灌溉技术,充分利用微咸水和再生水等非常规水。

6.1　自然地理、经济及水资源利用

6.1.1　自然地理

意大利地处欧洲南部、地中海北岸,国土面积约30.1万 km²,呈狭长的长筒靴状,山地面积占36%,丘陵占40%,平原仅占24%。大部分地区属于亚热带地中海型气候,气温与降水因地形的差异而变化复杂,北部与南部、山地与

平原、内陆与沿海、东岸与西岸均有显著的地区差异。意大利全国人口约为
5 885 万人(2022 年)。全国水资源总量约 1 830 亿 m^3,人均水资源占有量约
为 3 100 m^3。

意大利存在水资源时空分布不均、雨热不同期的问题,雨量多集中在秋
冬季节。东北部和中部地区雨量比较充沛,年降水量超过 900 mm。东南部
地区、西西里岛的年降水量约 500 mm。撒丁岛大部分地区的年降水量小于
400 mm。

6.1.2 经济及产业结构

意大利 GDP 约为 1.9 万亿欧元(2022 年),人均 GDP 约为 3.2 万欧元。
意大利地区经济发展不平衡,北部工商业发达,南部以农业为主,经济较为
落后。

意大利实体经济发达,是欧盟内仅次于德国的第二大制造业强国。农、
林、渔业占 GDP 的 2.4%。境内 56%的土地属农业用地,是世界传统农业大
国和农业强国。主要农作物总耕种面积约 620 万 hm^2(2019 年),其中谷物耕
种面积约 305 万 hm^2,蔬菜种植面积约 40 万 hm^2,水果种植面积约 52 万 hm^2,
油料作物种植面积约 157 万 hm^2,酿酒用葡萄种植面积约 63 万 hm^2。服务业
发展较快,始终保持上升势头,在国民经济中占有重要地位,产值占 GDP 的
2/3,多数服务业与制造业产品营销或供应有关。对外贸易是意大利经济的
主要支柱,外贸产值占 GDP 的 40%以上。个人消费品、机械设备以及服务在
国际市场占据非常重要的地位。

6.1.3 水资源利用

2011—2020 年间,意大利年均取水量约为 340.6 亿 m^3。2020 年,意大利
取水总量约为 338.9 亿 m^3,其中农田灌溉取水量为 168.5 亿 m^3,占取水总量
的 49.7%;工业取水量为 77 亿 m^3,占取水总量的 22.7%;生活取水量为 91.9
亿 m^3,占取水总量的 27.1%。在作物生长的夏季,许多地区面临干旱少雨的
情况。

6.2　水资源管理

6.2.1　法律法规

1994 年意大利《加利法》确立了水资源管理的总框架,并要求地方政府进一步制定详细规章开展水资源管理。《加利法》主要原则包括:地表水和地下水具有公共属性,必须按照公平的原则开发利用和保护;水资源的开发利用不应影响子孙后代的权利;用水应遵循节约和循环利用的原则,不得影响水资源和环境的宜居性,保证农业、动物和水生植物、地貌过程和水文地质的平衡;生活用水优先于其他类型,当水资源充足并且能满足生活用水需求时,允许其他用途利用。

2006 年,意大利将欧盟《水框架指令》纳入本国法律,颁布了《环境法》,废止了《加利法》。《环境法》涵盖了《加利法》的内容,将大气、土壤等与环境保护相关的事项纳入其中。《环境法》较《加利法》细化了水资源管理、水环境保护与修复的具体要求,为水资源保护和管理提供依据。在节水方面,《环境法》要求控制水资源取用总量,统筹考虑用水需求、水资源可用量以及生态流量;采用水资源定量规划的方式,要求水资源管理或使用方增加回收和再利用措施,确定了再生水利用的技术标准。

6.2.2　管理体制与机构

意大利水资源实行国家、区域、省分级管理。

国家级水资源管理部门主要包括环境国土和海洋部、意大利环境保护研究所、意大利能源网络环境监管局,主要负责国家水资源立法,包括执行欧盟《水框架指令》《洪水指令》及其他水资源相关法律,并协调国内的立法,制定水费政策并监督实施。其中,意大利能源网络环境监管局负责监督供水服务。

区域当局主要参与流域水资源管理,在流域管理机构理事会中派出代表。根据流域管理规划,制订区域水资源保护计划。负责监测地下水和地表水,协助开展流域水资源保护计划,负责编制本区域的洪水风险管理计划,监管区域供水服务等。各省主要水管理任务由区域当局下达。

6.3 农业节水

灌溉在意大利有久远的历史,古罗马时期就通过渠道引水进行灌溉。流域性、区域性的大型灌溉工程,不仅为农田灌溉服务,同时还兼顾城市生活和工业、发电、旅游、环境保护等用水。

近些年农业方面的主要节约用水举措如下:

(1)提高输水效率。为减少输配水过程中的水量损失,意大利采用渠道衬砌或者管道输水,渠道衬砌几乎全为混凝土渠道,管道输水可将输配水损失降低到理想程度。

为应对水资源短缺,普利亚地区开展了许多节水抗旱工作,主要包括:评估现有灌溉情况,确定灌溉基础设施和供水系统的性能与状况;对生态农业及灌溉进行经济分析;建设长期监测系统,监测农业灌溉用水。

(2)推广普及高效灌溉技术。早在20世纪60年代意大利就从美国和以色列引进喷灌、微灌技术,仅用了10年左右的时间就克服了桁架式喷灌和微灌技术的缺点,并研制出卷盘式喷灌机,解决了大田作物(小麦、玉米、大豆等)的节水灌溉问题。目前,意大利的卷盘式喷灌设备已经发展成熟,卷盘式喷灌在意大利平原地区的覆盖率已达到60%~70%。

随着科技和工业化的不断进步,意大利农场不断增加节水灌溉设施,目前意大利灌排渠道总长约18万km。全国灌溉委员会管理的灌溉面积达到330万hm²(见表6-1)。其中,喷灌面积168.3万hm²,滴灌面积66万hm²,总节水灌溉面积234.3万hm²,约占实际灌溉面积的71%。喷灌采用盘管式喷头,节水节能效果显著,喷灌用水量仅为450 m³/(hm²·次)。

(3)大力发展智慧灌溉。利用智慧化手段精准评估作物生长进程中需求的水量,以便于精准灌溉。

表 6-1　意大利灌溉类型

类型	面积/hm²	比例/%
漫灌	198 000	6
自流灌溉	759 000	23
喷灌	1 683 000	51
滴灌	660 000	20
总面积	3 300 000	100

意大利普利亚地区建立了灌溉管理系统,对特定的灌溉设施制订灌溉方案;建立基于网络信息的现代化工具,用于估算农作物的需水量和灌溉周期。灌溉管理系统基于地理信息系统,实现了地理信息与具体灌溉设施的连接,包括从田间到小范围灌区,以及从小范围灌区到大面积灌区的信息关联,将天气条件、土壤条件、地形条件和用地类型等空间信息与区域的缺水程度、计算灌溉需求量(灌溉模块)、农作物产出模块相连接,并进行空间定位。

除此之外,水资源管理者和农民还可以获取周边灌溉水坝的实时数据和历史数据,以及天气数据采集和查询。农民只需要将土壤和农作物信息录入,灌溉系统就可以提供滴灌、喷灌等灌溉方式及灌溉水量的建议,系统还可提供隔行灌溉或者局部灌溉等不同灌溉方式的建议,只要农民将灌溉需求输入计算机,系统根据当前的气象信息、土壤墒情和植物缺水情况,制订相应的灌溉计划,自动控制灌区里的灌溉流程。

如普利亚区的一家种植园,通过在石榴树和葡萄藤上安装数字传感器,实时监测土壤、天气和植物生长状况,短时间内可以获得大量数据。当参数超过阈值时,设备会发出报警进行提示。种植园管理人员根据这些数据的分析结果进行适时适量灌溉,精准化灌溉与传统灌溉方法相比可大幅减少用水量。同时,这些传感器以太阳能电池板和可充电电池供电,维护成本较低。

(4)开展水资源保护。通过自然修复,最大限度地收集和贮存雨水,以便

在干旱期间用于生产和种植。

在意大利帕尔马开展的生物多样性和水资源保护项目,通过在湖泊周围种植 5 排树木,防止集水区的水蒸发,修复了湖泊的生态环境。在干旱时期,湖泊贮存的水可用于灌溉,同时湖泊及其周边植被也为昆虫、两栖动物和鸟类提供了适宜的生存环境,从而恢复了因气候变化而受到威胁的生物多样性和生态平衡。这个综合试点项目是节约地表水、恢复生态平衡的典范。

6.4　生活节水

意大利水资源较为短缺,水价较高,节约用水已成为意大利人的一种习惯,比如意大利人在洗澡时通常会用水桶贮存花洒前期流出的冷水。同时,意大利推广一系列生活节水技术,如节水龙头、节水洗衣机等,帮助人们节约水资源。

(1)节水龙头。意大利采用带有扩散器和流量限制器的喷嘴,使水的流量能够根据需要进行调整,同时发明曝气器,使龙头流出的水与空气混合,从而在不影响舒适性的情况下减少水的使用。

(2)鼓励采用高效用水产品。近年来,欧洲鼓励产品采用水效标识,以便提供产品用水量化指标供用户选择,以减少水资源的消耗。申请水效标识的产品,如水龙头、马桶、淋浴器、浴缸等产品,需要符合相应产品类型的技术标准及监管要求。意大利的多家公司为其产品申请了水效标识,如爱丽丝陶器有限公司、阿尔特尼克有限责任公司等。

(3)执行干旱应急节水。近年来,随着气候变化的影响,意大利很多地区面临干旱问题,政府为应对极端天气带来的影响,不得不出台限制用水的应急节水制度。2022 年夏季,意大利遭遇了数十年来最严重旱情,部分地区面临供水困难。为应对极端天气,意大利发布紧急节水的 20 条规程,对家庭用水和社会用水提出了具体的节水行为准则。

紧急节水的 20 条规程

家庭篇：

一是在刷牙和洗脸时，应及时地关闭水龙头，仅在需要冲洗肥皂的时候使用，这样每分钟最多可以节约 6 L 水。

二是减少淋浴时间，在淋浴中的每分钟都将消耗 6~10 L 的水。

三是不要使用浴缸，淋浴可以减少 75% 的用水量。

四是安装节水龙头，可以在不降低水流冲刷力的情况下节约用水。

五是不使用水解冻食物，使用微波炉或者直接放置等待解冻。

六是再利用除湿器、空调、烹饪意大利面等较为清洁的污水。

七是仅在满载的情况下使用洗衣机或洗碗机，尽量选择环保模式。

八是洗蔬菜时用盆洗。

九是及时修理漏水的水龙头。

十是及时修理漏水的马桶。

社会篇：

一是运营商及时对公司的输配水网络进行检查和维修，减少损耗。

二是禁止在发生水资源危机的情况下给观赏花园浇水，禁止在白天用喷淋设施灌溉。

三是限制或暂停夜间供水。

四是限制或暂停景点内的喷泉，以保证公共供水。

五是加强对沿江、湖泊违法取水的犯罪行动打击。

六是禁止使用充气泳池。

七是禁止在家中洗车。

八是更新建筑法规，规定要装配收集雨水和污水回收的装置。

九是城市公共场所必须建设蓄水池来截留雨水。

十是必要时提高水价，让水资源供应到真正需要的地方。

6.5　非常规水利用

6.5.1　再生水利用

意大利每年的再生水利用量约为 2.37 亿 m^3,主要用于农业灌溉。大规模经净化处理的城市生活污水用于灌溉,可以降低污水处理厂的成本,增加灌溉水源,缓解用水压力,而且能够增加土壤养分和土壤肥力,提高农作物产量,减少污水排放对环境的污染。研究发现,经过膜过滤技术处理后的污水中微生物的质量比常规水源高,土壤和作物中重金属的长期积累趋势并未影响作物可食用部分的金属含量,因此处理后的污水灌溉也得到了更多推广。

在意大利马尔凯地区,旅游业发达,虽然常住人口仅约 5 万人,但夏季旅游人口可达 80 万人。而且近年来曾发生地震,使该地区水资源短缺问题更加严重。由于含水层的过度开采,在旱季该地区还会发生海水入侵。当地为改善这一情况,修建了圣贝纳德托再生水利用系统,利用再生水灌溉或者生态补水。为避免再生水的健康风险,该回用系统安装了多参数传感器,用于长期在线监测 pH 值、电导率、硝酸盐、大肠杆菌等参数,增加再生水利用的安全性。

米兰圣罗科污水处理厂的中水也用于农业灌溉。米兰市约 40% 的城市污水和塞蒂莫米兰市的部分污水流入圣罗科污水处理厂。该厂于 2004 年 12 月全面投产,每日对污水水质进行监测。意大利法规规定,用于无限制灌溉时,80% 的水样中大肠杆菌浓度不应超过 10 cfu/100 mL。从农学角度来看,再生水具有低碱度、低电导率、低毒性离子(硼、氯、钠)和低重金属浓度的特点,适宜农作物生长。水泵将来自圣罗科污水处理厂的再生水输送至位于 1.3 km 外的两个渠道,并通过开放渠道自流至农田。灌溉地区位于米兰南部,主要作物是玉米(45%)、水稻(15%)和草地(40%)。

6.5.2　微咸水利用

微咸水属于劣质水资源,但是综合考虑土壤的缓冲能力和植物的耐盐能力,采取适当措施,微咸水可以直接或处理后用于农业灌溉。意大利微咸水利用已有较长的时间,灌溉作物的范围也比较广,利用微咸水灌溉的关键是选择合适的灌溉方式和作物品种。

6.5.3　雨水收集利用

意大利通过收集雨水,补充家庭非饮用水的消耗量,从而减少公共供水系统负荷,减少与生产和运输饮用水有关的能源消耗和温室气体排放。为了应对干旱,许多意大利人选择收集雨水用于浇灌植物、冲厕所等。意大利的雨水收集系统分为地面式和地下式两种。地面式雨水收集系统一般安装在屋顶,通过水管将雨水导入水桶或水龙头。地下式雨水收集系统则将雨水收集到地下的水箱中,再通过水泵进行利用。

6.6　水　价

为了维持高质量的饮水和污水处理服务,减少管网塌陷和漏损问题,意大利需要增加对水利基础设施的投资。由于公共资源有限以及银行融资渠道不足,通过修订水资源管理的相关法律,2008—2011 年期间对水务服务进行了私有化改革。采取全回收成本的水价机制;通过签署运行协议的方式委托开展供排水服务。目前,意大利划定了 92 个流域,服务约 70%的人口。

服务协议规范了地方监管机构与经营者之间的关系,一般包括水费修订规则(通货膨胀调节费率)和修订周期等内容,并纳入地方监管机构制定的区域规划相关要求,尤其是提供最低服务水平所需的投资。区域规划的相关要求非常细致,包括技术层面和组织层面内容。技术层面包括减少主干管道漏损、增加管网惠及人口、根据饮用水质量和污水限排的相关标准确定服务质量等;组织层面则包括与供水服务商建立联系所需时间和对投诉或书面请求的反应时间等。2012 年后,不再向公共事业单位授予水管理特许经营权。

随着意大利水务服务改革的深入,水费已成为水务服务投资和运行的主要资金来源。由于水利投资的提高,在区域规划期内水费逐步增加。但意大利的水价仍低于经合组织国家平均水平,仅为其 60%。

意大利水价改革引入了收益上限制度,即采用一种标准化的方法,基于收益上限建立一个参考价。由流域机构根据国家规定专门制定出覆盖全部成本(运行成本、分期偿付以及按照常规利率计算的投资利润)的平均价格。旅游业、工业的水价较高,农业灌溉水价相对优惠,遵循以工补农的原则。

水价确定机制主要依据三个参数变化：

（1）官方预测的通货膨胀率；

（2）生产力增长率；

（3）基于社会因素的年度价格最大增幅限制系数。

后两个参数由流域机构确定。水价最终按国家标准确定,与运行成本和价格的原始水平有关。意大利每三年调整一次水价。一般通过自然和人口信息、水供应、污水收集和处理等信息进行经济评估,为每个流域提供价格参考范围。如果流域机构希望超出该范围,必须提出相应的理由并报批。

意大利所有城市的水价结构基本一致,均采用阶梯水价,即根据不同的用水量采用不同的水价。各个城市根据水源地、用户密集程度、管网密度、供水服务质量等制定的水价并不相同。意大利各城市平均家庭用水费用约为2.54欧元/m³(2022年)。各地区家庭用水费用年均支出范围为183～729欧元(2021年),参见表6-2。

表6-2　意大利各地区家庭用水费用2021年度支出

地区	费用/欧元
托斯卡纳区	729
翁布里亚	559
马尔凯	544
拉齐奥	544
艾米利亚-罗马涅区	527
阿普利亚	523
撒丁区	515
西西里岛	463
巴斯利卡塔	429
阿布鲁齐	421
弗留利-威尼斯朱利亚	420
威尼托	410
利古利亚	409
皮埃蒙特	395
卡拉布利亚	342
伦巴第	338
坎帕尼亚	334
瓦莱达奥斯塔	291
特伦蒂诺-南蒂罗尔	216
莫利斯	183

第 7 章　德　国

提　要

德国人均水资源占有量约 1 900 m³,是人均水资源消耗最少的国家之一,理性用水已成为德国人的生活习惯。有此成就,得益于德国在水资源管理、雨水利用、污水处理利用、工业节水、宣传教育等领域采取的有力措施,得益于德国"以最少的影响创造最多的价值"理念的深入人心。营造全民惜水的良好氛围,依靠社会公众的自觉行动,有效保护和高效利用水资源。

德国在雨水利用方面起步较早,雨污分离是很多德国城市的标准配置,已经实现标准化、产业化、集成化发展。德国政府对雨水利用技术提供政策、资金支持。雨水资源已成为工业用水、生活用水的来源之一。

德国重视水的循环利用,污水处理设施十分普遍,处理技术先进、污水处理效率高。政府出台减少水资源污染的系列政策,提高污水排放标准,设置取水税、收取排污费,借助经济手段推进节水。作为世界知名制造业大国,德国企业也普遍重视节水,大力推进新技术研发,在生产环节提高水的重复利用率,减少水的使用量。

7.1　自然地理、经济及水资源利用

7.1.1　自然地理

德国位于欧洲中部,人口约 8 430 万人(2022 年),国土面积 35.8 万 km²。

地势南高北低,南部为高原山地,中部为丘陵和中等山地,北部为冰碛平原。德国位于北纬47°~55°的北温带,西北部海洋性气候较明显,往东、南部逐渐向大陆性气候过渡。

德国全国水资源总量约为1 540亿 m³,人均水资源占有量约1 900 m³。年均降水量约700 mm,年内降水分配较为均匀,区域降水不均衡,由西向东逐渐减少,年降水量最少的地区约500 mm,年降水量最多的地区(阿尔卑斯山区)可达2 500 mm。主要河流有多瑙河、莱茵河、威悉河、易北河、奥得河等,较大的湖泊有博登湖、基姆湖、维尔姆湖、阿默湖等。

随着气候变化和人类活动的影响,德国也面临极端降水事件频发和水资源时空分布不均加剧的问题,尤其是德国的中部和东部地区,夏季供水量减少,干旱的风险增加,存在着饮用水供应等方面的问题。

7.1.2 经济及产业结构

德国经济总量居欧洲首位,是世界第四大经济体。2022年德国 GDP 约3.88万亿欧元;其中,增加值约3.51万亿欧元,净税收约0.37万亿欧元。

德国工业高度发达,重工业,汽车和机械制造、化工、电气等是支柱产业,一半以上工业产品销往国外。2022年工业增加值约为1.04万亿欧元,占总增加值比重为29.7%。

2020年,德国耕地面积约1 166.4万 hm²,农业机械化程度较高,农业企业以中小企业和家庭企业为主。2022年农林牧渔业增加值约为0.04万亿欧元,占总增加值比重为1.0%。

服务业涵盖商业、交通运输、电信、银行、保险、房屋出租、旅游、教育、文化、医疗卫生等部门。2022年服务业增加值约为2.43万亿欧元,占总增加值比重为69.3%。

7.1.3 水资源利用

自20世纪90年代起,德国年取水量呈现出下降趋势(见图 7-1),1992年取水量达到峰值500亿 m³。2016—2020年间,德国取水总量基本稳定在

230 亿 m³ 左右。供水水源的 70%~75% 是地下水。

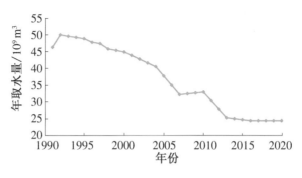

图 7-1　德国年取水量变化

德国工业用水和生活用水占比较大。2020 年,工业取水量约 142.6 亿 m³,占取水总量的 62%;生活用水取水量约 85.1 亿 m³,占取水总量的 37%;由于德国以雨养农业为主,用于灌溉的农业取水量仅为 2.3 亿 m³,占取水总量的 1%。随着工业用水重复利用率的提高和居民节水意识的增强,工业用水量未随着工业的发展而增加,人均生活用水量也未随着居民生活水平的提高而增加。

7.2　水资源管理

7.2.1　管理体制与机构

德国在水资源管理方面采用分级管理模式。第一级是中央层面,负责宏观调控,制定开发利用水资源的法律法规,全国水运航道的建设、维护和管理,水资源开发和管理的有关技术及科研工作;第二级是州层面,负责根据本州实际情况制定具体管理细则,对本州水资源开发进行行政管理,并监督相关法律法规执行;第三级是各州的水务部门,负责落实中央、联邦各州制定的政策、管理细则,开展具体事务管理,提供水务服务;第四级是各类水务协会,承担流域供水、污水处理等方面的一些具体工作任务。

中央层面由联邦政府环境、自然保护和核安全部牵头,联邦食品、农业与森林部,联邦卫生部,联邦交通部,联邦教育、科学、研究和技术部协调配合,

各部门的具体涉水职能见表7-1。

表7-1　德国联邦政府相关部门的水资源管理职能

部门名称	水资源管理职能
联邦政府环境、自然保护和核安全部	是水资源管理的主体机构;负责制定联邦水法案等相关法规,负责水资源保护、海洋环境保护、跨国水域等事宜
联邦食品、农业与森林部	主要负责管理和促进农村地区的水资源管理事务
联邦卫生部	主要负责饮用水供应、提高饮用水质量
联邦交通部	主要负责联邦航道管理等事宜
联邦教育、科学、研究和技术部	主要负责协调联邦政府的研究力量,组织开展水资源领域的技术研究

具体水资源管理工作由州和市政府完成,除水资源管理机构外,大部分州政府设有不同名义的中心机构,在水资源管理规划、官方技术建议、技术指导准备、教育和培训等方面行使职能。

7.2.2　法律法规

德国水事管理法规的基石是联邦《水平衡管理法》(以下称《水法》)。1957—2009年间,德国《水法》共经历了7次修订。现行《水法》为2009年修订后的《水法》,纳入了欧盟《水框架指令》等相关法律规定。《水法》明确,水(包括地下水和沿海水体)由国家管理,水资源的开发和管理首先要满足集体的需要,其次才能满足个人的需求;要对取水进行许可管理。《水法》还明确了居民的节水义务,要避免对水体产生负面影响,要采取节水措施,保持水平衡。

德国的水资源管理重点在于监管,包括实施水体使用许可制度,对水体使用进行规划和规范化管理。德国《水法》规定,只有在获得许可证且接受监管的情况下才能从地下水和地表水中取水。

除《水法》外,德国水法规体系还包括一系列关于水资源管理、计量、保护等法律和行政条例。在联邦立法层面,《污水征费法》《洗涤和清洁用品法》《水协会法》《联邦河道法》均规定了水资源治理管理的相关要求;行政条例包括《污水排放条例》《地下水保护条例》《地表水保护条例》《饮用水条例》《工业污水处理设施和水体使用的许可和监管条例》。《肥料法》《循环经济和固废法》中规定了污水处理相关内容,《矿产法》中规定了矿区废水的处理,《油污法》《化学品法》《原子能法》等规定了其他特殊性水体的保护,《土壤保护法》《建筑法》《自然保护和景观维护法》中也涉及了水体保护相关规定。

各州制定了相应的法律细则和补充规章,内容包括水资源保护、防洪措施、取水许可证的发放和管理、污水排放处理要求等。大部分州还制定了抽取地下水和使用地表水的收费管理办法。

7.3 节水政策

7.3.1 取水税和水价

为实现水资源可持续利用和管理,德国联邦政府从 20 世纪 80 年代中期起陆续出台了减少工业对水资源污染的系列政策、标准,如调整水价、征收排污费、提高污水排放标准、对污水处理免税等,尤其是取水税和水价的运用,有效地约束了全社会的用水行为。

1. 取水税

德国 16 个联邦州中有 13 个州(黑森州、巴伐利亚州和图林根州除外)征收取水税。联邦各州制定各自具体的收费细则。水的来源(地表水或地下水)和用途的不同将影响取水税的定价。取水税收入纳入各州的总预算,由各州统筹使用,或建立节水基金,用于资助水资源管理与相关研究。

德国对自然资源部门的取水征收不同的税率。例如,德国一些州对某些类型的采矿作业(例如巴符州、下萨克森州、梅前州)征收地表水 $1\sim6$ 欧分/m^3 的取水税,而在其他州,地下水取水税为 $5\sim31$ 欧分/m^3。

针对自然资源开采和加工以外的取水,各州收费标准差别很大。以地下水为例,具体收费标准和收入总额如表 7-2 所示,各州 2022 年取水税总收入超过 4 亿欧元。

表 7-2　联邦各州地下水取水税及收入总额(2022 年)

州名	取水税税率/(欧元/m³)	取水税收入总额/万欧元
巴符州	0.1	9 340
柏林市	0.31	6 000
勃兰登堡州	0.1	2 630
不来梅州	0.05	370
汉堡市	0.17	
梅前州	0.1	1 100
下萨克森州	0.15	10 900
北威州	0.05	7 900
石荷州	0.12	2 270
萨尔州	0.1	440
萨克森州	0.015	700
萨克森-安哈尔特州	0.05	1 050
莱法州	0.06	2 700

2. 水价

德国水价由饮用水水费、污水处理费等部分组成。从整体看,德国水价相对较高。联邦各州自行制定水价,不同城市和地区之间水价存在差异,受管网的维护强度、单根水管的长度等众多因素影响。

以柏林市为例,水费由柏林水务公司负责收取。柏林的水价分为供水费、排水费两部分,排水费免征增值税。

供水费由固定费用和计量费用组成。固定费用按天收取,与用水户安装的水表规格有关,主要用来支付供水设施(水厂、泵站、管道等)等的费用。水表规格越大,固定费用越高(见表 7-3)。计量费用与用水量有关,按照 1.694 欧元/m³(不含税),即 1.813 欧元/m³(含税)收取。

柏林收取的排水费包括废水(污水部分和雨水部分)处理费、粪便水和粪便污泥的处置费:

(1)废水(污水部分)处理费。与饮用水水费一样,废水(污水部分)处理费也由固定费用和计量费用组成,2022 年 1 月 1 日起,计量费用按照 2.155 欧元/m³ 收取。

(2)废水(雨水部分)处理费。根据建筑物的不透水区域(例如不透水的屋顶、有衬砌的庭院、车库等)面积计算,2022 年 1 月 1 日起,按照每年 1.809

欧元/m² 收取。实施分散式雨水管理措施,可以部分甚至完全免除废水(雨水部分)处理费。例如,设置"绿色屋顶",可减少计费的不透水区域面积,进而减少废水(雨水部分)处理费。

表 7-3　柏林水务公司水费的固定费用收取标准

常用流量 Q_3 */ (m^3/h)	年水量/ m^3	供水基本费用(不含税)/ (欧元/m^3)	供水基本费用(含税)/ (欧元/m^3)	废水(污水部分)处理费用/ (欧元/m^3)
4	0~100	0.045	0.048	0.045
4	101~200	0.060	0.064	0.060
4	201~400	0.099	0.106	0.099
4	401~1 000	0.198	0.212	0.198
4	>1 001	0.3	0.321	0.3
10	0~400	0.48	0.514	0.48
10	>401	0.72	0.77	0.72
16	—	1.2	1.284	1.2
25	—	1.8	1.926	1.8
63	—	4.8	5.136	4.8
100	—	7.2	7.704	4.8
250	—	18	19.26	4.8

注:* 常用流量指水表在稳定工作及间歇工作时的最佳使用流量。供水的基本费用按照 7% 的税率征收增值税。

(3)粪便水处置费。当污水不通过排水管排入公共污水处理系统时,按照 2.045 欧元/m^3 收取粪便水处置费。

(4)粪便污泥处置费。针对小型污水处理厂未分离的粪便污泥,按照 11.361 欧元/m^3 收取粪便污泥处置费。

取水税的设置和"高额"的水价促进了水资源的高效利用。居民时时注意拧紧自家的水龙头,自来水公司加强设施维护检修以避免管道漏损,用水大户也进行技术升级换代以提高水的重复利用率。

7.3.2　节水宣传

德国充分利用各种方式加强节水宣传,提高全国人民的节水意识,营造

全民惜水的良好氛围。

　　联邦政府环境、自然保护和核安全部开展系列教育活动,将节水主题纳入教育培训活动,向从事教育工作的人员提供线上节水主题材料(见图 7-2)。

图 7-2　德国节水教材

　　"以最少的影响创造更多的价值"这一理念被公众所接受,节水理念深入人心。水资源的有效保护和高效利用成为大家的自觉行动。任何浪费水和其他资源的行为,都被视作无修养、不道德的事情。可以说,理性用水已成为德国人的生活习惯。

7.4 节水技术

7.4.1 生活及农业节水技术

德国大力推广节水新技术,广泛采用各种节水措施进行全方位节水。在生活节水方面,德国基于居民的用水结构——做饭、饮用、洗衣、洗澡,卫生间用水各占1/3,对用水器具进行升级改造,如生产节水型的洗衣机、洗碗机,在抽水马桶上设置控制不同水量的节水按键等,有效地减少了生活用水量。

在农业节水方面,虽然德国一般仅在夏季短期干旱或者冬季防冻时才进行灌溉,但德国致力于发展节水灌溉技术,使用先进的节水设备,收效颇丰。例如,利用温室大棚种植蔬菜时,装备可自动测量棚内空气湿度、土壤水分等参数的仪器设备,再配合滴灌系统进行灌溉,有效减少了农业用水量和面源污染。

7.4.2 城市雨水利用技术

德国是雨水利用技术最先进的国家之一。在德国许多城市可以看到,雨水顺着街边的明沟从高向低流,在冲洗街道的同时,雨水也被收集进入蓄水池,经处理后应用于各领域。

德国雨水利用技术研究起步较早。早在 20 世纪 80 年代,德国就将雨水利用列为重大研究课题,并针对工业、商业和住宅区制定了雨水利用标准。推动修建一系列截留、过滤设施,如今已形成了一套成熟的雨水利用技术。

以降雨收集、过滤技术为例,德国研制了适用于不同情境的水流过滤器,在房屋排雨管下端安装体积较小的分散式过滤器,并使用体积较大的集中式过滤器统一过滤不同区域的雨水汇流,既不放过每一滴雨水,也保证了过滤的效率。最著名的是法兰克福机场的雨水收集系统。该系统从航站楼屋顶、停机坪等处收集雨水,存贮到机场地下室的水箱中,用于冲洗厕所、浇灌植物、清洗空调系统,每年可节省约 10 万 m^3 的自来水。在柏林被广泛应用的

"绿色屋顶"技术,除了雨水收集功能,还可以起到留置雨水、降低极端降水事件导致的城市洪水风险的作用。

德国雨水利用技术的普及有经济方面的驱动。许多德国城市向居民收取的排水费中含雨水处理费,如果将部分雨水利用起来,对家庭来说,可以节省水费开支。据统计,一个3口之家每年可节省约60 m³的饮用水。德国许多家庭通过房顶收集雨水,借助过滤装置和管道将雨水用于卫生间或者花园灌溉。

德国不来梅州政府对雨水利用的政策扶持

德国不来梅州政府支持在建筑物中安装雨水利用系统,如果符合以下6个条件,可获得最高2 000欧元的补贴:

● 拟安装雨水利用系统的建筑位于不来梅州,申请安装雨水利用系统者,必须为公共组织、建筑物业主或经业主同意的租户;

● 收集的雨水不能仅用于冲洗厕所,还须具有灌溉、洗衣等至少一种用途;

● 拟安装雨水利用系统的建筑物屋顶面积至少为50 m²,雨水蓄水池容量至少为2 m³;

● 建筑物修建许可中没有对安装雨水利用系统作出要求,需自愿安装该系统;

● 出于环保考虑,不对聚氯乙烯制成的部件提供补贴,不对申请者自己生产的部件提供补贴;

● 需在雨水利用系统开工前申请补贴,申请时需提交成本估算、带有设施位置的平面图和场地图等材料。

不来梅州许多家庭设置了雨水蓄水池系统,利用管道系统将屋顶收集的雨水输送至蓄水池(蓄水池主要设置在地下,可由煤渣块、钢筋混凝土等多种材料构成),蓄水池中的水通过加压管道输送,用于卫生间、花园浇灌等。

德国还要求工业、商业建筑必须配备雨水利用设施。

德国许多州出台了资金补贴政策鼓励利用雨水,促进了城市雨水利用技术的应用及发展。德国一些州在居民购买雨水收集设备上给予资金补贴,环保组织等机构通过网络传播、实时咨询等方式向居民介绍雨水利用的相关知识,包括蓄水装置选择、安装和使用等。

德国的雨水利用技术已实现标准化、产业化、集成化发展。从 20 世纪 80 年代到现在,雨水利用技术已经发展到第三代,其显著特征是集成化,雨水的收集、过滤、贮存、输配和利用等都有适用的技术和组装式设备。

7.4.3　污水处理技术

德国重视水的循环使用,几乎 100% 的污水都按照欧盟的最高处理标准处理。

德国的污水处理设施十分普遍。德国有 1 万多个污水处理厂,污水处理系统管道总长约 51.5 万 km,足以绕地球 13 圈,每年约有 94 亿 m^3 的污水经公共污水处理设施处置。

德国的污水处理技术先进,污水处理效率高。几乎 100% 的污水能在污水处理厂中通过机械处理、不带营养物分离的生物处理、带营养物分离的生物处理三个阶段处置:

第一阶段,机械处理,通过筛网和自动机械耙移除污水中的较大固体废物(纸张、瓶子、树枝等)。这一阶段可去除污水中 30% 的污物。

第二阶段,不带营养物分离的生物处理,使用曝气池,通过自然过程去除污物。第一和第二阶段共可去除污水中 90% 的污物。

第三阶段,带营养物分离的生物处理,污水通常含有氮和磷酸盐等化学物质,使用絮凝池去除污泥,再转移至消化罐中,之后排放到自然环境中重复利用。

德国污水处理第三阶段净化过程应用广泛。目前,德国每年处理的污水中,0.1% 仅接受第一阶段处理,1.9% 经过第二阶段处理,98% 经过第三阶段处理,有针对性地消除营养物。

德国研究人员将下萨克森州诺德纳姆市政污水处理厂作为案例,研究如何再利用处理后的污水。在该工厂,使用超滤、反渗透、活性炭过滤和紫外线消毒等工艺后,根据处理效果,处理过的污水可以用于工业洗涤、街道清洁、灌溉等。

7.4.4 工业节水技术

德国工业是用水大户,工业行业内各用水户均注重节水,比较通用的办法是提高水的重复利用率,工业用水平均可重复利用4~50次,纺织业用水甚至可以全部循环。除此之外,工业用水大户还积极开发节水技术,降低水资源消耗。

以德国著名车企宝马集团为例,该集团通过使用创新技术、改善生产流程,为节约水资源做出了重要贡献。主要采用了以下节水技术:

一是根据各环节工艺需求确定不同的水质标准,尽可能降低自来水的使用。例如,用于冷却或喷洒的水不需要过高的水质要求,宝马集团在这些流程中选择使用适当处理后的地表水,从而节约了对饮用水源和深层地下水的使用。

二是使用新技术,最大程度减少冷却蒸发耗水。2001年,宝马集团耗水总量的35%用于冷却而被蒸发。为了减少蒸发耗水,宝马集团用管道循环输水,管道中的水流温度较低,也达到了降低车间温度的目的,这种方法被宝马集团称为"封闭循环"。"封闭循环"冷却在车间温度过高时效果一般,此时结合传统冷却方法和"封闭循环"冷却方法即能达到不错的效果。

德国宝马集团通过节水技术的应用,提升了水资源的循环使用效率,减少了废水排放量。据统计,宝马集团生产每辆车所产生的平均废水排放量显著下降,从1996年的1.3 m^3 降至2020年的0.47 m^3。

第 8 章 丹 麦

提 要

丹麦全国年均降水量约为 860 mm,人均水资源占有量约为 1 029 m³。由于特殊的地理位置、水文地质条件和相对短缺的地表水资源,丹麦供水几乎完全来自地下水。对于丹麦来说,节水基本等同于节约保护地下水。

丹麦充分运用经济手段和市场机制调节用水,采用全成本回收水价,并通过征收用水税和增值税,促使用户调整用水行为,进一步节约用水和保护水资源。

丹麦擅长利用模型技术精细化节约保护地下水。丹麦建立了地下水监测网络,综合运用多种模型多尺度耦合,动态模拟地表水、地下水以及城市地区排水、雨洪控制等,为政策制定、趋势预测提供科学的技术解决方案。

8.1 自然地理、经济及水资源利用

8.1.1 自然地理

丹麦位于欧洲北部,总人口约 593 万人,国土面积约为 4.3 万 km²(不包括格陵兰和法罗群岛),三面环海,海岸线长 7 314 km。地势低平,平均海拔约 30 m,属温带海洋性气候,平均气温 1 月 -2.4 ℃,8 月 14.6 ℃,年均降水量约 860 mm。

全国水资源总量约为 60 亿 m³,地表水资源总量约为 37 亿 m³,地下水资源量约为 43 亿 m³,人均水资源占有量约为 1 029 m³(2020 年)。

8.1.2 经济及产业结构

丹麦是发达的工业化国家,GDP 约为 4 055 亿美元,2022 年人均 GDP 约 9.8 万美元,居世界前列,在世界经济论坛 2022 年全球竞争力报告中列第 1 位。

工业总产值约占 GDP 的 35%(2021 年),主要包括医药制造、食品加工、能源等产业。60% 以上的工业产品用于出口,工业出口额约占全国出口总额的 70%。

农牧业高度发达。农牧业总产值约占 GDP 的 3%(2021 年),耕地 280 万 hm²,农场约 4.2 万个。农业科技水平和生产率居世界先进国家之列。农畜产品除满足国内市场外,大部分供出口,占全国出口总额的 7.5%,猪肉、奶酪和黄油出口量居世界前列。

服务业发达,约占 GDP 的 62%。主要包括商业、电信、金融、保险、旅游和技术服务等。旅游业是丹麦服务行业中的重要产业。

8.1.3 水资源利用概况

丹麦饮用水 100% 取自地下水。自 1970 年至今,丹麦的人均内陆淡水资源使用量持续下降。2020 年,丹麦淡水取用总量为 9.6 亿 m³,但由于降雨空间分布不均,各地地下水可开采量不同,西南部最大,中东部最小。丹麦灌溉用水量约占取用量的 40%(2022 年)。

根据丹麦《2022 水资源数据报告》,近年来,除 2018 年夏季创纪录的高温导致用水量略有增加外,丹麦用水量持续下降。如图 8-1 所示,2021 年的总用水量包括家庭、度假屋、企业、机构用水和水资源损失,平均每人每年用水 59.43 m³。家庭用水占市政供水量的 69%,平均每人每年使用 38.37 m³,相当于 105 L/d。

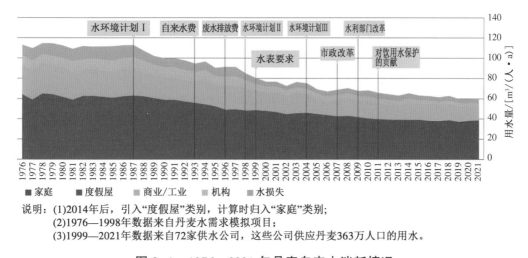

说明：(1)2014年后，引入"度假屋"类别，计算时归入"家庭"类别；
　　　(2)1976—1998年数据来自丹麦水需求模拟项目；
　　　(3)1999—2021年数据来自72家供水公司，这些公司供应丹麦363万人口的用水。

图 8-1　1976—2021 年丹麦自来水消耗情况

8.2　水资源管理

8.2.1　管理机构

丹麦水资源管理机构分 3 个层次：国家级(丹麦环境部及下设的丹麦环境保护署)、地方政府级(5 个)以及市政当局(98 个)。丹麦环境部和丹麦环境保护署负责饮用水的立法,包括地下水保护、水井和钻孔的监管、饮用水的质量要求和饮用水的控制,并提供监管指导。地方政府负责供水和污水处理、实施流域管理和防洪规划,组织开展水资源保护行动。市政当局有供水权,负责审批取水许可,监督供水质量,控制社区供水计划和执行计划[①],并检查当地供水企业技术设施。市政当局的决定必须向丹麦环境保护署通报。丹麦的供水部门高度分散,大约有 2 500 家。

丹麦环境保护署拥有污水处理监督权,包括对允许排放量进行控制、许可审批和计量。市政当局通常负责监督各种地下管网的情况、与污水利用设施的所有连接处、当地河流的物理和生物环境以及可能的运行事故等。污水处理公司负责建设、运行和维护公共污水系统。丹麦共有 97 家公共污水处理公司和 1 000 余个污水处理工厂。

---

①2022 年 3 月丹麦环境保护署分享的 PPT 资料。

丹麦水和污水协会(DANVA)是一个全国性的水和污水公用事业协会,是2002年合并供水协会和污水协会后成立的非营利组织。DANVA出资成员包括供水公司、污水处理公司、市政当局、工程承包商以及个人成员。它的目标是维护丹麦供水和排水设备供应商的共同利益,在环境可持续的基础上促进稳定和高质量的供水与排水设备供应。

8.2.2 法律法规

丹麦很早就制定了一系列环保法案,例如《供水法案》(1926年)、《环境保护法案》(1974年)、《污染场地法案》(1983年)等。此外,丹麦执行欧盟《水框架指令》《地下水指令》《饮用水指令》等相关规定。

为提高水务行业生产效率,自2011年以来,丹麦颁布《水务部门改革法案》,对水务行业收入实施监管。《水务部门改革法案》涵盖了所有年处理水量超过20万 m³ 的供水公司和污水处理公司,其中供水公司225家,污水处理公司109家。

8.2.3 管理制度

丹麦的地下水属于公共所有,土地所有者不拥有地下水所有权。丹麦对水资源实行统一管理,取水由环境部统一负责,所有取用水都必须得到许可。取水许可规定了取水的地点、总量和期限(最高30年)。水务公司为市政府控股的非营利机构,负责供水和污水处理,政府不提供任何资金支持;通过收取水费,支持日常运行。自1992年,城市供水水费开始基于全成本回收,即覆盖供水、排水和污水处理的所有成本,谁污染谁付费。政府还通过征收水税来促使用水户节约用水和保护水资源,在水环境保护上做到了顶层设计全、执法力度严。对于丹麦来说,节水就是保护水资源,保护水资源的核心就是保护地下水资源。

丹麦对地下水开发利用有严格的管理程序。开采和利用地下水的权利由当地水管理部门授予。地下水开发公司从提出申请到最终获得取水许可的周期一般为2年左右,其间还会有定期和不定期抽查以及环境评估等手续,严格保障地下水开采的安全和环保。

丹麦重视地下水监测。地下水监测属于丹麦环境保护署国家水环境和自然监测(NOVANA)项目的一部分。NOVANA项目于1987年在《水环境计划Ⅰ》获得通过之后启动实施,有两个主要目的:一是对氮、磷造成水环境影响相关的水环境计划和一般性农业法规进行效果评估;二是对地下水进行监测,跟踪地下水质量和规模的发展状况,以确保未来丹麦国民拥有高质量的饮用水。

国家水环境和自然监测(NOVANA)项目

NOVANA项目第一期于1987年开始实施,目标是在3~6年内减少水环境中50%的氮排放和80%的磷排放,并设定各具体目标。通过大规模的公共投资和污水处理厂改造,城市污水处理厂于20世纪90年代中期使用生物处理法实现排放氮降至8 mg/L、磷降至1.5 mg/L。工业废水排放处理目标也于20世纪90年代中期实现,但农业措施不足以达到氮减排目标。

项目第二期于1998—2003年执行,维持原有氮减排目标,并在计划中增加地区针对型和营养物针对型两类措施,最有效的措施与肥料施用有关,包括降低作物的氮标准、提高粪肥和间作物的氮利用。2003年评估表明该期行动计划整体目标已达成,但河口和沿海区的生态影响还没有达到满意效果。

项目第三期于2004年起执行,为进一步提升氮减排积极效果并支持欧盟《水框架指令》,农业2015年前减排氮13%,磷排放较2001年和2002年减半,同时建成5万 hm² 河岸带以减少农业面源的磷排放。

丹麦和格陵兰地质调查局(GEUS)作为地下水和钻井方面数据中心,提供地下水监测方面的专业建议,并提供前期准备和维保技术指导。

8.3　水　价

目前,丹麦是欧盟范围水价最高的国家。丹麦的水价分为供水部分和污水处理部分,再加上增值税和其他税费。其他税费包括管道输送税和污水排

放税。

丹麦于 1975 年全面引入水税。对开采地下水征税,有三个主要目的:一是增加财政收入,二是节约地下水,三是鼓励供水公司减少水漏损。在输水管网水漏损低于 10% 时,视为可接受损耗,可以免税。灌溉使用地下水不收税。

由于各地水价机制并不相同,一些地区以家庭为单位收取固定的年度基本费用,一些地区按量计费。因此,丹麦一般以平均水价作为主要参考值,衡量水价水平。丹麦一般按照家庭平均人口数(2.12 人)测算全国平均水价。丹麦全国的平均水价为 9.85 欧元/m³,单口之家的平均水价水平则达到了 11.06 欧元/m³。以平均水价 9.85 欧元/m³ 构成分析,自来水水费占总水价的 1/3(3.28 欧元/m³,由供水公司自来水处理费、增值税和水资源税组成),污水费占总水价的 2/3(6.57 欧元/m³,由污水处理公司污水处理费、增值税和污水税组成)。水资源税、污水税、增值税等所有税费占总水价的 29.5%(见图 8-2 和图 8-3)。

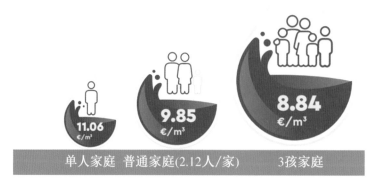

图 8-2 丹麦不同人口家庭的平均水价(2021 年)

供水公司负责地下水的保护、开采、处理、运输以及水质监测等工作。供水公司收入的 34% 来自固定水费,66% 来自计量收取的水费。

污水处理公司负责污水管道运营、雨洪管理、污水处理厂运营及污水处理后排放等工作。污水处理公司收入的 12% 来自固定水费,88% 来自计量收取的水费。

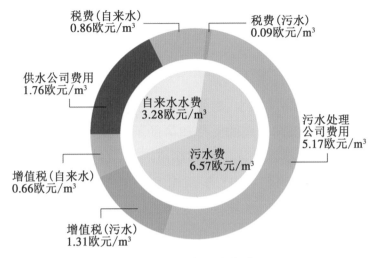

图 8-3 丹麦水价构成

　　丹麦的高水价不是一蹴而就的,而是采用逐年提高的方式。涨价过程中,会安排节约用水宣传教育、张贴海报以及召集居民开会学习等。

　　丹麦高水价增强了居民的节水意识,有效抑制了水资源的浪费,迫使用户严格节约用水。丹麦的水消耗量呈逐年下降趋势。1993—2004 年,丹麦水价上涨了 54%,城市生活用水从 155 L/d 下降到 125 L/d,2015 年进一步下降到 106 L/d,2021 年达到 105 L/d。丹麦平均每个家庭用户将全年可支配收入的 1.6% 用于支付水费。当前,丹麦人均每天用水量是世界上人均用水量最少的国家之一。高水价也为丹麦政府开展污水处理和地下水保护提供了重要的资金支持。

8.4 　节水技术

8.4.1 　管网漏损控制

　　丹麦的供水公司管网漏损控制水平处于世界前列。20 世纪 90 年代末,丹麦政府推行新政策,为所有用水户安装水表,惩罚水漏损超过 10% 的水务公司。如果非收益率(跑冒滴漏等)大于 10%,则收取供水公司 1 美元/m³ 的罚款,并规定所有公共事业用水都必须安装智能水表。通过一系列强有力的经济措施,丹麦非收益水①在全国层面维持在6%的水平,居世界前列,并有力推动了节水技术的发展,如管道漏水探测设备、智能水表等技术已在全球广泛运用。

丹麦思劳厄尔瑟市自来水厂研发了根据实际用水量自动调节水管压力的新型供水系统,高效科学供水,有效地减少了供水过程中的漏损和浪费。

在技术供应商和咨询公司的支持和帮助下,大部分水务公司采用了多种高效、经济的漏损监控技术和漏损管理系统。

丹麦供水产业在2011—2015年间连续5年成功降低供水漏损,漏损率从2011年的9.48%降至2015年的7.82%(有些城市低至5%),达到世界级水平。相关的漏损探测设备也成为丹麦开拓全球市场的重要技术。

8.4.2　水资源管理模型技术

丹麦几乎所有水资源管理决策都是建立在模型基础上的。经过数十年开发、改进、完善、创新,丹麦建立了一套完整的地下水勘查系统,利用先进的地球物理技术勘探地下水资源量,再结合专业的地下水模型,模拟评估区域地下水状况。

目前丹麦建立了国家水资源模型(DK-Model)、水文与地下水模型(MIKE SHE)、流域管理模型(MIKE HYDRO BASIN)、城市给排水管网模型(MIKE URBAN)等,综合运用多种模型多尺度耦合,涵盖国家、流域和城市等多个级别,动态模拟地表水、地下水以及城市地区排水、雨洪控制等,为政策制定、趋势预测提供解决方案。

1. 水文与地下水模型(MIKE SHE)

MIKE SHE 是一款确定性的、具有物理意义的分布式水文系统模拟软件,可以模拟陆相水循环中所有主要的水文过程,综合考虑了地下水、地表水、补给以及蒸散发等水量交换过程。MIKE SHE 可以与 MIKE 11 耦合进行地下水和地表水的综合模拟,也可连接到 MIKE URBAN 模型,模拟城市雨水、生活污水管网和地下水以及它们之间的相互作用。

---

①非收益水包括实际漏损、数据误差或错误及非法用水等。

丹麦朱尔斯(Djurs)供水公司节水管理

朱尔斯供水公司是一家独立运营的供水公司,是丹麦水和废水协会成员自来水厂中最大的公用事业公司之一。该供水公司管网长达320 km,供水区人口约 1.59 万人,年配送水量为 140 万 m³(2015 年)。朱尔斯供水公司通过采用新技术、更新漏损数据库以及长期灵活的更新改造计划,将水损失从 2009 年的 9.85% 降至 2014 年的 2.9%。主要技术措施如下:

管网探测

(1)管网分区,及时发现最小的泄漏。由于在凌晨 02:00 和 04:00之间用水户无大量用水,以这一时段用水作为技术人员识别泄漏的基准。即使是 1 m³/h 的轻微用水量增加也能被检测到。通过管网分区,可以分别监测各区实时流量,从而迅速定位至街道,之后通过地下声学传感器精确识别泄漏点。

(2)给消费者发短信,降低维修成本。供水区域包括数个小城市和村庄,往返需要车船。公司采用向该地区居民发送短信的方式,建议用水户如果发现水表在未用水的情况下转动要及时报告。这种方式减少了派员往返维修的次数,降低了公司成本。

(3)根据管网破裂数据库,优化管网改造计划。管网更新改造是一项长期计划,每 4 年开展一次,将逐步淘汰铁管及聚氯乙烯管道。每年计划翻新 4~5 km 的管道。公司通过建立管网破裂数据库,记录并分析判断管道的良段和劣段。如果同一段管道在短时间内多次发生泄漏,那么该段管道将被优先改造。翻修计划根据管网破裂数据库的记录每年进行优化。

该模型应用范围广泛,包括地下水开采对地表水的影响、地下水与地表水联合应用、湿地管理与修复、流域管理与规划、环境影响评价、地下水人工回补、地下水管理、滩区研究、土地利用和气候变化对区域水文循环的影响、农业生产活动的影响研究(包括灌溉、排水和化肥施用)以及土壤和水资源的综合管理等。

2. 流域管理模型(MIKE HYDRO BASIN)

MIKE HYDRO BASIN 应用于流域水资源分析、规划和管理,是一款多功能的、基于地图建模的决策支持软件。无论是国际还是国内,甚至局部区域上的水资源热点问题,都可以利用 MIKE HYDRO BASIN 进行分析。该模型可以实现水资源配置、访问计算引擎、水库复杂规则调度、水电站出力模拟、河道水力演算、灌溉需水量、作物产量计算、水资源分区内水文模拟、库区泥沙沉降、结果演示、水资源分区,以及河网绘制、优化和多方案运行的编程实现,基于 ECO Lab 的水质计算和全局优先级设置等。

该模型应用范围包括水资源综合管理(IWRM)研究、相关利益者间水资源矛盾协调研究、水库运行方式改善研究、地表水/地下水联合应用研究、灌溉制度研究等。

3. 城市给排水管网模型(MIKE URBAN)

MIKE URBAN 新一代产品为 MIKE+。MIKE URBAN 是一个灵活的系统,用于水分配网络、污水和雨水收集系统,以及河网的建模和设计。MIKE+允许快速集成到 ArcGIS Pro,快速构建个人本地 GIS 数据存储格式的 GeoDatabase,可以直接通过标准 GIS 进行使用。

MIKE+可以基于 GIS 的模型构建与管理,实现以下功能:基于 GIS 的模型构建与管理,强大的液压模拟引擎,集成水质和实时控制模拟(水分布),综合水质、泥沙输送、构筑物控制规则和长期统计(收集系统),综合水质(河网和 2D 陆上),场景管理,所有编辑器中的完全撤消和重做功能,专题制图和综合动态结果可视化,开放式数据模型易于与其他应用程序集成,全球支持和培训以及直接与在线和实时控制系统集成等。

8.4.3　综合节水节能系统解决方案

丹麦于 1987 年制定了首个水务规划,把用水安全与节能、绿色发展紧密关联。以 1980 年为基础,节水效率不断提高,从 1985 年的 3% 提高到 1997 年的 30%,取得了十分显著的效果。为了确保经济效益和面向所有人的可持续供电、供暖和制冷、天然气、饮用水和污水处理,许多城市的基础设施之间开展了智能化的合作,提高了水资源的使用效率。

水务公司的低碳发展是水行业的一个趋势。1980 年至今,丹麦经济累计增长了 78%,节水率提高了 30%,能源消耗总量增长却几乎为 0,二氧化碳气体排放量降低了 13%。根据环境绩效指数报告,丹麦可以在 2050 年之前实现脱碳目标。

丹麦马赛琳堡(Marselisborg)污水处理厂整合能源技术、实现节能减排

奥胡斯水务公司自 2006 年以来一直在积极尝试通过整合能源技术来降低其能源消耗。马赛琳堡污水处理厂是该计划的一部分。通过优化系统,马赛琳堡污水处理厂在 2016 年生产的电量比其消耗的电量多 53%。此外,它为区域供暖系统提供了 2.5 GW 的热能,而没有增加有机废物或碳的摄入。这种优化使污水处理厂能够为该地区提供电力和自来水。

污水处理厂系统的优化措施包括:将高压涡轮鼓风机更换为 ABS HST 压缩机,以提高充气效率;将旧的离心机用更节能的阿法拉伐 G3 取代,旧的燃气发动机用三台沼气发动机取代。通过优化系统,污水处理厂不仅减少了约 70 万 kW·h 的能源消耗,而且将能源消耗转化为能源再生产。2015 年,马赛琳堡污水处理厂的总能源产量为 962.8 万 kW·h/a,而内部能耗仅为 631.1 万 kW·h/a,产生 153% 的净能源产量。此外,二氧化碳排放量每年减少 153 t。马赛琳堡污水处理厂的改进既节能又省钱,是基于循环经济原则为低碳城市做出贡献的典范。

8.5 节水宣传

丹麦在 20 世纪 90 年代开展了大量的节水宣传,随着水资源管理法规政策和技术的发展,节水已经融入每个民众的日常生活,节水宣传不再以大张

旗鼓的运动方式推进。

以哥本哈根为例,水务公司第一次针对消费者的宣传活动发起于 1989 年。当时活动的主要目的是普及节水知识,研究降低用水量的可能性。活动的主要宣传方式是:公共汽车、出租车、火车广告,地方电视台、广播台广告,分发宣传手册,张贴海报等。

1994 年,水务公司组建了节水顾问组,全权处理节水方面的事务,包括:与大客户协商并提出建议,参与相关委员会、展览、会议,出版印发节水资料,以及提供电话咨询服务等。公司还参与了一些项目,比如在公寓安装独立自来水表,寻找具有最大节水潜能的公司,在工业中使用低于饮用水标准的自来水的线上调查等。公司还向自来水行业及卫生行业推广节水知识,直接与水管工、咨询工程师及顾客接触,说服他们在工作中采用节水措施。

政府采取了一系列措施规范和限制农田杀虫剂及化肥的使用,保持公共水源的清洁。公众意识提高和水税收取也有助于该市的居民保护和重视水资源,目前哥本哈根人均每天只使用 98.5 L 水。

参 考 文 献

[1] Anabela Rebelo, Geneve Farabegoli, et al. Report on urban water reuse: intergrated water approach and urban water reuse project[R]. 2018.07.

[2] Angelakis A N, Gikas P. Water reuse: Overview of current practices and trends in the world with emphasis on Eu states[J]. Water Utility Journal, 2014(8):67-78.

[3] Assimacopolus C B, De Carli A, De Paoli L, et al. Policy and drought responses-case study scale[R]. 2012.

[4] Association of Drinking Water from Reservoirs. PROFILE OF THE GERMAN WATER SECTOR 2020[M]. wvgw Wirtschafts-und Verlagsgesellschaft, 2020.

[5] Barbero Á. The Spanish National Irrigation Plan[R]. in Water and Agriculture: Sustainability, Markets and Policies, 2006, OECD Publishing, Paris.

[6] Berakamp G, Pirot J Y, Hostettler S. Integrated Wetlands and Water Resources [R]. 2000.

[7] Cabrera E, Estrela T, Lora J. Desalination in Spain. past, present and future[J]. Houille Blanche, 2019(1):85-92.

[8] Clini C, Musu I, Gullino M L. Sustainable development and environmental management: experiences and case studies [M]. Springer, 2008.

[9] De Roo A, Bisselink B, Guenther S, et al. Assessing the effects of water saving measures on Europe's water resources[R]. 2020.

[10] Dias S, Acácio V, Bifulco C, et al. Improving Drought Preparedness in Portugal[J]. Drought: Science and Policy, 2018: 183-199.

[11] EEA. Water Resources Across Europe-Confronting Water Stress: An Updated Assessment[R]. 2021.

[12] EU. Assessment Water Scarcity and Drought Aspects in a selection of European Union River Basin Management Plans[R]. 2012.11.

[13] EU. Report on the Review of the European Water Scarcity and Droughts Policy [R]. 2012.

[14] European Commission. Experiences from Improving Resource Efficiency in Manufacturing Companies, Report Europe INNOVA 2012 [R]. 2012.10.

［15］ Fuentes A. Policies Towards a Sustainable Use of Water in Spain［R］. OECD Econom-ics Department Working Papers, OECD Publishing, Paris,2011.

［16］ Greg Barrent ,margarnt Wallace. An Institutional Economics Perspective：The Impact of Water Provider Privatisation on Water Conservation in England and Australia［J］. Water Resour manage,2011,25：1325-1340.

［17］ Guillaume P G. Policies to Manage Agricultural Groundwater Use：Spain［R］. OECD Publishing,Paris,2015.

［18］ Lopez A, Pollice A, Laera G, et al. Membrane filtration of municipal wastewater efflu-ents for implementing agricultural reuse in southern Italy ［J］. Water Science and Tech-nology,2010.

［19］ Marielle Montginoul, Sebastien Loubier, et al. Water Pricing in France：Toward More Incentives to Conserve Water, Water Pricing Experiences and Innovations, Glocal Is-sues in Water Policy［M］. Springer International Publishing Switzerland,2015.

［20］ Palomo-Hierro S, Gómez-Limón J A, Riesgo L. Water Markets in Spain：Performance and Challenges［J］. Water,2015(7)：652-678.

［21］ Rebelo A, Quadrado M, Franco A, et al. Water reuse in Portugal：New legislation trends to support the definition of water quality standards based on risk characterization ［J］. Water Cycle,2020(1)：41-53.

［22］ Schuetze T. Rainwater harvesting and management-policy and regulations in Germany ［J］. Water Science & Technology：Water Supply,2013：376-385.

［23］ Shan Z, Xiujuan W, Lingshan Z. A Review on Water-Saving Agriculture in Europe ［J］. Journal of Water Resource and Protection,2022,14：305-317.

［24］ Wasser ist Leben［M］. Berlin：Bundesministerium für Umwelt, Naturschutz, Bau und Reaktorsicherheit (BMUB),2017.

［25］ Wu L S, Chen W P, French C, et al. Safe Application of Reclaimed Water Reuse in the Southwest United States［M］. Auckland：University of California, Agriculture and Nature Resources Publications,2009.

［26］ 曹璐,刘小勇,张洁宇,等. 国外水价现状分析及启示［J］. 中国水利,2015(21)：55-57.

［27］ 陈龙,方兰.西班牙水权市场建设及其启示［J］.水利发展研究,2018,18(10)：65-69.

［28］ 戴丽.节水:世界各国在行动［J］.节能与环保,2014(8):74-75.

[29] 范登云,张雅君,许萍.法国水定价及公私合作供水模式的经验和启示[J].给水排水, 2016,52(9):21-26.

[30] 耿思敏,刘定湘,夏朋.从国内外对比分析看我国用水效率水平[J].水利发展研究, 2022, 22(8):77-82.

[31] 国内外农田水利建设和管理对比研究(参阅报告)[R].北京:中国灌溉排水发展中心,2014.

[32] 何斌.德国、荷兰的节水政策及措施[J].四川水利,1998(1):3-6.

[33] 金海,夏朋,刘蒨.英国《水政策白皮书——生命之水》改革亮点及启示[J].中国水利,2015(3):62-64.

[34] 李军.一水之珍 堪比美钻[J].集邮博览,2015(2):88-89.

[35] 李元卿.用水"抠门"的德国人[J].中外企业文化,2005(1):58.

[36] 刘玲玲.法国努力推进水资源循环利用[N].人民日报,2023-02-02.

[37] 刘蒨,邵天一.意大利的水服务改革[J].水利发展研究,2008(7):61-64.

[38] 马湛,郝钊.意大利的业务水文简介[J].水文,2002(1):61-63.

[39] 欧美国家节水之道:雨水污水循环利用[J].河南水利与南水北调,2013(6):96,100.

[40] 庞洪军.德国水资源管理的经验与启示[J].山东农业(农村经济),2003(3):18-19.

[41] 沈百鑫.德国水治理的基本理念和总则规定[C]//新形势下环境法的发展与完善:2016年全国环境资源法学研讨会(年会)论文集.2016:83-89.

[42] 水利部国际合作与科技司,水利部发展研究中心.各国水概况:欧洲卷[M].北京:中国水利水电出版社,2007.

[43] 孙岩,再生水利用:欧洲节水的有效途径[N].中国水利报,2023-08-07.

[44] 王爱玲,串丽敏.国外农业用水的开源与节流及对中国的启示[J].世界农业, 2018(8):11-5.

[45] 王光谦,等.世界调水工程[M].北京:科学出版社,2009.

[46] 王江,杨霜依,刘亚寅.水资源管理与保护的域外经验探析[J].环境保护,2014,42(4):36-38.

[47] 王亚华,许菲.当代中国的节水成就与经验[J].中国水利,2020(7):1-6.

[48] 文武.国外家庭是如何节约用水的[J].华人时刊,2019(3):40.

[49] 肖加元.欧盟水排污税制国际比较与借鉴[J].中南财经政法大学学报,2013(2):76-82.

[50] 谢亚宏. 意大利探索发展气候智慧型农业[J]. 福建市场监督管理, 2022, 9 (9): 58.

[51] 张诚, 等. 丹麦水资源综合管理经验及启示[J]. 水利水电快报, 2019, 40 (5): 12-16.

[52] 张也. 我国农业节水管理的制度转型: 以美国和德国为鉴[J]. 农村经济与科技, 2018, 29 (7): 34-37.

附录 欧洲节水相关政策法规及技术指南

附录 1 欧盟《〈水框架指令〉背景下将再生水利用纳入水资源规划和管理的指南》(2016 年)

编者按: 欧盟《〈水框架指令〉背景下将再生水利用纳入水资源规划和管理的指南》[①]文件于 2016 年 6 月 10 日在阿姆斯特丹欧盟水务主管会议上获得批准,是《水框架指令》和《洪水指令》的共同实施战略文件之一。本书摘译了其中的第 3 节"再生水的潜在来源与利用"、第 6 节"再生水利用规划"和第 7 节"保护公共健康和环境"。

1 再生水的潜在来源与利用

再生水的利用途径较多,本指南不对各种可能的用途进行优先排序,因为这取决于每个用水区域的特殊需求以及将再生水输送给不同潜在用户的可行性。尽管用于生产再生水的潜在水源(包括灰水)有许多,但本指南主要关注的来源为城市污水和工业废水,后者的利用主体不是产生废水的工业企业。需要注意的是,城市污水和工业废水的水质有较大差异(例如:有机物含量、病原体、重金属等),因此会影响再生水处理系统按水质输送给适合的用户。在有些情况下,城市污水和工业废水可能会混合排放,为废水处理提出了更多挑战(该问题超出了本指南的范围)。

有关再生水的用途一般包括:

• 促进实现环境保护目标并提供水量储备,如恢复水生态系统或改善水生态环境、增加河流补水量、补给含水层(例如:控制含水层盐碱化或增加储

[①]摘译自《Guidelines on Integrating Water Reuse into Water Planning and Management in the context of the WFD》。

备水量)等。

● 农业和养殖用途,如灌溉粮食作物、非粮食作物、果园和牧场,水产养殖(包括藻类养殖)。

● 工业用途,如冷却水、工艺用水、骨料清洗、混凝土制作、土壤压实、粉尘控制等。

● 市政和景观用途,如用于公园景观、娱乐和体育设施、市政绿化、街道清扫、消防系统、车辆清洗、冲厕系统、扬尘抑制等。

总的来说,再生水可以用于任何预期用途,但受以下条件或制约因素所限:

● 水质需适合特定用途,达到保护用户和环境的目的。

● 可用水量充足且便于输配(例如:配置再生水输水系统或投资再生水的配送设施)。

● 供水成本(污水处理和输配)具备可接受性、可持续性,且与其他可用水源相比具有竞争力,包括可能的支持(例如融资)。

● 被公众和其他利益相关方所接受的特定用途。

● 相关各方(如用户、污水处理厂运营商、输配水系统管理单位)之间的责任和义务已经明确。

● 再生水输配系统和饮用水系统之间有明确的界限,不会发生两个管网交叉或串联等情况,避免造成潜在的公共供水健康风险。

● 在再生水利用规划过程中,关键要确定什么地方可以或应当使用再生水。

1.1 促进实现环境目标并提供水量储备

再生水可用来恢复和改善湿地或沼泽等自然生境,维持小型水体的流动,增加生物多样性。这类出于环境保护和休闲娱乐目的而创建的生境也可以利用再生水得以实现。在沿海地区,利用再生水恢复和增加沿海潟湖和湿地水量,可以避免将污水排入海洋。

如果利用再生水来实现环境目标,需要优先考虑欧盟法律规定的环境目标(例如《水框架指令》下的目标和《栖息地指令》下的栖息地改善目标)。

环境领域的再生水利用也包括补给含水层。人们可以利用此种方式在冬季贮存再生水,以满足夏季的用水需求。含水层补给的优点包括防止海水入侵、减少水汽蒸发、避免动物对水的二次污染、藻华以及减少管道建设需求等,因此可作为传统贮存地表水的备选方案。然而,补给地下水的做法可能会遇到各种问题,具体取决于灌入地下水的水质以及原水体的水质、水文和地质情况。欧盟对地下水水质保护有严格的要求,指南的第5节对该问题进行了专门探讨,其中特别说明了如何确保再生水利用(包括含水层补给)符合《地下水指令2006/118/EC》。

1.2　农业和园艺用途

对于许多成员国来说,特别是欧洲南部地区,农业是用水大户,约占总用水量的33%[1]。但在有些地区,这一比例更高。例如:在南欧部分地区(如西班牙和意大利),农业用水占所有淡水取水量的80%,其中大多用于粮食作物灌溉。在欧洲许多地区,灌溉是生产过程的重要一环。农业灌溉用水大多取自于地表水或地下水,并引入农场的蓄水水库。例如:在缺水的地中海地区,通常会建造大型水库收集地表水和雨水,用于旱季灌溉农田。由于水量相对稳定,再生水可成为中小型农业区重要和可靠的灌溉水源。例如:在西班牙穆尔西亚地区,每年有超过1亿 m^3 的再生水用于农业;在意大利米兰附近的农村地区,人们将优质再生水广泛地用于农业灌溉[2]。

值得注意的是,农业部门和食品加工部门在再生水利用方面可以形成较为密切的合作关系。例如:清洗蔬菜和食品工业产生的废水,可以在处理后重新用于农田灌溉。

在一些地区,农田可能距离污水水源较远,需要建设专用管道将水输送给用户,这在一定程度上限制了再生水利用。此外,农业对水的需求是季节性的,因此还涉及如何贮存再生水的问题。需要说明的是,将再生水用于农业灌溉不仅仅是地中海地区需要考虑的问题。再生水利用能够为作物提供潜在的养分来源。例如:来自城市污水处理厂的再生水含有氮和磷等养分,其含量取决于处理水平。因此,在有些情况下,再生水利用可以减少使用矿物肥料,这一点最近在欧盟作物需水(Water 4 Crops)项目和意大利 In. Te.

---

①EEA. Towards efficient use of water resources in Europe (No 1/2012). 2012.

②Mazzini, R. Pedrazzi, L. and Lazarova, V. (2013). Milestones in water reuse-The best success stories (Chapter 15). Eds. V. Lazarova, T. Asano, A. Bahri, and J. Anderson. IWA Publishing.

R. R. A.①国家项目中得到了证明。但是,具体情况还应视作物对特定养分的需求(也会随季节变化)而定,而且在使用富含养分的再生水时还需要考虑土壤类型和当地水体的敏感性。在评估追肥需求时,应考虑再生水中所含的养分。供应富含养分的再生水时,须确保其中的养分含量不会危害环境,并且水中不含任何其他可能危害人类健康和环境的污染物。

对于将再生水直接用于农业灌溉的社会和环境接受度,欧盟各成员国之间的差异很大。社会接受度也会因作物的用途和作物的消费方式而有所不同。要消除人们的担忧,需要有完善的污水处理体系,开展有效的沟通交流,鼓励利益相关方参与,并确保再生水利用方案不会危害环境和健康。

1.3 工业用途

在更广泛的水资源管理背景下,认识到工业废水的回用价值是非常重要的。工厂可以重复利用本厂的再生水或其他工厂产生的废水,也可以回用城市污水处理厂处理的污水。有些情况下,再生水利用对于实现《工业排放指令》的用水效率目标会发挥重要作用,但这个问题超出了本指南的范围(也不涉及工业使用的任何质量标准)。工业也可以向其他行业(如农业,见第1.2节)提供再生水。还需要注意的是,工业领域的再生水利用可能是"工业共生"系统中工厂与其他用户之间更广泛的资源循环利用的一部分。

以再生水作为工业用水,来代替饮用水、地下水或地表水,可以作为水资源短缺管理计划的一部分。工业用水改用再生水也可以减少排入环境的再生水量,从而限制了污染物排放,包括一级和二级废水处理无法去除的新污染物质。因此,需要确保这些废水在循环使用时不被排放到环境中。

在工业环境中,水可能是产品的一部分(例如食品),在产品材料加工过程中,用水是重要一环。经过适当处理的废水在工业领域的用途包括清洁、冷却和锅炉补水。尽管工业生产流程复杂、质量有严格要求,但近几十年来,许多行业在工业再生水利用方面取得了较大进展,这主要是"清洁生产"要求以及供水和开发新水源的成本不断增加所致。工业领域的再生水利用程度因工业行业不同而存在显著差异,并在很大程度上取决于工艺的性质、当地

---

① Vergine P., Lonigro A., Salerno C., Rubino P., Berardi G., Pollice A. (2016) Nutrient recovery and crop yield enhancement in irrigation with reclaimed wastewater: a case study. Urban Water Journal.

的条件以及工业与供水设施之间的距离。

应当指出的是,工业领域的再生水利用主要取决于具体的工艺和产品的质量要求,也取决于生产所需水质的成本,以及与其他适合水源的成本比较。工业再生水利用规划应考虑到各种再生水利用方案能够产生的生态效益和经济效益,包括那些不注重水本身,而是关注水所携带热量的情况,如区域供热系统。因此,尽管本指南强调了工业再生水利用在更广泛的环境管理背景下发挥的重要作用,但不对工业部门的合理决策提供进一步指导。

1.4 市政和景观用途

城市再生水利用是市政和景观水安全战略的组成部分。经适当处理的再生水可用于公园和其他城市绿地的浇灌、高尔夫球场等休闲娱乐场所、消防、道路清扫等。因此,在有些情况下,这些领域经常使用再生水替代自来水。不同城市有不同的需求,所以应根据具体情况确定最适合的用途。需要注意的是,除控制水中的污染物和病原体浓度,确保水质符合标准外,城市环境中的再生水也要避免带有异味。

由于利用再生水时可能需要与公众交流,应注意沟通,提升公众参与意识,同时要进行有效的水质监测和控制。

2 再生水利用规划

2.1 规划背景

根据可持续供水的基本原则,促进水资源的综合开发利用日渐重要,我们要确保水资源的供应质量、水环境的保护和再生,并鼓励高效用水。为了明确这些目标,需求管理、保护水资源和恢复水生态系统的战略优先于传统的供水方式,使水资源管理更利于环境可持续、更经济合理、更广泛的公众参与,并建立合理的信息分享和协商机制。

广义的规划有多种不同的形式。对于本指南来说,对以空间划分的区域进行规划最为相关,包括:

- 流域管理规划和饮用水保护区规划。
- 干旱管理计划与其他水资源短缺和干旱管理规划(可纳入流域管理规划)。
- 土地利用规划(城市、农村等)。

- 灌溉计划。

- 供水和卫生计划。

- 其他相关计划(农村发展计划、公用事业投资或基础设施计划)。

这些规划计划都会对水体面临的问题进行评估,并针对问题提出应对措施,从而满足环境、公民与企业对需求措施进行投资决策。某些规划的框架和方法需遵循欧盟法律要求,规划的其他方面则受成员国法律制约。

再生水利用规划不应独立于这些规划计划。流域管理规划和干旱管理计划①(如有)明确了水体面临的问题及其所承受的压力,以及应采取何种措施。如果水资源短缺已成为一项长期面临的问题,再生水利用可能是其中一项应对措施(如前所述,这是《水框架指令》的一项补充措施),并且应在更广泛的背景下进行规划,确保再生水利用不会对《水框架指令》的目标(以及其他欧盟法律的目标)产生任何不利影响(如第5节所述)。

虽然《水框架指令》提供了规划框架,但各成员国的规划过程仍各不相同。因此,无法说明哪些机构应负责规划再生水利用的相关事宜。但是,再生水利用的分析和规划应纳入负责水资源管理、公用事业管理、城市规划等机构的规划之中。除此之外,需确保公用事业、用户和其他利益相关方充分参与规划过程。

在大多数情况下,再生水是一种辅助水源,因此在规划再生水利用时,需考虑使用其他水源满足特定用水需求。用水需求反映了不断变化的人口模式,并受到土地利用规划的影响,配套建设基础设施(包括水处理和输配水)的可行性与制约因素也会在规划中得到说明。需求随时间而变化,因此在规划再生水利用方案时,可以采用模块化的方法,如果需求发生变化,可以在方案中增强污水处理能力。在农村发展规划中,可以阐述农村社区投资使用再生水的可行性,此外公用事业投资计划(或类似计划)应说明未来的基础设施需求,其中要包括再生水的处理和输配系统。

由于各成员国编制规划的机构和流程各不相同,因此无法就如何在每个规划中处理再生水利用问题提供明确指导。但需确保将再生水利用规划适当地纳入这些规划过程。与此同时,可能也需要对再生水利用进行专门的规

---

①the CIS 2008 Technical Report on Drought Management Plans.

划。例如:西班牙制定了《国家再生水利用计划》,包括促进再生水利用、提高公众意识等具体目标。

规划需要全面考虑各种问题、挑战和解决方案。在规划过程的开始以及整个实施过程中,要明确需参与规划的关键利益相关方以及何时请其参与。这些问题将在第8节深入探讨。

还应指出的是,需要对一些规划过程和决策进行不同形式的影响评估和分析。可能所有规划都需要进行战略环境评估,而开发决策则需要逐一进行环境影响评估。这两个问题都在相关欧盟指令中有所规定,但成员国也可以做出具体规定(例如:关于环境影响评估的内容)。如果包括再生水利用,可能需要进行战略环境评估或环境影响评估,也可能两种评估均要开展。对于战略环境评估和环境影响评估的应用,有大量的导则(包括成员国层面)可以利用。

2.2 再生水利用的规划步骤

如确实需要利用再生水,例如水资源短缺地区需要额外的水源,则需采用一致的规划方法。因此,在制定不同规划的过程中(如上所述)需纳入这一问题,但如果只是简单地将问题包含其中,可能会导致碎片化、不连贯的规划。在没有总体框架的情况下,流域管理规划、农村发展计划、土地使用计划的决策可能会片面化。当然,这取决于每个成员国的情况,例如水资源短缺管理计划可能为再生水利用的协调和综合规划提供依据。

再生水利用规划(以及更广泛的水资源管理)需要因地制宜。制定规划前的评估将明确所面临的问题、解决方案和未来战略,但这些因素会发生变化,原因包括用户需求改变、成本变化等。因此,需要在规划中考虑到适应性,在实施中考虑到灵活性。

为了保持规划的一致性,决策者在再生水利用规划中需考虑采取一系列步骤。图1对此进行了说明和总结。首先以《水框架指令》实施过程中的关键步骤为基础,分析水资源的压力和状况,然后通过措施方案。再生水利用可根据具体情况作为措施方案的一部分。我们需要认识到,再生水利用规划与其他规划过程(如流域管理规划、干旱管理计划、农村发展计划、空间规划等)的关系可能比图中显示的更为复杂。其他规划过程中获得的信息将反馈到再生水利用规划的分析步骤中,而有关再生水利用的分析又会反馈给其他

规划过程。此外,再生水利用规划的成本和选择方案分析将与《水框架指令》第 5 条的分析相互借鉴,并且帮助确定措施方案中的具体措施。这些步骤与不同规划框架之间的相互影响会根据具体情况而有所不同。

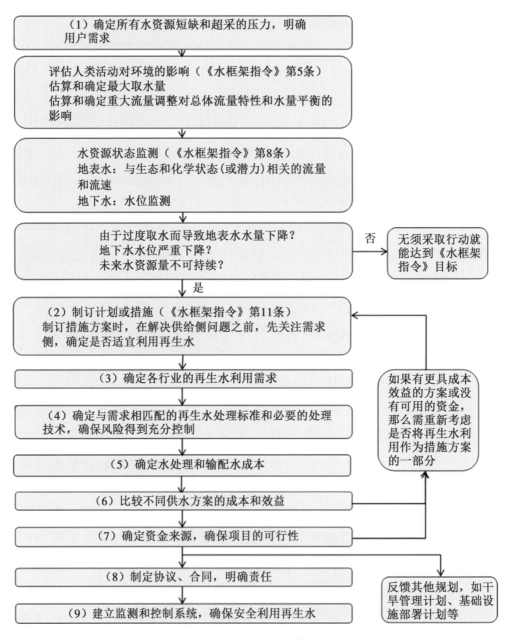

图 1　再生水利用规划步骤概要

这是一种循序渐进的方法,上一步的结果将决定继续进行下一步的必要性或下一步的内容。

图 1 中基本以线性方式介绍了这些步骤。当然,《水框架指令》下的规划框架本质上是闭环的。线性图示表示这些步骤开始于用水需求评估,结束于具体再生水利用项目的详细决策。当然,随着项目的实施,早先做的用水需求分析也需要更新,也就是说,规划是循环和重复的(包括步骤之间的"反馈"可能发生在规划过程的几个不同阶段)。应当注意的是,公众参与的问题并没有被放在某个特定的步骤中。正如第 8 节所述,公众的早期参与(例如:对问题和解决方案达成共识)是必要的,但在规划的后期阶段,公众的进一步参与也是必要的。

规划步骤:

(1)确定缺水和超采对水体的总体压力和影响,以及用水户的再生水需求量。确定是否面临严重的水资源短缺问题或有任何其他原因要求使用再生水,如进行含水层补给,避免海水入侵。对再生水的需求包括灌溉、市政、环境使用、含水层补给等,这些需求会随时间的推移而变化。对未来需求的评估应根据用水优先顺序考虑所有节水潜力。

第一步为确定是否存在对水体造成压力的严重水资源短缺问题——是否存在问题或需求? 最可能的情况是:

- 避免过度开发水资源,帮助实现环境目标;
- 满足水资源短缺情况下的用户需求;
- 应对海水入侵问题和含水层补给需求。

分析应遵循《水框架指令》实施过程中的关键分析步骤,包括第 5 条有关人类活动对水体影响的评估以及第 8 条要求的监测信息。

干旱管理计划包括对不同用水户和用水用途的需求进行评估(量化评估),并决定应优先考虑哪些用水户和用水用途。例如:可以优先考虑对当地社区和生态系统更为重要的用途,或有助于实现《水框架指令》和《地下水指令》目标的活动。

再生水利用的潜在驱动因素有许多,因此需要对这些因素进行总体用水需求分析。驱动因素包括与用水需求直接相关的因素(如避免过度开采含水层或地表水质量恶化)、污水排放(如营养物质回收)、环境需求(如湿地补

水)以及农业、城市和工业需求等①。该分析必须涵盖下游用水户。

在受缺水和干旱影响的地区，可能存在许多用水需求和用水竞争，因此必须确定哪些用户或用途更为重要。例如，在荷兰，根据如下优先次序按照四类用途分配淡水：安全和防止不可逆转的损害(还要考虑到对生境、动植物不可逆转的损害)、公用供水、小规模且高质量的用户，以及工农业等其他用途。这一优先次序已经在《荷兰水法》中明确规定。在法国，法律②要求平衡水资源管理，优先考虑健康、公共安全和公民安全以及饮用水供应的要求。用水优先级别还应满足或协调以下用途：①水生态系统的生物需求；②自然水系和防洪调度管理；③农业、工业、旅游、运输和其他用途。

用户需求会表现出季节性变化，包括环境需求(另见共同实施战略第34号有关水量平衡的指南)。通过降雨满足用水需求的用户与无法通过降雨满足用水需求的用户之间存在差异。例如：城市公园的用水需求可以通过降雨来满足，但大多数工业用水需求无法通过降雨满足。农业的季节性用水需求最为明显，不仅涉及降水作为水源的可能性，还表现为需求的季节性，因为只有在作物生长的特定时期才需要水。

有必要收集不同用户需求的详细资料。通过这些资料了解用户的多样性、需求程度和优先事项，并将再生水利用作为一种可能的选择。在选择再生水的贮存方案时，应考虑到需求的季节性变化。此外，如果备选方案包括含水层补给，则必须确定该方案是否能确保符合欧盟的水质目标(见第5章)。

在有些情况下，利用再生水不是由水资源短缺或水质不合格造成的，而是由于再生水利用可以提高用水效率和节约用水，并且能够提供可靠或更便宜的水源。在这种情况下，有必要明确是否存在这类用户需求。在水资源并不短缺的情况下进行再生水利用规划时，可能不需要以下部分或全部步骤。

(2)确定适当的措施或替代水源来满足需求，明确每种方案将如何满足具体的水量需求。这些措施将被纳入流域管理规划的措施方案。

在决定将再生水利用作为选择方案之前，应明确是否可以采取其他更适

---

①Drivers are explored further in: Plan Bleu-UNEP (2012). Treated wastewater reuse in the Mediterranean: lessons learnt and tools for project development.

②法国《环境法》第 L211-1 条。

宜的措施来满足这些需求。特别是在确定水资源管理优先次序时,应分析是否可以通过提高用水效率来帮助满足个人需求。

这些措施应在《水框架指令》第 11 条要求的措施方案中列出。再生水利用可以作为一项补充措施。应当注意的是,本规划次序中的后续步骤将对成本和收益进行评估,包括对备选方案的评估。这些分析可能会改变措施方案的决策,以便更有效地应对之前明确的水资源压力。

(3)确定再生水量及其处理方式,满足各种需求。

通过可行性分析(包括流域管理规划中规定的环境需求),分析能够回用的污水及其与用户需求之间的关系。分析的起始点为污水处理厂中的水量,处理厂可以将污水处理到符合所需用途的标准。如果规划是针对单个处理设施进行的(例如:新设施安装的时候或由于运营商各自的决定),则可直接进行评估。然而,如果规划涉及整个流域,那么分析评估不仅要涵盖城市污水源,还应包括工业废水源;如果经过污水厂处理的再生水量和水质能够达到预期用途的要求,就可以形成一套完整的方案。

计算不同用户的水量需求,以及不同污水处理厂可能提供的再生水量。将这些信息标注在地图上,评估优先用户与再生水潜在水源之间的距离。这对于再生水利用方案的成本估算至关重要。

(4)根据欧盟和成员国的法律,明确再生水处理要求以及能确保安全使用与环境保护的其他要求。

一旦确定了再生水的潜在主要用户,须根据再生水具体用途的潜在风险评估,确定再生水处理工艺。需要评估的内容包括:接入污水处理厂的污水水质(比如可能含有工业废水和特定污染物)、用户对水质的要求和环境保护的要求、履行欧盟义务的要求、履行本国家或地区法律义务的要求,为满足这些要求而采取的具体处理工艺,以及为确保用水安全而需要采取的具体做法。如第 4 节所述,必要时,应评估已明确的所有健康和环境风险。

如果可以选择不同方案提供相似质量的水,则处理方法的选择可能取决于具体污水处理厂的实际情况(例如:在现有布局中引入特定技术的容易程度)和选择不同方案的成本。下一步将深入探讨成本问题。

确保安全使用的其他问题,包括用水方式,如灌溉、含水层补给等,这必须严格遵守适当的处理标准。然而,为确保用水安全,不仅要检查污水处理水质,还要检查再生水的实际使用情况,确保所有风险得到管理,这一点至关重要。

(5)明确各项成本,如处理不同来源污水的成本、将再生水输送给不同用户的成本(以及能源需求、外部效应等)。

需要明确污水处理和再生水供应的成本。处理成本取决于多种因素,如处理厂的规模、处理前的水质(例如:工业废水处理厂和城市污水处理厂的污水水质不同)以及用户对水质的具体要求。

如需要平衡再生水的持续供应以及波动或季节性需求,成本还包括再生水的输配系统和贮存成本。输配系统的建设成本一般较高,因此需要根据步骤(3)的估算以及与用户之间的距离来确定具体成本。

最后,必须确定持续运营的成本,包括水处理、处理厂和输配系统的维护以及水质监测等成本,确保所提供的水质符合用户要求。

目前与再生水成本相关的研究文献很多,这些文献比较了再生水和其他水源的成本①。但是,由于具体情况各不相同,仍须逐一确定成本。

(6)将再生水利用成本(包括外部效应)与其他备选方案(包括"不采取行动"的选项)进行比较,与可实现的效益(包括外部效应)进行比较,并酌情对备选方案进行深入比较分析。

由于不同用户与再生水产地之间的距离不同,因此成本效益分析表明,向不同用户提供再生水的成本可能是不同的,并且还要注意成本和效益不仅以货币形式衡量。因此,接受再生水供应的用户不仅仅是优先级最高的用户,因为还需要考虑配送成本。此外,备选方案的评估也应包括成本和效益,以便确定成本更低、效益更高的方案。

(7)确定开发和实施再生水利用计划的资金来源以及适当的水价——项目是否可行?谁付费?谁受益?

如上所述,成本包括资产和运营支出(投资和运营成本),两者都需要资金。如果向用户供应再生水只是一种纯粹的商业行为,那么污水处理设施运营商需要确定期望收回启动成本的期限,并据此确定水价。在有些情况下,启动成本可能会得到公共基金的支持。水价可能在很大程度上反映了每年

①WateReuse Research Foundation. Framework for Direct Potable Reuse. 2015.

154

的持续供应成本。经济关系的具体性质会因实际情况而有所不同。供水单位可以是私营供水公司,也可以是公共设施机构。用户可能是私营公司,也可能是公共机构(包括拥有公用设施,同时也要用水的市政部门)。这里无法逐一列出每种经济关系组合,但无论何种情况,都要对成本进行充分说明。

(8)确保污水处理厂管理者和用户签署详尽的协议或合同,规范双方关系,明确各自职责和责任。

在明确服务水平、服务持续时间、成本、定价水平、义务等内容之后,应把这些细节写入供应商和用户的合同中。在合同中明确所有责任,这一点非常重要。其中包括水质管控责任以及对用户的用水限定等,这些责任和限制可以通过监测计划进行明确,这牵涉供应商为特定用途提供的水源是否"安全"。因此,这一点也很重要。同时,他们也无须承担在用途范围之外的用水而导致的不良后果。

(9)建立管控制度,确保再生水的使用对人和环境无害,确保运营商遵守必要的法律义务。

最后,公共管理机构必须根据可靠、科学的风险判断,确定对污水处理、供应和利用的检查与监管体系。这取决于再生水的具体用途、可能对公众和环境造成的风险水平,以及相关各方遵守环境义务的历史记录。这个问题将在第7节中进一步探讨。应对再生水利用的潜在影响(如土壤、地下水或地表水中污染物的累积)进行监测,以便评估其长期影响并相应地对再生水系统进行调整。

再生水的水质监测至关重要。当再生水在回用之前贮存了较长时间,水质可能会发生变化。因此,监测的时间和地点非常重要,应当合理规划。监测计划应充分、全面,可以涵盖在再生水未来利用中会构成重大风险的污染物。

总之,在再生水利用成本效益比较高的情况下,我们可以利用这一循序渐进的流程确定主要的用水需求。需要注意的是,在这个过程中可能存在比较复杂的相互关联,如再生水利用能够满足多种需求,但这部分内容可以纳入规划过程。

此外,再生水利用不仅可以替代现有水源(由于过度利用地表水或地下水),而且可以成为新的用水水源。例如:将污水处理后重新用于市政和工业用途或当地的绿化灌溉,而不是排入海洋,这是以前无法做到的。

对再生水利用的评估和规划信息很有限,大部分资料着眼于具体项目的规划(包括处理设施的财务规划)。这类规划的内容比本指南所包含的更详细,建议读者参考包含这类污水处理厂项目规划案例的文献①②。

3 保护公共健康和环境

为了确保安全利用再生水,不仅要采用适合特定用途的水质标准,还要保证再生水利用系统的充分可靠运行以及适当的监管执法。

如本指南第 1 节所述,在与利益相关方协商后,欧盟委员会正在研究将再生水用于两种用途的质量标准,作为循环经济行动计划下的一项行动。因此,本指南不推荐任何特定标准,但提供关于标准性质、已制定的标准以及如何应用这些标准的信息,在风险管理的大背景下进行讨论。

3.1 再生水的水质标准

如上所述,指南不推荐任何特定标准(如化学、微生物、物理等)。但是,多个成员国已经制定了具有法律约束力的再生水利用标准,还有欧盟以外的其他国家和国际组织也制定了推荐标准。各成员国制定的大多数标准主要依据世界卫生组织和美国环境保护署的指南③④。这些标准通常侧重于人类健康问题,因此也包含微生物参数。为了确保再生水利用安全且符合欧盟的环境和卫生法律法规,在制定标准时,必须充分考虑环境和健康等各个方面。对于已经通过具有法律约束力标准的成员国,当然要确保这些标准得到执行(就像必须遵守任何其他相关的国家法律义务一样,例如灌溉水质量标准等)。

许多标准根据预期用途采用不同的阈值和要求,并遵循多重保障概念,例如国际标准化组织的标准(见表 1)。

---

①Water Reclamation and Reuse.

②Condom N,Lefebvre M,Vandome L. Treated Wastewater Reuse in the Mediterranean: Lessons Learned and Tools for Project Development. Plan Bleu, Valbonne. (Blue Plan Papers 11).

③EUWI-MED. Mediterranean wastewater reuse report.

④Paranychianakis N V, Salgot M, Snyder S A, Angelakis A N. Quality Criteria for Recycled Wastewater Effluent in EU-Countries: Need for a Uniform Approach. Critical Reviews in Envir. Sci. and Techn. 45:1409-1468. 2015.

表 1 欧盟之外的国家或国际组织制定的标准示例

组织或国家	说明
世界卫生组织(WHO)	WHO 在 1973 年首次发布了《废水、污水和灰水安全利用指南》;第二版于 1989 年发布,第三版于 2006 年发布。WHO 指南的修订自 2014 年开始,目的是出版一系列技术文件的修订版以及以实施为导向的文件。此外,WHO 计划针对饮用水生产制定具体的再生水利用指南;这些指南于 2019 年发布,其中包括化学品含量限值,而现有指南主要涉及微生物参数
国际标准组织(ISO)	2015 年,ISO 发布了关于灌溉用再生水的标准 ISO 16075 第 1 至第 3 部分①。这些文件涵盖农业和景观灌溉,并就规划、运营、水质和良好做法提供指导,避免再生水利用对公共健康、作物、土壤和水资源可能产生的不利影响。关于监测指南的第 4 部分将在不久后出版。 ISO 正在制定有关城市使用、绩效评估和健康风险管理的标准
澳大利亚	自然资源管理部长理事会、环境保护和遗产理事会、澳大利亚卫生部长级会议(2006 年)。澳大利亚再生水利用指南:健康和环境风险管理②
美国	美国环境保护署制定了标准指南(2012 年)③,并被加利福尼亚州采用(第 22 卷)

可制定关于再生水生产和不同用途的标准,确保水质满足特定用途。这些标准应涵盖以下内容:

- 确定具体的污水处理要求。
- 设定不同污染物的质量标准。
- 适用于在污水处理厂出口或使用点收集的水质。

---

①ISO 16075 Guidelines for treated wastewater use for irrigation projects.

②NRMMC-EPHC-AHMC (2006). Australian guidelines for water recycling: managing health and environmental risks: Phase 1. National Water Quality Management Strategy. NRMMC-EPHC-AHMC, Canberra, Australia. (2006)

③United States Environmental Protection Agency. Guidelines for Water Reuse. EPA/600/R-12/618. (2012)

●针对每种特定用途。

因此,需明确应用哪些标准、适用的地点以及如何应用,以确保健康和环境得到保护。

3.2 质量标准的实际应用

制定具有法律约束力的再生水利用质量标准只是一个开始,接下来需要在实践中应用这些标准。其中涉及的一个关键问题是法律如何界定应用这些标准的责任。相关法律可能有以下规定:

●所有再生水(用于指定用途)必须符合具体的标准(用户和生产商的责任)。

●规定管理机构(如监管机构)确保这些标准得到执行(公共机构的责任)。

在任何一种情况下,主管机构都要确保将有关标准的信息传达给相关受众。如有必要,还需包括标准的应用背景信息(例如:适用于再生水的特定用途)。提供这类信息的机制根据受众类型而有所不同,但可能包括:

●在线提供简明清晰的信息(最好根据用户需求进行结构化)。

●信息宣传页。

●实地考察期间开展讨论(如在许可证有效期内的考察或检查)。

●农业咨询服务机构的建议。

●通过专业协会(如水务公司、农民协会等)进行沟通。

在许多情况下,主管机构可以在许可证或执照中列出适用标准。业务覆盖范围更广的许可证很可能需要满足这类标准的要求(例如:污水处理厂的运营许可证)。如果许可证包含再生水利用标准,则必须充分告知许可证持有人其所承担的法律义务以及如何确保履行这些法律义务。为此,许可证中有关再生水利用标准的规定应包括以下方面:

●必须明确每个标准所适用的参数。

●必须明确标准所适用的地点(例如:在污水处理厂的排水口、输配送系统中等)。

●必须明确是否允许存在任何偏离标准的情况(例如:必须有99%的样本符合标准)。

●许可证应说明评估水质合规性所需的监测措施(需要注意的是监测必

然会产生成本,因此明确安全运行再生水系统所需要的监测非常重要)。

●许可证要求相关方必须记录所有监测活动(例如:在线、连续监测等),并将监测数据提供给检查或监管机构。

●许可证应指明谁负责监测,是供水商、最终用户还是公共机构(取决于成员国的惯例)。监测参数和监测频率取决于监测方案规定(例如:供水企业进行月度监测,公共机构进行年度检查)①。

●根据具体国家的法律框架,许可证也可能包括其他要素,如公众沟通。

●许可证应说明,如发现不合规,是否应立即通知相关部门。许可证还应说明,如果存在不合规情况,应采取何种应对措施(例如:污水处理厂的运营商通知用水户)。

主管机构应向公众公开许可证(合规监测结果也应公开)。这样做有助于增强公众信心,因为这意味着负责再生水利用的机构必须遵守规定的标准,也要清楚该如何做。

检查和管控是确保受监管实体履行法律义务(无论是法律直接规定的,还是许可证和执照规定的)的重要工具。因此,须采取下列行动:

●明确与再生水利用具体方案相关的所有主管机构(例如:监督检查水务行业和农业部门合规性的机构可能不同)。

●明确告知监督检查机构哪些具体标准适用于受监管的实体。比较简单的方式是,在许可证中列出这些标准。

●开展对受监管实体是否遵守标准的检查,包括检查其监测记录等。

监督机构制订监督计划和方案是一种有效的方式②。另一种有效措施是监督机构集中资源对健康和环境风险最大的缓解和不合规风险最大的缓解进行检查。任何可能不符合再生水利用质量标准的行为都会对健康和环境造成潜在的风险。因此,相关监督机构也需清楚不遵守质量标准的潜在后果以及受监管实体不遵守规定的可能性,以便进行风险分析,监督机构在风险分析的基础上制订监督方案。

---

①SWRCB (2010). Final Report: Monitoring Strategies for Chemicals of Emerging Concern (CECs) in Recycled Water—Recommendations of a Science Advisory Panel. California State Water Resources Control Board: Sacramento, CA, 2010.

②有关检查计划和方案的更多信息,请参阅《关于环境检查最低标准的第 2001/331/EC 号建议》。

各成员国制定标准、发放许可证和监督的体制差异很大。所涉及的机构可能有多个,或者一个机构中多个职能合并在一个部门。在这种情况下,各机构之间需进行清晰的沟通,确保标准得到充分遵守。

3.3 风险评估和管理

保护人类健康和环境应采用预防原则以及危险与风险管理办法。风险评估是实施再生水利用管理的先决条件。为保护环境和人类健康,可在再生水利用的各个阶段采用风险管理的方法。应采用这种方法指导再生水具体质量标准的制定以及再生水的使用。虽然风险分析仅关注具体的健康和环境问题,但有效的风险评估将可整合这些问题,从而提供清晰、全面的结论,指导管理决策。

就本指南而言,最适合的风险管理框架是世界卫生组织[1]和澳大利亚[2]采用的框架。这些风险管理框架提出了有效的方法,用于确定具体危险和关键预防措施,确保再生水符合相关用途[3]。然而,在管理健康和环境风险时,需采用预防性的方式,确保再生水利用不会导致环境发生任何不利变化(例如:将有害物质排入土壤和/或水中)。

2015 年,世界卫生组织发布了《卫生安全规划》(SSP)[4],这是作为实施2006 年指南的一种基于风险的循序渐进方法。简而言之,SSP 旨在:

• 系统地确定和管理健康风险。

• 根据实际风险指导投资,提高健康效益并尽量减少对健康的不利影响。

• 向管理机构和公众保证与卫生相关产品和服务的安全性。

在再生水利用中应用 SSP 概念时,需考虑这些指南中提及的问题,包括

---

[1]WHO. Guidelines for the safe use of wastewater, excreta and greywater. (2006)

[2]NRMMC-EPHC-AHMC (Natural Resource Management Ministerial Council, Environment Protection and Heritage Council, Australian Health Ministers′ Conference). Australian guidelines for water recycling: managing health and environmental risks: Phase 1. National Water Quality Management Strategy. NRMMC-EPHC-AHMC, Canberra, Australia. (2006)

[3]De Keuckelaere A, et al. Zero Risk Does Not Exist: Lessons Learned from Microbial Risk Assessment Related to Use of Water and Safety of Fresh Produce. Comprehensive Reviews in Food Science and Food Safety, 14: 387-410. (2015)

[4]WHO (2015). Sanitation Safety Planning: Manual for Safe Use and Disposal of Wastewater, Greywater and Excreta.

流域管理计划中确定优先级别的初始步骤、危险识别和控制、运行监测和质量控制。

　　本指南不可能详细说明如何对再生水利用进行风险管理,尤其是在世界卫生组织制定的分步指南中已经对此进行了充分说明。但是,本指南切实强调了良好风险评估和管理的重要性,包括对于污水处理设施的工作人员、使用再生水的用户以及公众所面临的风险。目前正在制定的再生水利用安全规划方法①应酌情对此予以考虑。多重保障处理方案有助于降低风险和提高数据质量,使用在线水质监测也可以降低故障出现的可能性。还应开发决策支持工具,以便在出现故障时迅速做出反应。降低风险不仅与所采用的标准和处理水平(采用的技术)有关,还意味着在利用再生水时要确保采用良好的运行方案。

---

①Goodwin D, Raffin M, Jeffrey P, Smith H. (2015). Applying the water safety plan to water reuse: towards a conceptual risk management framework. Environ. Sci.: Water Res. Technol., 2015, 709-722.

附录 2　欧盟《再生水利用的最低水质 要求条例》（2020 年）

编者按：欧盟《再生水利用的最低水质要求条例》（也有媒体简译为《再生水条例》）①于 2020 年获得欧洲议会审批通过，并于 2023 年 6 月正式施行。欧盟正式发布文件包括下述两部分。为便于理解，译者分别为两部分增加小标题"立法背景及说明""条例正文"。

一、立法背景及说明

（1）欧盟面临日益加大的水资源压力，水资源紧缺，水质恶化。特别是，气候变化、难以预测的天气模式和干旱极大地加剧了城市发展和农业用水的供给压力。

（2）为了提高欧盟应对不断增加的水资源压力的能力，有必要进一步推广污水处理回用，限制从地表水体和地下水体取水，减少污水排入水体的影响，通过城市污水综合利用推进节水，同时确保实现高水平的环境保护。欧洲议会和欧盟理事会《水框架指令》（2000/60/EC）涉及再生水利用，与推广采用工业高效用水和节水灌溉技术相结合，作为成员国选择采用的一项补充措施，以实现该指令地表水体和地下水体水质、水量同时保持良好状态的目标。欧盟理事会《城市污水处理指令》(91/271/EEC)要求在适当情况下回用中水。

（3）欧盟委员会于 2012 年 11 月 14 日发布的《保护欧洲水资源蓝图》通报指出，有必要制定法律文件在欧盟层级规范再生水利用标准，消除推广采用再生水利用替代供水方案面临的障碍，再生水利用替代供水方案有助于减轻水资源短缺并降低供水系统的脆弱性。

（4）欧盟委员会于 2007 年 7 月 18 日发布的《应对欧盟水资源紧缺与干旱的挑战》通报提出了成员国在管理水资源紧缺和干旱时应考虑的措施等

---

①译自《Regulation(EU) 2020/741 of the European Parliament and of the Council of 25 May 2020 on Minimum Requirements for the Water Reuse》.

级。其中规定,对于已经根据缺水等级采取了所有防范措施但需水量仍然超出可供水量的地区,在某些情况下,可通过增加供水基础设施作为减轻严重干旱影响的一种替代方法,前提是充分考虑成本效益。

(5)在2008年10月9日有关《应对欧盟水资源紧缺与干旱的挑战》的决议中,欧洲议会撤回在管理水资源时优先采用需求侧解决方案,而是认为欧盟在管理水资源时应采用综合方法,需求管理、水循环中现有资源优化、引入新资源等各种措施相结合。这种方法必须综合考虑环境、社会、经济因素。

(6)在2015年12月2日《闭路循环——欧盟循环经济行动计划》通报中,欧盟委员会承诺采取一系列措施促进污水处理回用,包括制定关于再生水水质最低要求的立法提案。欧盟委员会应更新其行动计划,并将水资源作为重点干预领域。

(7)本法规目的是,在适当且具有成本效益的情况下,促进再生水利用,为成员国创建一个有利的框架。对于许多成员国而言,再生水利用是一项具有前景的选项,但目前只有为数不多的成员国利用再生水并通过了相关国家立法或标准。本法规应提供足够的灵活性,允许继续施行已有的再生水利用实践,同时确保其他成员国以后决定利用再生水时可以应用这些规则。任何不利用再生水的决定都应根据本法规中规定的标准进行充分论证,并定期审查。

(8)《水框架指令》为成员国提供必要的灵活性,允许成员国在其为支持实现指令规定的水质目标而采取的措施计划中纳入补充措施。《水框架指令》附件六B部分中的非排他性补充措施清单列出了再生水利用措施。在此背景下,根据成员国管理水资源紧缺和干旱时可考虑的措施等级,鼓励采取从节水到水价政策的各项措施及替代解决方案,并充分考虑成本效益因素,按照《城市污水处理指令》,城市污水处理厂处理的城市污水回用于农业灌溉,适用于本法规规定的再生水利用最低要求。

(9)与调水或海水淡化等其他替代供水方法相比,回用经过城市污水处理厂适当处理的污水对环境产生的影响更小。但是,欧盟仅有限程度采用了这种有助于减少水资源浪费并节约用水的方式。部分原因是污水再处理系统成本高昂,以及缺乏通用的欧盟再生水利用环境和卫生标准,尤其是对于农产品,使用再生水灌溉具有潜在的卫生和环境风险,也对此类农产品的自

由流动造成了障碍。

（10）只有成员国之间农业灌溉用再生水水质要求无显著差异,才能制定使用再生水灌溉的农产品的相关食品卫生标准。协调水质要求也有助于此类农产品内部市场的高效运作。因此,有必要提出最低水质标准和监测要求,达到最低水平协调。最低水质要求应包括基于欧盟联合研究中心技术报告的再生水最低参数水平,并反映再生水利用国际标准,如有必要,主管部门可实施更严格的措施或追加水质要求,同时采取相关防范措施。

（11）利用加肥灌溉原理,利用再生水进行农业灌溉,回收再生水中的养分施加于作物,从而促进循环经济的发展。因此,再生水利用有可能减少补充施用矿物肥料的需求。应告知终端用户再生水的营养成分。

（12）再生水利用有助于回收处理过的城市污水中的营养成分,再生水用于农业或林业灌溉是恢复自然生物地球化学循环中氮、磷、钾等营养成分的一条途径。

（13）城市污水处理厂升级改造需要大量的投资,促进农业再生水利用的财政激励不足,是造成欧盟再生水利用普及率较低的主要原因。可以通过实施创新计划和经济激励措施解决这些问题,适当考虑再生水利用的成本以及社会经济效益和环境效益。

（14）遵守再生水利用最低要求符合欧盟的水资源政策,有助于实现联合国 2030 年可持续发展议程,特别是其中的目标 6:确保所有人的便捷用水和环境卫生及其可持续管理;大幅增加全球范围内水资源的循环利用和安全的再生水利用,还可以帮助实现关于可持续消费和生产的联合国 2030 年可持续发展议程目标 12。此外,本法规应设法确保适用《欧盟基本权利宪章》第 37 条有关环境保护的规定。

（15）在某些情况下,再生水设施运营商在再生水出厂后仍继续进行再生水的输送和存贮,然后再将其转交给供应链的下一个主体,例如再生水配水运营商、再生水存贮运营商或终端用户。必须规定交接节点要求,明确再生水设施运营商终点处与供应链下一个主体起点处各自的责任。

（16）风险管理应包括主动识别和管理风险,并应纳入针对特定用途生产具有明确水质要求的再生水的理念。风险评估应基于风险管理的关键要素,并应确定确保充分保护环境及人类和动物健康所需满足的任何附加水质要求。为此,再生水利用风险管理计划应确保再生水的安全使用和管理,不对环境或人类、动物健康造成任何风险。制订此类风险管理计划,应采用现行国际指南或标准,如《ISO 20426:2018 非饮用回用水健康风险评估和管理指南》《ISO 16075:2015 灌溉项目再生水利用指南》或世卫组织(WHO)的指南等。

(17)欧洲议会和欧盟理事会《饮用水水质指令》规定了供人类饮用的水质要求。成员国应采取适当措施,确保再生水利用活动不会导致供人类饮用的水质恶化。因此,风险管理计划应特别注重保护取水供人类饮用的水体和相关保护区。

(18)参与水再生过程的各方之间的合作与互动,应作为根据特定用途的要求建立再生处理程序的先决条件,以便能够根据终端用户的需求做好再生水供给计划。

(19)为有效保护环境及人类和动物健康,再生水设施运营商应对交接节点的再生水质负主要责任。为达到本法规规定的最低要求以及主管部门提出的任何其他条件,再生水设施运营商应监测再生水质。因此,可确定最低监测要求,包括常规监测频率以及校验监测的时间和业绩指标。《城市污水处理指令》中规定了一些常规监测要求。

(20)本法规应涵盖污水收集系统中回收的污水,污水按照《城市污水处理指令》经城市污水处理厂进行处理,并且为满足本法规附件一规定的参数要求,经城市污水处理厂或再生水设施中进一步处理。根据《城市污水处理指令》,人口当量不到 2 000 的集聚区不需配备污水收集系统。但是,从人口当量不到 2 000 的集聚区进入污水收集系统的城市污水,在排入淡水或河口之前,应根据《城市污水处理指令》进行适当处理。在这种情况下,人口当量不到 2 000 的集聚区产生的污水,只有在进入污水收集系统并经城市污水处理厂进行处理,才在本法规的覆盖范围之内。与此类似,本法规也不应涵盖《城市污水处理指令》附件三中所列工业部门的工厂产生的可生物降解工业污水,除非这些工厂产生的污水进入污水收集系统并经城市污水处理厂进行处理。

(21)根据农业部门的需求,特别是在面临水资源短缺的某些成员国,城市污水处理回用于农业灌溉受市场驱动。再生水设施运营商和终端用户应

加强合作,确保再生水的生产符合本法规规定的最低水质要求,满足终端用户作物种类的需求。如果再生水设施运营商生产的水质等级与服务区域(如集体供水系统)的作物种类和现行灌溉方法不兼容,则可以通过多屏障方法,在后续阶段再进行水处理,或与非处理方法相结合,满足水质要求。

(22)为了确保城市污水资源最优回用效果,终端用户应接受培训,确保其所用再生水质达到相应等级。如果作物具体类型不明或有多种作物,则应采用最高再生水质等级标准,除非适当利用分界线达到规定的水质要求。

(23)必须确保再生水利用的安全性,在全欧盟范围内鼓励再生水利用,增强公众对再生水利用的信心。因此,只有在获得成员国主管部门授予的许可证的基础上,才允许生产和供应农业灌溉用再生水。为确保全欧盟协调统一,实现再生水的可追溯性和透明度,此类许可证的实质性规则应在欧盟一级制定。但是,授予许可证的具体程序,例如主管部门的指派和截止日期,应由成员国自行确定。成员国可采用现有的许可证授予程序,但应根据本法规的要求对相关程序进行适当调整。在指派制订再生水利用风险管理计划的责任方及授予再生水生产和供应许可证的主管部门时,成员国应确保不存在利益冲突。

(24)如果需要有再生水配水运营商和存贮运营商,可要求这些运营商获得许可。如果满足所有许可要求,成员国主管部门应授予许可证,许可内容包含再生水利用风险管理计划中规定的所有必要条件和措施。

(25)就本法规而言,城市污水处理和再生作业可安排在同一物理位置,利用同一设施或不同的分离设施。此外,污水处理厂运营商和再生水设施运营商可为同一主体。

(26)主管部门应核实再生水是否满足相关许可证规定的条件。如果不满足相关条件,则主管部门应要求责任方采取必要措施,确保再生水满足相关条件。如果此类不合规会对环境或人类、动物健康造成重大风险,则应中止供应再生水。

(27)本法规的规定旨在补充欧盟其他相关法规的要求,尤其是针对潜在的健康和环境风险。

为确保采用综合方法解决对环境及人类和动物健康构成的潜在风险,再生水设施运营商和主管部门应考虑欧盟其他相关法规要求,特别是欧盟理事会《下水道淤泥用于农业情境下的土壤和环境保护指令》(86/278/EEC)、《防止农业硝酸盐污染的水资源保护指令》(91/676/EEC)和《饮用水水质指令》(98/83/EC),《城市污水处理指令》和《水框架指令》,欧洲议会和欧盟理事会《食品法的通用原则和要求——建立欧洲食品安全和制定食品安全程序条例》[(EC)No178/2002]、《食品卫生条例》[(EC)No852/2004]、《饲料卫生条例》[(EC)No183/2005]、《植动物来源的食品和饲料最大农药残留条例及对91/414/EEC 号指令的修订》[(EC)No396/2005]和《关于非供人类消费的动物副产品和衍生产品的卫生规则条例暨〈动物副产品法规〉[(EC) No1774/2002]的废除》[(EC)No1069/2009/EC],欧洲议会和欧盟理事会《洗浴水水质管理指令》(2006/7/EC)、《地下水指令》(2006/118/EC)、《水政策相关的环境质量标准指令(修订和废除相关指令)》(2008/105/EC)和《公私合营项目环境影响评价指令》(2011/92/EU),以及欧盟委员会《食品微生物标准条例》[(EC)No2073/2005]、《食品中污染物最高限值条例》[(EC)No1881/2006]和《实施 1069/2009/EC 号条例和 97/78/EC 号指令关于若干样本及物品在边境豁免接受兽医检查的条例》[(EU)No142/2011/EU]。

(28)《食品卫生条例》规定了食品经营者需要遵守的通用规则,涵盖供人类食用的食品的生产、加工、分销和市场销售。该法规规定了食品的卫生质量,主要原则之一是食品经营者应对食品安全负主要责任。该法规附有详细指南。关于这一点,需要特别参照欧盟委员会针对如何通过良好卫生措施解决初级生产中新鲜水果和蔬菜微生物风险发布的指南文件。本法规规定的再生水最低要求并不妨碍食品经营者在后续阶段单独采用各种水处理方法或结合非处理方法来满足《食品卫生条例》的水质要求。

(29)污水处理循环回用潜力巨大。为促进和鼓励再生水利用,本法规提及的特定用途不应妨碍成员国根据本国具体情况和需求,在确保高水平保护环境及人类和动物健康的前提下,将再生水用于工业、景观美化、环境等其他用途。

(30)主管部门应通过信息交流与其他有关部门合作,确保满足欧盟和国家相关要求。

(31)为了增强对再生水利用的信心,应向公众提供相关信息。提供清晰、全面和适时更新的再生水利用信息,有助于提高透明度和可追溯性,也可

为其他有明确再生水利用意愿的相关部门提供有用信息。为鼓励再生水利用,使利益相关者了解再生水利用的益处,从而提高接受度,各成员国应确保根据再生水利用规模开展信息宣传和意识提升活动。

(32)作为实施和维持防范措施的一部分,终端用户教育培训的重要性毋庸置疑。风险管理计划中应考虑包含具体的人类暴露防范措施,例如:使用个人防护设备、洗手和个人卫生。

(33)欧洲议会和欧盟理事会《环境信息公开指令暨90/313/EEC号指令的废除》(2003/4/EC)旨在保障成员国根据《关于环境事项获取信息、公众参与决策和诉诸法律的公约》(奥胡斯公约)获取环境信息的权利。《环境信息公开指令暨90/313/EEC号指令的废除》规定了关于应要求提供环境信息并积极传播此类信息的广泛义务。欧洲议会和欧盟理事会《建立欧洲空间信息站(INSPIRE)指令》(2007/2/EC)涵盖了空间信息共享,包括不同环境主题的数据集。本法规中有关信息获取和数据共享安排的规定将为这些指令提供补充,并非建立单独的法律机制。因此,本法规中有关向公众提供信息和监测执行情况信息的规定,不应违背2003/4/EC号和第2007/2/EC号指令。

(34)成员国提供的数据对欧盟委员会监测和评估本法规目标的实现情况必不可少。

(35)根据2016年4月13日发布的《关于完善法律制定的机构间协议》第22款,欧盟委员会应对本法规进行评估。评估应基于效率、有效性、相关性、一致性和欧盟增值五项标准,并为潜在进一步措施的影响评估奠定基础。评估应考虑科学进展,特别是引起关注的新物质的潜在影响。

(36)城市污水处理安全回用的最低水质要求应反映现有的科学知识和国际公认的再生水利用标准和实践,确保这些水可安全用于农业灌溉,从而确保高水平保护环境及人类和动物健康。根据对本法规评估结果,或者新的科学发展和技术进步需要,欧盟委员会应对附件一第2节中规定的最低要求进行审查,并应酌情提交立法提案修订本法规。

(37)使风险管理的关键要素适应科学技术进步,应根据《欧洲联盟运作条约》第290条授权欧盟委员会采取行动,修改本法规规定的风险管理关键要素。此外,为确保高水平保护环境及人类和动物健康,欧盟委员会还可经授权采取行动,通过制定技术规范,补充本法规规定的风险管理的关键要素。

特别重要的是,欧盟委员会应在准备工作期间进行适当磋商,包括咨询专家意见,此类磋商应根据2016年4月13日发布的《关于完善法律制定的机构间协议》中规定的原则进行。尤其需要注意的是,为确保平等参与制订授权行动方案,欧洲议会和欧盟理事会应同时接收各成员国专家的所有文件,允许成员国专家系统性出席欧盟委员会制订授权行动方案的专家组会议。

(38)为确保在相同条件下执行本法规,应授予欧盟委员会执行权,就各成员国提供的本法规执行情况监测的相关信息的格式和内容以及欧洲环境署起草的全欧盟综述的格式和内容,制定细则。应根据欧洲议会和欧盟理事会《欧盟成员国行使权力相关机制的主要原则和规定》[(EU)No182/2011]行使这些权力。

(39)本法规主要目的是保护环境及人类和动物健康。正如欧洲法院多次指出,这有违《欧洲联盟运作条约》第288条第3款赋予指令的约束力,从原则上排除了相关人员依赖指令所施加的义务的可能性。这一考量也适用于旨在确保再生水安全用于农业灌溉的法规。

(40)对于违反本法规的行为,成员国应制定处罚规则,并应采取一切必要措施确保其得到执行。处罚应有效、相称且具有劝诫性。

(41)由于本法规保护环境及人类和动物健康的目标不能完全由各成员国实现,而由于行动规模和效果的原因,最好在欧盟层次上实现,欧盟可根据《欧洲联盟条约》第5条规定的权力自主原则采取措施。根据该条规定的相称原则,本法规不会超出实现这些目标所必需的范围。

(42)必须为成员国提供充足时间建立实施本法规所需的行政基础设施,同时为运营商执行新规则做好充分准备。

(43)为尽可能发展和促进经过适当处理的污水的回用,显著提高污水处理的可靠性,改善切实可行的使用方法,欧盟应通过"欧洲地平线"计划支持该领域的研发活动。

(44)本法规谋求鼓励水资源可持续利用。为此,欧盟委员会应承诺利用欧盟计划,包括"环境与气候行动(LIFE)计划",支持回用经过适当处理污水的地方倡议。

二、条例正文

第一条 主题和目的

1. 本法规颁布了最低水质标准和监测要求,以及风险管理的若干规定,以确保在水资源综合管理框架下的再生水安全利用。

2. 本法规的目的是农业灌溉再生水安全利用保障,从而确保高水平保护环境及人类和动物健康,促进循环经济,为适应气候变化提供支撑,通过欧盟成员国的协同合作,减轻水资源紧缺及由此产生的水资源压力,促进《水框架指令》目标的实现,进而也推动内部市场的高效运作。

第二条 范围

1. 本法规适用于以下情况:根据《城市污水处理指令》第 12 条第(1)款,将经过处理的城市污水按照本法规附件一第 1 节的说明回用于农业灌溉。

2. 根据以下准则,成员国可决定不宜在一个或多个流域或部分区域实施再生水农业灌溉:

(a)流域或部分区域的地理和气候条件;

(b)其他水资源压力和状况,包括《水框架指令》所述的地下水量;

(c)城市污水处理排放对地表水体的压力和状况;

(d)再生水和其他水资源的环境与资源成本。

依据(a)项做出的任何决定,应根据该项涉及的准则进行充分论证,并提交欧盟委员会。必要时进行审查,特别是要考虑气候变化预测和国家气候变化适应战略,并至少每 6 年根据《水框架指令》制定的流域管理规划进行一次审查。

3. 关于第(1)款的豁免,如果主管部门确定满足以下准则,再生水设施相关研究或试点项目可不受本法规约束:

(a)不在供人类饮用水体或根据《水框架指令》指定的相关保护区内开展研究或试点项目;

(b)研究或试点项目将受到适当的监测。

根据本款获得的任何豁免不得超过 5 年。

根据本款获得豁免的研究或试点项目生产的作物不得在市场销售。

4. 施行本法规不应违背《食品卫生条例》,并且不应妨碍食品经营者在后续阶段单独采用各种水处理方法,或者结合非处理方法满足该法规规定的水质要求,或者利用其他水源进行农业灌溉。

第三条　定义

就本法规而言,以下定义适用:

1."主管部门":成员国为履行其在本法规下再生水生产或供应许可授予、研究或试点项目豁免及合规性检查义务而指定的部门或组织。

2."终端用户":将再生水用于农业灌溉的自然人或法人,可为公共或私营实体。

3."城市污水":《城市污水处理指令》第2条第(1)款定义的城市污水。

4."再生水":按照《城市污水处理指令》的要求进行处理,并且根据本法规附件一第2节通过再生设施作进一步处理的城市污水。

5."再生设施":为生产适用于本法规附件一第1节规定用途的水,根据《城市污水处理指令》要求进一步处理城市污水的城市污水处理厂或其他设施。

6."再生水设施运营商":代理私营实体或公共机构经营或控制污水回收设施的自然人或法人。

7."危害":可能对人、动物、作物或植物、其他陆地生物区系、水生生物区系、土壤或环境造成损害的生物、化学、物理或放射性制剂。

8."风险":识别的危害在规定的时间段内造成损害的可能性,包括后果的严重性。

9."风险管理":始终确保特定背景下再生水安全回用的系统性管理。

10."防范措施":可防范或消除健康或环境风险,或将此类风险降至可接受水平的适宜行动或活动。

11."交接节点":再生设施运营商将再生水交付供应链下一个主体的节点。

12."屏障":通过防止再生水与食用农产品和直接暴露的人接触,从而减少或防范人类感染风险的任何手段,包括物理或工艺相关的步骤或使用条件,或其他手段,例如:降低再生水中微生物浓度或防止其在食用农产品中存活。

13."许可证":主管部门根据本法规为生产或供应再生水用于农业灌溉

而颁发的书面授权。

14."责任方":在再生水利用系统中发挥作用或开展活动的相关方,包括再生水设施运营商、再生水设施经营商以外的城市污水处理厂运营商、指定主管部门以外的有关部门、再生水配水运营商或再生水存贮运营商。

15."再生水利用系统":生产、供应和使用再生水所需的基础设施和其他技术要素;涵盖从城市污水处理厂入口点到农业灌溉再生水利用点的所有要素,包括相关的配水和存贮基础设施。

第四条　再生水设施运营商关于再生水水质的相关义务

1.再生水设施运营商应确保按照附件一第1节说明用于农业灌溉的再生水在交接节点满足以下要求:

(a)附件一第2节规定的最低水质要求;

(b)主管部门根据第六条第(3)款(c)和(d)项在相关许可证中提出的任何附加水质条件。

再生水设施运营商不对交接节点以外的水质负责。

2.为确保符合第1款的规定,再生水设施运营商应按照以下要求监测水质:

(a)附件一第2节;

(b)主管部门根据第六条第(3)款(c)和(d)项在相关许可证中提出的任何附加监测条件。

第五条　风险管理

1.主管部门应确保针对再生水的生产、供应和使用的全过程制订再生水利用风险管理计划。

再生水利用风险管理计划可涵盖一个或多个再生水利用系统。

2.再生水利用风险管理计划应视情况由再生水设施运营商、其他责任方和终端用户制订。制订再生水利用风险管理计划的责任方应酌情咨询所有其他相关责任方和终端用户的意见。

3.再生水利用风险管理计划应以附件二所列风险管理的所有关键要素为基础,应明确再生水设施运营商和其他责任方的风险管理职责。

4.再生水利用风险管理计划特别要求:

(a)除附件一规定的要求外,依据附件二(B)向再生水设施运营商提出

任何必要的要求,以进一步降低交接节点之前的任何风险;

(b)根据附件二(C)识别危害、风险及其防范和可能的纠正措施;

(c)确定再生水利用系统中的其他阻碍,提出任何附加要求,确保交接节点之后再生水利用系统的安全性,包括配水、贮存和使用的各种相关条件,并明确负责满足这些要求的相关方。

5. 授权欧盟委员会根据第十三条通过授权法案修正本法规,以根据技术和科学进步调整附件二中列出的风险管理关键要素。

还应授权欧盟委员会根据第十三条通过授权法案补充本法规,以制定附件二所列风险管理关键要素的技术规范。

第六条 再生水许可义务

1. 根据附件一第 1 节规定,用于农业灌溉的再生水的生产和供应应获得许可。

2. 再生水利用系统的责任方,包括国家法律确认的终端用户,应向运营或计划运营的再生水设施所在成员国的主管部门,申请获得许可证或申请修改现有许可证。

3. 许可证应规定再生水设施运营商及任何其他有关责任方的义务。许可证应基于再生水利用风险管理计划,并应规定以下内容:

(a)根据附件一颁发的许可证的再生水水质等级和农业用途,使用地点,再生水设施和估算的再生水年产量;

(b)附件一第 2 节中规定的与最低水质和监测要求有关的条件;

(c)再生水利用风险管理计划对再生水设施运营商提出的与附加要求有关的任何条件;

(d)消除对环境及人类和动物健康造成的任何不可接受的风险所必需的任何其他条件,使风险处于可接受的水平;

(e)许可证有效期;

(f)交接节点。

4. 对申请进行评估,主管部门应咨询其他有关部门以及主管部门认为相关的任何其他各方意见,特别是水和卫生部门(如果主管部门不是水和卫生部门),并相互交流相关信息。

5. 主管部门应及时决定是否授予许可证。如果由于申请的复杂性,主管部门在收到完整申请后需要超过 12 个月的时间决定是否授予许可证,主管部门应告知申请人预期的决定日期。

6. 应定期审核许可证,并至少在以下情况下更新许可证:

(a)产能发生重大变化;

(b)设备升级改造;

(c)采用新设备或工艺;

(d)气候或其他条件发生变化,显著影响地表水体的生态状况。

7. 成员国可要求再生水存贮、配水和使用获得特别许可证,以便适用第五条第(4)款所述再生水利用风险管理计划中确定的附加要求和阻碍。

第七条 合规检查

1. 主管部门应核实是否符合许可证规定的条件。合规检查应通过以下方式进行:

(a)现场检查;

(b)根据本法规获得的监测数据;

(c)任何其他恰当的方式。

2. 如果不符合许可证规定的条件,主管部门应要求再生水设施运营商和其他责任方采取一切必要措施及时恢复合规,并立即告知受影响的终端用户。

3. 如果因不符合许可证规定的条件而对环境、人类或动物健康构成重大风险,再生水设施运营商或任何其他责任方应立即中止再生水供应,直到主管部门依据附件一第 2 节(a),按照再生水利用风险管理计划规定的程序,确认恢复合规。

4. 如果发生影响许可证合规条件的事件,再生水设施运营商或任何其他责任方应立即告知主管部门和可能受影响的其他各方,并向主管部门传达评估此类事件影响所需的信息。

5. 主管部门应定期核实责任方履行再生水利用风险管理计划规定的措施和任务的合规性。

第八条 成员国之间的合作

1. 对于跨境再生水利用,成员国应指定一位联系人,与其他成员国的联系人和主管部门合作,或酌情利用源于国际协定的现有机制。

联系人或现有机制的作用是：

(a)接收和传达援助请求；

(b)应请求提供援助；

(c)协调主管部门之间的沟通。

在授予许可证之前,主管部门应与计划使用再生水的成员国的联系人就有关第六条第(3)款规定的条件交换信息。

2. 成员国应及时回应援助请求。

第九条　信息宣传和意识提升

开展再生水利用,节约水资源,应是利用再生水进行农业灌溉的成员国群众意识提升活动的主题。此类活动可包括宣传安全再生水利用的益处。

这些成员国还可为终端用户开展信息宣传活动,确保再生水的最优、安全利用,从而确保高水平保护环境及人类和动物健康。

成员国可根据再生水利用规模调整此类信息宣传和意识提升活动。

第十条　向公众提供信息

1. 在不违背《环境信息公开指令暨 90/313/EEC 号指令的废除》《建立欧洲空间信息站(INSPIRE)指令》的情况下,根据本法规附件一第 1 节将再生水用于农业灌溉的成员国,应确保通过网络或其他方式向公众提供充分且最新的再生水利用信息。这些信息应包括以下内容：

(a)根据本法规供应的再生水数量和质量；

(b)成员国根据本法规供应的再生水占经过处理的城市污水总量的百分比(如有此类数据)；

(c)根据本法规(包括主管部门根据本法规第六条第(3)款设定的条件),授予或修改的许可证；

(d)根据本法规第七条第(1)款开展的任何合规检查的结果；

(e)根据本法规第八条第(1)款指定的联系人。

2. 第(1)款所涉及的信息应每两年更新一次。

3. 成员国应确保通过网络或其他方式向公众公布根据第二条第(2)款做出的任何决定。

第十一条　执行情况监测信息

1. 在不违背《环境信息公开指令暨 90/313/EEC 号指令的废除》《建立欧

洲空间信息站(INSPIRE)指令》的情况下,根据本法规附件一第 1 节,将再生水用于农业灌溉的成员国应在欧洲环境署的协助下:

(a)在本法规生效之日起 6 年内建立和发布数据集,并在此后每 6 年更新一次,数据集内容包括:根据本法规第七条第(1)款进行的合规检查结果以及根据本法规第十条通过网络向公众公布的其他信息;

(b)建立、发布并每年更新数据集,并包含以下信息:根据本法规第七条第(1)款收集的不符合许可证规定条件的案例信息以及根据本法规第七条第(2)和 (3)款采取措施的信息。

2.成员国应确保欧盟委员会、欧洲环境署和欧洲疾病预防控制中心有权限使用第(1)款述及的数据集。

3.基于第(1)款述及的数据集,经与成员国磋商,欧洲环境署应起草、发布并定期或应欧盟委员会要求更新全欧盟综述报告。该报告应酌情包括本法规的产出、结果和影响指标,地图和各成员国报告。

4.欧盟委员会可借助执行法案制定细则:根据第(1)款提供的信息的形式和内容以及第(3)款所述全欧盟综述报告的形式和内容。应依据第十四条所述的审查程序通过细则。

5.在本法规生效之日起 2 年内,经与各成员国磋商,欧盟委员会应制定指南文件以支持本法规的执行。

第十二条 评估和审查

1.在本法规生效之日起 8 年内,欧盟委员会应对本法规进行评估。评估至少应基于以下内容:

(a)从本法规执行过程中汲取的经验;

(b)成员国根据第十一条第(1)款建立的数据集,欧洲环境署根据第十一条第(3)款起草的全欧盟综述报告;

(c)相关科学、分析和流行病学数据;

(d)技术和科学知识;

(e)可用的世卫组织建议、其他国际指南或 ISO 标准。

2.在进行评估时,欧盟委员会应特别关注以下方面:

(a)附件一中规定的最低要求;

(b)附件二中列出的风险管理关键要素;

（c）主管部门根据第六条第（3）款（c）和（d）提出的附加要求；

（d）再生水利用对环境及人类和动物健康的影响,包括最新引起关注的新物质的影响。

3. 作为评估的一部分,欧盟委员会应评估下列举措的可行性：

（a）扩大本法规的覆盖范围,再生水进一步用于工业等其他特定用途；

（b）扩展本法规要求,涵盖处理污水的间接利用。

4. 根据评估结果,或每当新的科学技术知识需要时,欧盟委员会可考虑是否须审查附件一第2节规定的最低要求。

5. 欧盟委员会应酌情提交本法规修正案的立法建议。

第十三条　行使授权

1. 依据本条设置的条件,授权欧盟委员会通过授权法案。

2. 自本法规生效之日起,授权欧盟委员会在5年期限内通过第五条第（5）款所述的授权法案。欧盟委员会应不迟于5年期结束前9个月拟就一份权力委任报告。权力委任周期按相同期限自动延长,除非欧洲议会或欧盟理事会在不迟于每个周期结束前3个月提出反对。

3. 欧洲议会或欧盟理事会可随时撤销第五条第（5）款所述的权力委任。撤销决定将终止该决定中指定的权力委任。撤销决定应在《欧洲联盟公报》发布后第二天或决定中指定的较晚日期生效。撤销决定不应影响任何已生效授权法案的有效性。

4. 通过授权法案前,欧盟委员会应根据2016年4月13日发布的《关于完善法律制定的机构间协议》中规定的原则,征求各成员国指定专家的意见。

5. 授权法案一经通过,欧盟委员会应同时知会欧洲议会和欧盟理事会。

6. 依据第五条第（5）款通过的授权法案,仅当欧洲议会和欧盟理事会在收到正式通知后两个月内均未表示反对,或者当欧洲议会和欧盟理事会在该期限到期前均通知欧盟委员会没有异议,才可生效。欧洲议会或欧盟理事会可提出动议将该期限延长两个月。

第十四条　委员会程序

1. 按照《水框架指令》设立的委员会应向欧盟委员会提供协助。该委员

会是《欧盟成员国行使权力相关机制的主要原则和规定》规定的委员会。

2.应同时适用《欧盟成员国行使权力相关机制的主要原则和规定》第5条。如果本委员会未发表意见,欧盟委员会不应通过执行法案草案,此时应适用《欧盟成员国行使权力相关机制的主要原则和规定》第5条第(4)款第3项。

第十五条　处罚

对于适用于违反本法规行为的处罚规则,应采取一切必要措施确保执行。规定的处罚应有效、相称且具有劝诚性。成员国应在本法规生效之日起4年内,向欧盟委员会告知这些规则和措施,并告知对其产生影响的任何后续修订。

第十六条　生效和施行

本法规在《欧洲联盟公报》发布后的第二十日生效。

本法规自生效之日后3年开始施行。

本法规具有整体约束力,直接适用于所有成员国。

附件一　用途与最低要求

第1节　再生水用途

农业灌溉

农业灌溉指下列作物类型的灌溉:

——生食作物,指在天然或未经加工状态下供人类食用的作物;

——加工食用作物,指经处理加工(烹调或工业加工)后供人类食用的作物;

——非食用作物,指不是供人类食用的作物(例如:牧草和饲料、纤维、观赏植物、种子作物、能源作物、草皮作物)。

在不违背环境和健康领域欧盟其他相关法律的前提下,成员国可将再生水用于其他用途,例如:

——工业再生水利用;

——景观美化和环境用途。

第2节 最低要求

适用于农业灌溉用的再生水最低要求

表1列出再生水水质等级以及每种水质等级允许的农业用途和灌溉方法。(a)项中表2列出最低水质要求。(b)项中表3(常规监测)和表4(验证监测)列出再生水监测的最低频率和绩效指标。

给定作物类型利用再生水灌溉应符合表1所列相应最低再生水水质等级要求,除非采用第五条第(4)款(c)项所述适宜的附加屏障,使其达到(a)项中表2列出的水质要求。此类附加屏障可基于附件二第7项或任何其他等效国家或国际标准(例如:ISO 16075-2标准)中述及的指示性防范措施清单。

表1 再生水水质等级及其允许的农业用途和灌溉方法

再生水水质等级	作物类型①	灌溉方法
A	可食部分与再生水直接接触的所有生食作物;生食块根作物	所有灌溉方法
B	可食部分长在地上且不与再生水直接接触的生食作物;加工食用作物;非食用作物,包括奶用或肉用牲畜饲料作物	所有灌溉方法
C	可食部分长在地上且不与再生水直接接触的生食作物;加工食用作物;非食用作物,包括奶用或肉用牲畜饲料作物	滴灌或其他避免与作物可食部分直接接触的灌溉方法
D	工业原料作物;能源作物;种子作物	所有灌溉方法②

(a)最低水质要求

再生水测量满足所有下列准则,则认为再生水符合表2中所列要求:

——90%及以上样本中的大肠杆菌、军团杆菌属和肠道线虫指示值满足要求;大肠杆菌和军团杆菌属的所有样本值均未超出指示值1对数单位最大

---

①如果同一种灌溉作物归入表1的多种类型,则应适用最严格类型要求。
②如果采用仿雨灌溉方法,须特别注意保护工人或旁人健康。为此,应采取适当的防范措施。

表2　农业灌溉用再生水水质要求

再生水水质等级	指示性技术指标	水质要求			
		大肠杆菌/（数量/100 mL）	BOD₅/（mg/L）	TSS/（mg/L）	浊度/NTU	其他
A	二级处理、过滤和消毒	≤10	≤10	≤10	≤5	军团杆菌属：<1 000 CFU/L，有气溶胶形成风险；肠道线虫（蠕虫卵）：≤1个卵/L，用于牧草或饲料灌溉
B	二级处理和消毒	≤100	根据91/271/EEC号指令（附件一表1）	根据91/271/EEC号指令（附件一表1）	—	
C	二级处理和消毒	≤1 000			—	
D	二级处理和消毒	≤10 000			—	

表3　农业灌溉用再生水常规监测最低频率

再生水水质等级	最低监测频率					
	大肠杆菌	BOD₅	TSS	浊度	军团杆菌属（如适用）	肠道线虫（如适用）
A	每周一次	每周一次	每周一次	连续	每月两次	每月两次，或由再生水设施运营商根据污水中的蠕虫卵数量确定
B	每周一次	依据91/271/EEC号指令（附件一D节）	依据91/271/EEC号指令（附件一D节）	—		
C	每月两次			—		
D	每月两次			—		

偏差限制,肠道线虫所有样本值均未超出指示值100%最大偏差限制。

——90%及以上样本的 BOD_5、TSS 和浊度指示值满足等级 A 要求;所有样本值均未超出指示值100%最大偏差限制。

(b)最低监测要求

再生水设施运营商应进行常规监测,核实再生水是否满足(a)项中列出的最低水质要求。常规监测应纳入再生水利用系统的核实程序。

在交接节点采集样本核实微生物参数合规情况,应遵循 EN ISO 19458 标准或可确保同等质量的任何其他国家或国际标准。

应在新建再生水设施投入运行之前开展核实监测。

在本法规生效之日已投入运行且满足(a)项中表2列出的再生水水质要求的再生水设施,可免除核实监测义务。

但是,在升级设备以及新增设备或工艺的情况下,应进行核实监测。

应针对要求最严格的再生水水质等级(A级)进行验证监测,以评估是否符合绩效指标(log10 去除率)。验证监测应监测每一类病原体(细菌、病毒和原虫)相关的指示微生物。选择的指示微生物有大肠杆菌(病原菌),F-特异性大肠杆菌噬菌体、体细胞大肠杆菌噬菌体、大肠杆菌噬菌体(致病病毒),产气荚膜梭菌孢子、形成孢子的硫酸盐还原菌(原虫)。表4 中列出了选定指示微生物核实监测的绩效指标(log10 去除率),考虑到进入城市污水处理厂的原污水浓度,交接节点应达到这些绩效指标。至少90%的核实监测样本应达到或超过绩效指标。

如果由于原污水中生物指示物数量不够,以致不能达到 log10 去除率,则认为再生水中不存在生物指示物,满足验证要求。提高个别处理步骤的绩效应基于标准的成熟流程(例如:发布的试验报告数据或案例研究,或在创新处理控制条件下经过实验室测试)的科学证据,可通过分析控制证实达到绩效指标。

表 4 农业灌溉用再生水验证监测

再生水 水质等级	指示微生物①	处理链绩效指标 （log10 去除率）
A	大肠杆菌	≥ 5,0
	总大肠杆菌噬菌体/F-特异性大肠杆菌噬菌体/体细胞大肠杆菌噬菌体/大肠杆菌噬菌体②	≥ 6,0
	产气荚膜梭菌孢子/形成孢子的硫酸盐还原菌③	≥ 4,0（产气荚膜梭菌孢子） ≥ 5,0（形成孢子的硫酸盐还原菌）

应按照 EN ISO/IEC-17025 标准或可确保同等质量的任何其他国家或国际标准对监测分析方法进行验证和备案。

附件二 风险管理

（A）风险管理的关键要素

风险管理应包括主动识别和管理风险,确保安全使用和管理再生水,不对环境或人和动物健康造成风险。为此,应根据以下要素制订再生水利用风险管理计划:

1.描述整个再生水利用系统,从污水进入城市污水处理厂到使用点,包括污水来源,再生水设施采用的处理步骤和技术,供水、配水和存贮基础设施,预期用途,使用地点和期限(例如:临时使用或特殊使用),灌溉方法,作物类型,其他水源(如果打算混合用水)以及再生水供水量。

2.确定再生水利用系统的所有相关方,明确各个角色和职责。

3.识别潜在危害,特别是存在污染物和病原体的情况下,并识别潜在危险事件,如处理失败、意外泄漏或再生水利用系统受到污染。

---

①参考病原体弯曲杆菌、轮状病毒和隐孢子虫也可代替拟议的指示微生物用于验证监测,则应采用以下 log10 去除率绩效指标:弯曲杆菌(≥5,0)、轮状病毒(≥6,0)和隐孢子虫(≥5,0)。
②选择总大肠杆菌噬菌体作为最合适的病毒指示物。但是,如果无法对总大肠杆菌噬菌体进行分析,则至少应分析其中一种(F-特异性或体细胞大肠杆菌噬菌体)。
③选择产气荚膜梭菌孢子作为最合适的原虫指示物。但是,如果产气荚膜梭菌孢子的浓度无法核实要求的 log10 去除率,则可用形成孢子的硫酸盐还原菌代替。

4.识别面临风险的环境和人群,并识别已认定的潜在危害的暴露途径,考虑特定的环境因素,例如:当地的水文地质、地形、土壤类型和生态,以及作物类型、耕作和灌溉实践相关因素。以科学证据为支撑,考虑再生水作业可能对环境和健康造成的不可逆或长期的负面影响。

5.评估对环境及人类和动物健康构成的风险,考虑潜在危害的性质,预期使用期限,已认定的暴露于这些危害的环境和人群,以及危害可能造成影响的严重程度,考虑预防性原则以及所有与食品、饲料和工人安全有关的欧盟和相关国家法规、指南文件及最低要求。风险评估基于对现有科学研究和数据的审核。

风险评估应包含以下内容:

(a)评估对环境构成的风险,包括:

(1)确认危害的性质,包括预测无效应水平(如相关);

(2)评估潜在的暴露范围;

(3)风险表征。

(b)评估对人类和动物健康构成的风险,包括:

(1)确认危害的性质,包括剂量反应关系(如相关);

(2)评估潜在的剂量或暴露范围;

(3)风险表征。

可采用定性或半定量风险评估方法进行风险评估。如果有足够的支撑数据,或者项目可能对环境或公众健康造成潜在的高风险,则应采用定量风险评估方法。

风险评估最低限度应考虑以下要求和义务:

(a)根据91/676/EEC号指令减少和防止硝酸盐污染水的要求;

(b)饮用水保护区必须满足98/83/EC号指令的要求;

(c)满足2000/60/EC号指令规定的环境目标要求;

(d)根据2006/118/EC号指令防止地下水污染的要求;

(e)满足2008/105/EC号指令规定的重点物质和其他确定污染物环境质量标准的要求;

(f)满足2008/105/EC号指令规定的国家关注污染物(特定流域污染物)环境质量标准的要求;

（g）满足 2006/7/EC 号指令规定的沐浴水质标准的要求；

（h）如果污泥用于农业，根据 86/278/EEC 号指令满足环境（尤其是土壤）保护的要求；

（i）（EC）No852/2004 号法规有关食品卫生的要求，以及《欧盟委员会关于通过良好卫生措施解决初级生产中新鲜水果和蔬菜微生物风险的指南文件通知》中提出的指导意见；

（j）（EC）No183/2005 号法规规定的饲料卫生要求；

（k）符合（EC）No2073/2005 号法规规定的相关微生物标准的要求；

（l）（EC）No1881/2006 号法规规定的有关食品中确定污染物最高限量的要求；

（m）（EC）No396/2005 号法规规定的有关食品和饲料中最高农药残留的要求；

（n）（EC）No1069/2009 号和（ENU）No142/2011 号法规规定的有关动物健康的要求。

（B）附加要求相关条件

6. 在必要且适当情况下，考虑提出比附件一第 2 节规定更严格的或追加额外的水质和监测要求，或两者兼施，确保充分保护环境以及人类和动物健康，特别是在有明确的科学证据表明风险来自再生水而非其他来源的情况下。

根据第 5 项述及的风险评估结果，可特别关注如下附加要求：

（a）重金属；

（b）农药；

（c）消毒副产品；

（d）药物；

（e）引起关注的其他新物质，包括微污染物和微塑料；

（f）耐药性。

（C）防范措施

7. 鉴别即将采取或应采取的风险防范措施，充分管控所有已识别风险。应特别关注饮用水水源地水体及其保护区。

此类防范措施包括：

（a）控制进入；

（b）附加的消毒或污染物去除措施；

（c）降低气溶胶形成风险的特定灌溉技术（如滴灌）；

（d）具体的喷灌要求（如最大风速、喷灌机与敏感区域的距离）；

（e）具体的农地要求（如坡度、田间含水饱和度、岩溶区）；

（f）收割前病原体灭除；

（g）确定最小安全距离（如距地表水，包括牲畜水源或水产养殖、养鱼、贝类养殖、游泳和其他水上活动的距离）；

（h）灌溉场地标牌，标示使用再生水，不适合饮用。

相关的具体防范措施见表1。

表1　具体防范措施

再生水水质等级	具体防范措施
A	除非有充分数据表明可以管控特定情况下的风险，否则不得让猪接触用再生水灌溉的饲料
B	禁止采收浸润灌溉或掉落的农产品。在牧场变干之前，不让泌乳奶牛进入牧场。饲料打包前必须烘干或青贮。除非有充分数据表明可以管控特定情况下的风险，否则不得让猪接触用再生水灌溉的草料
C	禁止采收浸润灌溉或掉落的农产品。距上一次灌溉5天内，不让放牧牲畜进入牧场。饲料打包前必须烘干或青贮。除非有充分数据表明可以管控特定情况下的风险，否则不得让猪接触用再生水灌溉的草料
D	禁止采收浸润灌溉或掉落的农产品

8.完善的质量控制体系和程序，包括监测再生水的相关参数，以及完善的设备维护计划。

建议再生水设施运营商建立并维护通过 ISO 9001 或同等认证的质量管理体系。

9. 环境监测系统,确保提供监测反馈,确保所有过程和程序相应得到核实且备案。

10. 适宜的事故和突发事件管控系统,包括以适当方式向所有相关方通报此类事件的程序,定期更新应急响应计划。

基于适用于全链条(从为回用的城市污水处理开始,到配水,到用于农业灌溉,再到效应控制)的优先序方法和具地风险评估,成员国可以采用现行的国际指南或标准,例如《非饮用水回用健康风险评估和管理指南》(ISO 20426:2018)、《灌溉项目再生水利用指南》(ISO 16075:2015)或其他国际上认可的同等标准或世卫组织(WHO)指南,以此作为系统识别危害以及评估和管理风险的工具。

11. 确保建立不同主体之间的协调机制,保障再生水的安全生产和利用。

附录3　《欧洲农业灌溉项目再生水利用风险管理技术指南》(2022 年)

编者按:《欧洲农业灌溉项目再生水利用风险管理技术指南》[1]是欧盟联合研究中心根据 2020 年发布的《欧盟再生水利用条例最低水质要求》第五条,为水资源管理者和主管机构落实风险管理计划提供必要的原则和标准。本文件摘译其中的第三部分内容"欧洲农业灌溉用再生水风险管理计划手册"。

1　风险管理的关键要素(原则和标准)

制订风险管理计划须基于《再生水利用的最低水质要求条例》附件二所列的风险管理要素。风险管理计划的 11 个关键要素是确保安全使用和管理再生水、保护人类和动物健康以及环境的基础,同时也构成了本指南所建议的框架方法的基础。

参照 DEMOWARE 项目[2]提出的方法,可以将这些风险管理关键因素划分为四个模块。模块一:再生水利用系统[关键要素(KRM)1 和关键要素 2];模块二:风险评估(关键要素 3、关键要素 4、关键要素 5、关键要素 6 和关键要素 7);模块三:监测(关键要素 8 和关键要素 9);模块四:管理和协调(关键要素 10 和关键要素 11)。图 1 为 11 个风险管理关键要素纳入各个模块的框架示意图。

---

①摘译自《Technical Guidance Water Reuse Risk Management for Agriculture Irrigation Schemes in Europe》。
②DEMOWARE 是欧盟资助的一个研究项目,全称为 Innovation Demonstration for a Competitive and Innovative European Water Reuse Sector,即"促进欧洲再生水行业竞争力和创造力的创新示范项目"。

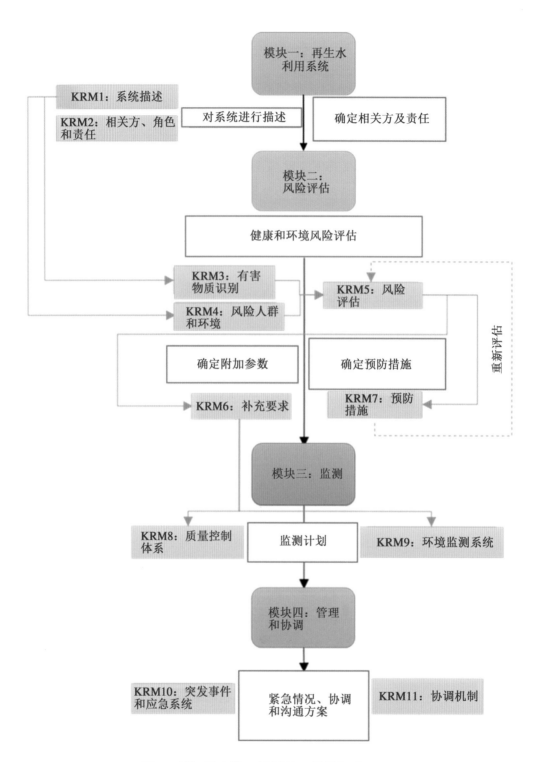

图1 制订风险管理计划的四模块概念展示

2 模块一:再生水利用系统

模块一包括制订风险管理计划所必需的一系列准备工作,包括对整个再生水利用系统及其覆盖范围、制约因素的详细描述,并确定相关方的角色和责任。

模块一所要求的活动应至少包括:①确定再生水利用系统的边界,明确风险管理计划覆盖的范围。②任何制约因素,包括影响系统的外部和内部因素,如所有监管要求。③流程图,包括不同子系统之间的相互连接。④明确再生水系统相关方及其角色和责任的准则。

2.1 再生水利用系统描述(KRM1)

对再生水利用系统进行完整的描述不仅能确定有害物质和预防措施,也能明确各相关方,因此是至关重要的。再生水利用系统由多个部分组成,每个部分通常都很复杂,常由一系列按顺序排列或并行的子系统组成,这些子系统影响着从污水处理到再生水输送、农业灌溉等风险管理的不同方面。系统描述包括识别和描述系统的每个部分:系统范围内的进水,城市污水处理厂和污水回收设施,与抽水、贮存和配送有关的基础设施,灌溉系统,以及使用终端。系统应按照具体目标来界定,涵盖整个再生水系统及其影响区域,包括水源及再生水的最终使用和终端用户、运营范围、行政边界和集水区的范围,以及特定的接触群体,以便确定所有可能存在的健康和环境风险(见图2)。

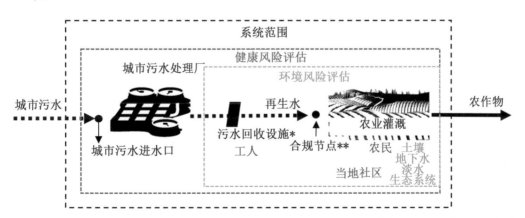

* 污水回收设施:可以是城市污水处理厂或对城市污水进一步处理的其他设施,以适合《再生水利用的最低水质要求条例》附件一第1章规定的用途。**合规节点:污水回收设施经营者将再生水输送到处理链的下一个环节。在这张图中,再生水由污水回收设施经营者直接交付给最终用户,但在其他情况下,可能会交付给配水公司或贮水公司。

图2 在再生水利用系统中开展健康和环境风险评估的范围界定

　　系统描述包括在确定上述范围时要将所有子系统纳入考虑,即污水处理厂(处理装置和过程)、用于进一步提高水质的污水回收厂(如补充消毒)、配水和贮水系统、使用节点的灌溉系统,包括排水管渠和缓冲带等相邻的系统(见图3)。

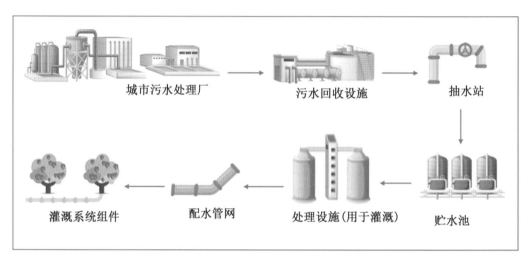

图3　再生水利用系统的组成部分

　　再生水系统及其子系统应通过流程图准确描述各阶段之间的相互关系及其输入和输出。流程图应列出所有步骤和过程,描述每个部分(包括其基本要素),并确定所有允许的用途和对灌溉农田与接收环境的限制。系统描述可以将综合案头研究与实地考察、各组成部分的影像文件结合起来,还应包括进入城市污水处理厂的污水来源的水质特征、与水流变化及天气相关的流量数据、周围环境介质(土壤、地下水和地表水、生态系统等)的详细特征,以便收集风险评估所需的数据。当然,无论是描述现有系统还是规划设计新的系统,说明和记录的详细程度都依情况而定。无论再生水系统状态如何,都应确定以下几个基本方面:

　　——流量;

　　——再生水的应用(当前和未来);

　　——再生水用户(当前和未来);

　　——供水量和水质要求(包括季节波动、贮存等);

　　——灌溉的潜在制约因素,如养分、盐、季节性需求等;

——与现有水资源的相互作用(例如:间接再利用、混合、地下水补给等);

——系统独有的特性。

系统描述还包括国家有关质量标准、规范、指南等重要信息,如缺乏这类信息需加以说明,从而为许可申请提供便利。与系统运行或管理、人口统计、土地使用、季节和气候条件有关的其他信息应记录在案。再生水的质量和数量要求也须加以说明。除了考虑保护公众健康和环境,还需考虑其他外部因素,包括影响农作物需求和土壤的水质参数、水文地质条件和气候。

尽管如此,由于风险管理需反复进行以确保达到所要求的安全标准,因此所有基于风险的管理程序都从对系统的粗略描述开始,在获得详细资料后再进一步更新信息。

2.1.1　再生水系统的技术组成

再生水灌溉项目由风险管理需要涵盖的一系列技术设施构成,其中包括:

——污水处理厂;

——污水回收设施;

——泵站;

——贮水池;

——处理设施(用于灌溉);

——配水管网;

——灌溉系统组件。

下面是对再生水系统主要组成部分的详细说明。

(1)污水处理厂及回收厂

城市污水处理厂和回收厂(如有)的描述应包括处理配置,如大小、材料、峰值流量、备用系统和旁路的信息。需说明处理能力,如进水量、与工业排放或热点有关的问题、再生水的水质,还有流量和需求的变化与季节性差异。

所有相关装置和过程都需加以描述,包括一级、二级和三级处理,养分去除,消毒等。须详细列出每个装置的功效以及相关的基本特征和变化水平,以确定过程的可靠性。监测设备和自动化水平也应加以说明。需要特别关注三级处理,具体说明消毒剂残留量、接触时间和化学品消耗量(如凝结剂、

助滤剂和消毒剂)。

(2)贮水系统

贮水设施可以平衡日常和季节性供需变化,大幅降低再生水系统受到扰动的风险,因此在再生水系统中起到重要的调节功能。此外,还可作为保护措施在贮水设施中增加水处理程序。但这些设施也可能带来新的风险,主要是在存贮期间可能发生细菌再生或再污染。

贮水可分为短期或长期、地下或露天等方式。短期贮存设施通常使用混凝土或塑料罐以及小池塘,而长期贮存则需要更大的设施,如水坝、大池塘、水库或含水层贮存(间接的再生水利用)。根据贮水类型和时间,需要考虑可能出现的各种问题和应对策略。贮存条件和时间会影响处理后污水的物理、化学和生物质量。

需要关注的主要参数包括:贮水设施的设计(如深度、材料、尺寸、蓄水容量和滞留时间),保护措施(如覆盖物、围栏、进出通道等),处理效率,藻类、大型植物或浮游动植物的变化,水生群落特征以及是否受保护,分层和藻华的季节性变化,是否有休闲或人类活动或鸟类活动等。

对于风险评估的下一个步骤(模块二),贮水设施要考虑的典型生物过程如下:

——细菌再生;

——硝化和/或反硝化作用;

——贮水池中的藻类生长和管道中的生物膜生长;

——产生硫化氢,导致异味散发和腐蚀;

——外部污染源(如野生动物)的再污染。

同样,相关的物理化学过程包括:

——悬浮固体和沉积物增加;

——pH 值的变化;

——溶解氧损失;

——带入残留消毒剂;

——贮水池蓄水时间及运行情况;

——处理污水的温度和气候条件(如降雨)。

（3）灌溉系统的组成部分

对灌溉设施的描述包括:对灌溉方法的定义(例如:喷灌、滴灌、地下灌溉等)、许可用途、所需数量、灌溉时间及变化、灌溉率和时间表(例如:仅在夜间)、管道标准和要求(例如:管道的位置、颜色、编码、标识等)、交叉连接、控制和审查系统、进出控制(例如:围栏)或物理屏障(例如:缓冲区、乔木和灌木)、当地植被、敏感或受保护生态系统的特征和邻近程度、现场水文(例如:地下水、土壤渗透性、排水等)、地下水的特征和邻近程度(包括现有含水层的性质、当前用途、深度和水质)、地表水体的特征(例如:海水或淡水、流量、容积、潮汐运动、当前用途和环境价值)、土壤特征(接收环境)、要灌溉的农作物或植物类型(终端)、气候条件、蒸散率。

（4）灌溉系统的处理措施

灌溉前的补充处理措施可能包括过滤(例如:防止洒水器和微灌系统堵塞)以及补充消毒措施(例如:加氯处理)。根据灌溉系统的类型,可在泵站的上游或下游安装使用不同的过滤系统。

消毒的主要目的是抑制细菌再生和藻类、生物膜的生长,包括使用氧化剂、消毒剂来保护灌溉基础设施(例如:从城市污水处理厂将再生水输送到田间的管道中会形成生物膜)。实践中常使用的是氯基消毒剂,消毒效率很高,但可能会生成消毒副产物,产生额外的毒性。

物理方法包括紫外线、超声波、碳基抗菌材料、电化学处理和膜过滤。物理方法的优点是不产生消毒副产物和消毒效率高,缺点是成本高,这会限制它们在灌溉用水中的普遍使用。

（5）泵站及配水管网

加压灌溉系统包括泵站,泵站通常由电力驱动,需要根据具体的系统进行选择。配水管网由一条或多条主管线和副管线组成,可选用的管材有许多种。污水处理厂出水管网中最常用的材料是球墨铸铁(DI)、钢、聚氯乙烯(PVC)、高密度聚乙烯(HDPE)和铝;大型(主)灌溉网络的管道用材通常是直径大于 900 mm 的玻璃纤维增强聚酯(GRP)。采用的灌溉技术功能不同,对管材的耐压性、管弹性或重量等方面的要求也不同,据此来选用不同的管材。诸如阀门、排污口、流量计和消火栓等附件对于支持系统的正常运行和维护至关重要,需要在评估中予以适当考虑。

相关危害可能包括水质恶化(再生)、漏损或侵入。要注意是否有饮用水保护区、高生态价值区或其他可能受影响的休闲区。

(6)水质特征

对再生水系统进行描述之后,需对进水水源和再生水水质详加说明。这有助于在接下来的模块二中识别公众健康和环境危害,以及再生水可能对农作物、土壤和地下水产生的影响(见 KRM3)。

说明再生水系统的进水和回用水时,可包括以下内容:

——确定进水水源;

——确定进水的特征;

——确定再生水的特征;

——确定潜在的非法、不适当或意外排放;

——审查城市污水处理厂和回收设施的历史数据及报告。

进水的特征应包括流量、物理、化学和微生物成分等方面的数据,如细菌、病毒、原生动物和蠕虫、洗涤剂、工业化学品、主离子、盐度、硬度、pH 值、金属和放射性核素、养分(氮和磷)、有机化学品、消毒副产物、生物活性化合物,如内分泌干扰物和药物,以及季节性变化和灾害事件(包括干旱或洪水等不常见灾害事件)、水源可靠性和空间变化等。

再生水中可能仍含有养分(氮和磷)、无机化合物(氯化物、钠、硼、钾和硫)和其他化学元素,包括重金属(如锌、锰、铜、汞、银、铬、镍、铅和镉)和氟。此外,再生水中还可能含有机成分,包括激素、药物、个人护理产品、蛋白质、碳水化合物、油、染料和润滑剂、表面活性剂、杀虫剂或其他生活或农业活动中使用的化学品——所有这些都需要在风险管理中予以考虑。处理后污水的物理、化学和生物特性也可能因基础设施正常功能的改变(例如:在发生干旱或洪水后)而发生变化。此外,还可能存在一些前期处理中产生的物质,如消毒副产物或消毒剂残留物。

识别再生水中可能存在的所有物质有助于确定具体的风险和附加处理要求,这一点很重要。在本阶段也可以按照法律要求和义务确定可能要附加的限制。再生水的相关参数包括悬浮固体或浊度、生化需氧量、微生物的特性(包括粪便病原体和指标)、化学特性、盐度、总溶解固体或电导率、钠吸附比、养分、重金属和类金属、农药和其他有机物、藻类数量、有机物、颜色、pH

值、消毒剂残留量和消毒副产物。

用再生水灌溉农田时,应考虑水质对农作物需求、土壤条件和地下水的潜在影响(见图4)。由于水中含养分(氮、磷和钾),因此可以节省化肥的使用,这可能是再生水的一个优势,但这可能带来土壤肥力和地下水保护方面的隐患,例如:盐碱化、富营养化以及增加饱和区硝酸盐的输送。

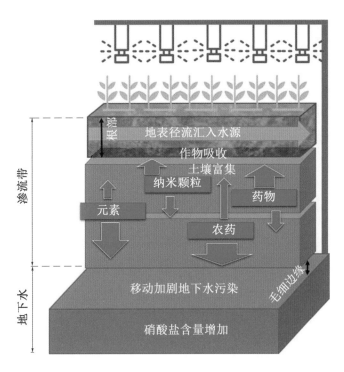

图4 灌溉水源水质不达标对土壤和作物影响的概念模型

资料来源:Malakar 等(2019 年)。

(7)灌溉的农作物

《再生水利用的最低水质要求条例》附件一根据农作物类型与合规节点之后配备的保护措施,规定了再生水等级的最低要求。此外,也可以考虑增加对农作物和水质的要求。灌溉用水的水质和配水模式对农作物的产量和质量至关重要,水资源管理在其中发挥着重要作用,也就是说,将农作物与适合的水质和灌溉技术相匹配。例如:有些农作物不需要增加保护措施,这主要取决于它们的特性或用途,如工业作物(如棉花)、最后一次灌溉至少60 d后收获的晒干果蔬和作物(如向日葵、爆米花、玉米、鹰嘴豆和小麦)、可食用

种子或在最后一次灌溉至少30 d后收获的种子、公众不可进入的小树丛或植被、种植期间公众不可进入的草皮或草地,以及能源和纤维作物。在盐分含量高的情况下,应根据作物在幼苗发育和所有生长阶段的耐盐性来选择作物的种类。

(8)土壤

使用再生水灌溉农田的风险主要取决于当地的土壤特性、水质和是否有再生水供应,需根据具体地点的具体情况制定风险应对措施。固有的土壤质量取决于成土的过程,每种土壤都会受到水质的影响。

因此,需要根据对相关土壤和地质特性、地形、水文、气候、分区和种植意向的评估结果,对利用再生水灌溉的地区进行评估。只有当一个地点的水文地质、气候和物理特征足以维持当地的土壤和地下水的固有特征时,才能启动再生水利用系统。值得注意的是,类似的考虑也适用于所有其他灌溉方案。

植物生长所需的水量和养分受到土壤物理与水文特性以及管理方式的影响。需要物理与水文土壤参数来预测、估计和评估影响土壤、地下水、地表水系中水的运动情况。此外,还可以利用土壤参数对土壤过滤地下水污染物的功能进行环境评估。土壤的主要物理和水文特性包括质地、结构、饱和导水率、结持性、容重和有效含水量。

对地点的选择应基于相关的土壤和地质特性、地形、水文、气候、分区和种植意向。如果一个地点具有适合的水文地质、土壤、气候和物理特征,使用再生水灌溉不会对土壤或地下水造成任何损害,就可确定该地区适合进行再生水灌溉。该地点应具备合适的条件以避免因再生水的渗透、地下水迁移、地表径流或喷灌漂移而对区域外产生有害影响。决定土壤水质敏感性的主要土壤特征是土壤的质地、pH值、有机质含量、容重、导水率和保水能力。许多土壤指标会相互作用,因此一个指标值会受到一个或多个选定参数的影响。

2.1.2　监管要求

为确保环境安全以及人类和动物健康,再生水应完全符合再生水利用领域适用的所有法律法规、饲料及食品卫生的要求,以及农业灌溉的法律规定。因此,风险管理计划应确保再生水的使用不会导致特定环境介质(例如地下水)中污染物的浓度达到有害程度,并应确保采取适当的预防措施来防止这种情况的出现(例如:通过适当的处理过程将污染物减少到相关浓度限值内,尽量减少向周围环境的意外排放)。因此,需明确再生水系统的监管要求并记录在案,包括适用于特定环境的所有欧盟、国家和地方立法;也包括可能对再生水的设计、安装、维护、使用和管理进行监管的其他要求,如许可证、营业执照、行业标准和规范;可能还有规定再生水利用系统有关各方责任的法律和其他要求(见 KRM2)。

《再生水利用的最低水质要求条例》附件二第 5 点列出了使用再生水进行农业灌溉的一些监管要求,包括有关保护食品、饲料、土壤、农作物和动物的立法。这些法律规定的适用性取决于使用再生水灌溉的农田所种植的农作物类型(例如:生产食品或饲料)和耕作方法(例如:杀虫剂的使用、污水淤泥的使用等)以及地域特征(见表 1)。(国家和地方的)补充要求可根据具体情况确定。

表 1　《再生水利用的最低水质要求条例》附件二第 5 点提到的指令和法规及其在再生水利用系统中的适用性评估

指令/法规	要求	适用的情形
欧盟《硝酸盐指令》(91/676/EEC)保护水资源,防止受到来自农业的硝酸盐污染	减少和防止硝酸盐对水体的污染	如果风险评估确定本指令所监管的地表水和地下水(如确定为易受硝酸盐影响的区域)可能会受到农业灌溉用再生水的影响(如通过径流或渗透)
欧盟《饮用水水质指令》(202/2184)确保人类饮用水的水质	满足人类饮用水保护区的要求,即饮用水生产保护区	如果风险评估确定被归类为饮用水生产保护区的地表水和地下水可能会受到农业灌溉用再生水的影响(如通过径流或渗透)
欧盟《水框架指令》(2000/60/ EC)制定水资源政策领域的社区行动框架	达到地表水和地下水的环境目标,以及成员国所关注的地表水污染物环境质量标准(流域特定污染物)	如果风险评估确定为地表水和地下水带来风险(如通过径流或渗透),地表水和地下水的化学状态已明确(地表水和地下水的化学状态均为良好)

续表 1

指令/法规	要求	适用的情形
欧盟《地下水指令》（2006/118/EC）保护地下水不被污染，防止水质恶化	防止地下水污染	如果风险评估确定本指令所监管的地下水资源可能会受农业灌溉用再生水影响（如通过渗透）
欧盟《环境质量标准指令》（2008/105/EC）关于水资源政策领域的环境质量标准	达到主要物质和其他特定污染物的环境质量标准	如果风险评估确定地表水（或沉积物和生物群）可能受农业灌溉用再生水影响（如通过径流），且流域管理规划已确定了主要物质和环境质量标准
欧盟《洗浴用水指令》（2006/7/EC）关于洗浴用水的水质管理	达到洗浴用水水质标准	如果风险评估确定洗浴用水体可能受农业灌溉用再生水影响（如通过径流）
欧盟《污泥指令》（86/278/EEC）关于将污泥用于农业情况下的环境保护，尤其是土壤保护	保护环境和土壤	如果利用再生水灌溉的农田使用污泥
欧盟《食品卫生条例》（852/2004）	通过良好的卫生措施应对新鲜果蔬初级生产中的微生物风险	如果用再生水灌溉的农田生产新鲜果蔬
欧盟第 183/2005 号条例对饲料卫生做出了规定	满足饲料卫生要求	如果用再生水灌溉的农田种植饲料（如用于喂养产奶或产肉动物的作物）
欧盟第 2073/2005 号条例规定了食品微生物标准	符合相关微生物标准	如果用再生水灌溉的农田生产食品
欧盟第 1881/2006 号条例规定了食品中特定污染物的最高限量	符合食品中特定污染物高限的要求	如果用再生水灌溉的农田生产食品
欧盟第 396/2005 号条例规定了动植物源食品和饲料内部及表面的农药最大残留限量	符合有关食品和饲料内部或表面农药最大残留量的规定	如果用再生水灌溉的农田生产食品和饲料，而作物在生长过程中喷洒了农药
欧盟第 1069/2009 号条例和第 142/2011 号条例提出了动物健康要求	符合有关动物健康的要求	如果使用再生水可能影响动物的健康（通过饲料或在田间接触）

2.2 相关方、角色和责任(KRM2)

应明确再生水系统每个部分的相关方及其角色和责任:负责工厂运营(城市污水处理厂和回收设施运营方)、运输和贮水(如相关)的主体以及灌溉区的相关方(农民)、相关管理部门或机构(如水务部门、公共卫生管理部门和环境主管部门)或其他相关方(如农民协会和灌溉者联合会)。可以利用再生水利用体系流程图明确相关责任方。如果系统很庞大或很复杂,则有必要确定子系统中的责任方。也可以指定一个牵头机构来负责协调子系统的工作。利益相关方也可以在这一阶段确定。尽管利益相关方不参与风险管理计划的制订,但把他们确定下来有助于开展适当的沟通。表2介绍了一种工具,可帮助明确再生水利用系统中的相关方及其角色和责任。

表2 确定再生水系统相关方、角色和责任的工具

再生水利用系统的组成部分	相关方	角色	风险管理计划的责任
集水区	经营者(公共或私营)	运营污水管网	控制污水管网的排放
城市污水处理厂	经营者(公共或私营)	运营城市污水处理厂	确定和管理城市污水处理厂的风险
污水回用设施	经营者(公共或私营)——可能与城市污水处理厂不同	运营污水回用设施	确定和管理污水回用设施的风险
再生水利用系统	科研院所	测试创新解决方案,增加监测	支持风险管理
合规节点	公共机构(卫生、环境等)	合规监管	对验证和核查监测进行监管,签发许可证
配水网络和储水系统	灌溉联盟(公共或私营)	运营配水网和储水系统	确定和管理配水/贮存基础设施的风险
保护区	保护机构	保护敏感区域	确定补充要求或保护措施
地下水或地表水	公共机构(卫生、环境等)	保护地下水和地表水的水质	控制交叉污染
使用终端	农民	用再生水灌溉	在使用点识别和管理风险

可以在本阶段确定风险管理计划团队。该团队负责计划的制订、实施和维护,包括与相关方进行有效沟通。团队成员中需要有不同专业领域的专家,确保能从技术、健康和环境角度识别有害物质及危险事件,了解控制措施并计算不确定性。可以表格形式列出各项工作和负责团队成员的角色和责任。因此,风险管理计划的成功实施需要每个组织内部各级(包括最高管理层)利益相关方的共同努力。通常情况下,各种利益相关方都会参与再生水系统的运行,并且都有各自的目标和任务。因此,最开始就需要明确所有利益相关方及其各自的角色和责任。

3 模块二:风险评估

本节就如何进行风险评估给出了指导和示例,主要以国际标准化组织ISO 20426(2018年)为评估和管理风险的参考标准(见图 5)。

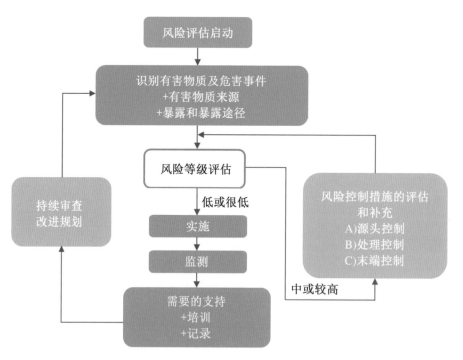

图 5 健康风险评估和管理框架

资料来源:ISO 20426:2018。

第一步是确定 KRM3 和 KRM4 要素,包括:1)识别源于再生水系统并且可能带来公共卫生和环境风险的所有潜在有害物质(污染物和病原体)或危险事件(处理失败、意外泄漏、污染等);2)说明所识别出的人群、动物或环境受体(暴露的人群和环境)接触每种有害物质的潜在途径。这些要素是随后进行健康和环境风险评估(KRM5)所必需的。

3.1 有害物质及危险事件(KRM3)

根据 ISO 20426(2018 年)标准规定,危险识别包括:1)识别水中的有害成分;2)识别最可能发生的危险事件。如前一节所述,需要在所述再生水利用系统每个步骤中识别有害物质和其他类型的危险事件的后果。

3.1.1 危险事件

危险事件是指与再生水系统有关、可能导致人类或环境暴露于有害物质中的事件。危险事件可能出现在系统正常运行过程中(如基础设施故障、系统过载、缺乏维护、不安全行为等),原因是系统故障或事故,也可能与天气条件有关。危险事件可能使人群或环境直接接触有害物质,或当其影响超出系统范围时,间接对人群或环境造成危害,例如:它会影响系统不直接涉及的人群或环境,或者也可能通过累积过程(例如土壤盐碱化)影响人群或环境。可以通过逐个分析再生水系统流程图中的每个过程来识别危险事件。显然,对于仍在规划阶段的系统,这个过程更多的是案头工作,必须根据可能出现的危险事件对每个规划的子系统进行分析。表 3 举例说明了一些具有潜在暴露受体和暴露途径的危险事件。更多示例见所引用的标准和指南以及本文件第 4 章的案例研究。

表 3 再生水系统中危险事件、潜在暴露受体和暴露途径示例

危险事件	暴露受体	暴露途径
• 处理失败 • 意外或非法排放	• 工人(污水回收设施经营者) • 终端用户(农民) • 路人 • 环境(淡水、海水、土壤及相关生物群) • 农作物	• 直接接触再生水 • 意外摄入 • 农作物吸附
• 由于处理失败而导致再生水不合规 • 贮水和配水系统污染	• 工人(污水回收设施经营者) • 终端用户(农民) • 环境(淡水、海水、土壤及相关生物群)	• 直接接触再生水 • 意外摄入 • 渗入地下水 • 流入地表水

续表 3

危险事件	暴露受体	暴露途径
由于设计和操作事故而意外接触再生水:管道破裂或泄漏,灌溉时机不适当	●工人(污水回收设施经营者) ●终端用户(农民) ●路人 ●环境(淡水、海水、土壤及相关生物群)	●直接接触再生水 ●意外摄入
再生水管道或配水系统泄漏	环境(淡水、海水、土壤及相关生物群)	●渗入地下水 ●流入地表水
因使用终端系统故障而意外接触再生水	●终端用户(农民) ●路人 ●农作物	●直接接触再生水 ●意外摄入 ●吸入(气溶胶)
由培训和许可用途信息不充分导致的人为错误	●终端用户(农民) ●路人 ●农作物	●意外摄入 ●直接接触再生水 ●农作物污染

资料来源:《澳大利亚指南》(NRMMC-EPHC-AHMC,2006 年),ISO 20426(ISO,2018)。

3.1.2 有害物质

有害物质(KRM3)包括再生水中可能威胁人类、动物健康和环境安全的任何病原体与化学污染物。

在筛查阶段,可以通过将在再生水中发现的污染物与有关指令、法规和指南中相关污染物的阈值相匹配,从而帮助确定有害物质。除再生水特性描述外,还可以通过考虑欧盟、国家和地方的所有相关立法,以及《再生水利用的最低水质要求条例》附件二第 5 点中列出的有关保护地表水和地下水资源的立法要求,确定相关有害物质(病原体和化学污染物)的初步筛查清单。

(1)病原体

农业灌溉用再生水中的微生物病原体(如大肠杆菌和其他细菌、病毒、寄生虫等)可能导致介水传播疾病的暴发(如胃肠炎)和其他急性反应[①]。表 4 列出了相关标准和指南中用于健康风险评估的微生物病原体及其参考病原体。如果风险评估确定了受特定法律保护的水体被污染的潜在风险,则可以确定其他微生物参数。表 5 列出了《洗浴用水指令》中的微生物限值。可对

---

①急性反应:通常由于短期暴露而迅速产生的健康影响。慢性反应:由于长期暴露于某种物质而对健康造成的不利影响。

有害微生物划分组别,并根据对照病原体进行风险评估。其他微生物要求可参照适用的饲料和食品卫生条例(欧盟第 852/2004 号、第 183/2005 号、第 2073/200 号和第 1881/2006 号)确定。

表4　原生污水中常见的有害微生物及参考病原体清单

病原体	示例	疾病	参考病原体*
细菌	志贺氏杆菌	志贺氏菌病(细菌性痢疾)	O157:H7 型大肠杆菌、弯曲杆菌
	沙门氏菌	沙门氏菌病、肠胃炎(腹泻、呕吐和发烧)、反应性关节炎和伤寒	
	霍乱弧菌	霍乱	
	致病性大肠杆菌	胃肠炎、败血症、溶血性尿毒症综合征	
	弯曲杆菌	胃肠炎、反应性关节炎和格林–巴利综合征	
原生动物	内阿米巴	阿米巴病(阿米巴痢疾)	隐孢子虫
	贾第鞭毛虫	贾第虫病(肠胃炎)	
	隐孢子虫	隐孢子虫病、腹泻和发烧	
蠕虫	蛔虫	蛔虫病(蛔虫感染)	肠道线虫(蠕虫卵)
	钩虫	钩虫病(钩虫感染)	
	板口线虫	板口线虫病(蛔虫感染)	
	鞭虫	鞭虫病(鞭虫感染)	
病毒	肠道病毒	肠胃炎、心脏异常、脑膜炎、呼吸系统疾病、神经紊乱等	轮状病毒
	腺病毒	呼吸道疾病、眼部感染和肠胃炎	
	轮状病毒	胃肠炎	

＊选自 Gawlik 和 Alcalde Sanz(2017 年)。

资料来源:ISO 20426(2018 年)。

表5　《沐浴用水指令》中规定的肠球菌和大肠杆菌的质量标准

水质等级	肠球菌/(CFU①/100 mL)		大肠杆菌/(CFU/100 mL)	
	淡水	沿海及过渡水体	淡水	沿海及过渡水体
优等	200(1)	100(1)	500(1)	250(1)
合标	400(1)	200(1)	1 000(1)	500(1)
良好	330(2)	185(2)	900(2)	500(2)

(1)95%分位的测定浓度。

(2)90%分位的测定浓度。

资料来源:欧盟第 2006/7/EC 号指令。

①译者注:CFU 是菌落形成单位(Colony-Forming Units),表达活菌的数量。

（2）化学污染物

再生水中可能存在的化学污染物也会对人体健康构成威胁。化学污染物通常存在于城市污水处理厂处理的生活污水中，且浓度很低，通常需要较长时间的接触才能引发疾病或急性反应，因此所导致的总体风险低于病原体。病原体可能立即会产生健康风险，即使是在系统发生短时间故障（失灵）的情况下。在化学品暴露的情况下，短时故障不太可能引发急性毒性。为了评估与化学污染物有关的风险，需了解城市污水处理厂服务区域内的所有工业，它们排入城市收集系统的工业废水可能导致城市污水中特定化学污染物的浓度较高（如制药、电镀等行业）。意外或不当排放等危险事件可能导致城市污水处理厂出水中的有害化学物质浓度超出正常范围，可通过适当的预防措施将这种可能性降至最低（世界卫生组织，2016 年）。在农业生产中，还需要评估处理过程中的化学吸收。如果在再生水中检出化学物质，则需要考虑欧洲食品安全局（EFSA）规定的限值。在运行和维护再生水系统的过程中处理有害化学品也可能对人和环境造成风险，例如：使用氯基清洁剂和消毒剂。因此，应按照职业健康、安全和环境相关规定，考虑如何安全处理这类化学品。

为了筛查有害化学物质，可考虑制定饮用水法律，特别是在回用水可能影响饮用水水源的情况下。例如：表 6 列出了从《饮用水指令》中选出的、可能存在于城市污水处理厂出水中的污染物。同样，再生水中可能影响其他环境分区的潜在有害物质可以参考《环境质量标准指令》（EQSD）污染物清单（见表 7）进行选择。

表 6　《饮用水指令》列出的可能存在于城市污水中的化学污染物

污染物	限值
硝酸盐（NO_3）	50 mg/L
铜	2.0 mg/L
铀	30 μg/L
铬	25 μg/L
镍	20 μg/L
砷、三氯乙烯和四氯乙烯	10 μg/L

续表6

污染物	限值
硒	20 μg/L
镉、铅	5 μg/L
锑	10 μg/L
1,2-二氯乙烷	3 μg/L
汞、苯	1.0 μg/L
氯乙烯	0.50 μg/L
全氟和多氟烷基物质(PFAS)全体	0.50 μg/L
全氟和多氟烷基物质(PFAS)之和	0.10 μg/L
丙烯酰胺、多环芳烃、环氧氯丙烷	0.10 μg/L
苯并芘	10 ng/L
双酚A	2.5 μg/L
三卤甲烷类总量	100 μg/L
卤乙酸(HAAs)	60 μg/L

欧盟第2020/2184号指令引入了观察清单机制,以监测新型化合物,如内分泌干扰物、药物和微塑料。欧盟委员会2022年1月19日的《实施决定》将以下内分泌干扰物纳入人类饮用水高度关注物质和化合物的观察清单:

雌二醇≤1 ng/L;

壬基酚≤300 ng/L

资料来源:欧盟第2020/2184号指令《用于评估人类饮用水水质的参数值的最低要求》附录一第二部分。污染物由Pistocchi等(2019年)挑选,并根据新修订的《饮用水指令》和消毒后可检出的物质进行了调整。

表7　《环境质量标准指令》中列出的可能存在于城市污水中的主要污染物示例[1]

污染物	年平均浓度/(μg/L)		最大允许浓度/(μg/L)		湿重/(μg/kg)
	内陆地表水[2]	其他地表水	内陆地表水[2]	其他地表水	生物群
蒽	0.1	0.1	0.1	0.1	—
苯	10	8	50	50	—
溴化二苯醚(同族编号28、47、99、100、153和154的浓度之和)	—		0.14	0.14	0.008 5
镉及其化合物(取决于水的硬度等级)	0.08~0.25	0.2	0.45~1.5	0.45~1.5	—

续表 7

污染物	年平均浓度/(μg/L)		最大允许浓度/(μg/L)		湿重/(μg/kg)
	内陆地表水[(2)]	其他地表水	内陆地表水[(2)]	其他地表水	生物群
C10-13 氯代烃（这组物质没有指示性参数。指示性参数须通过分析方法来确定）	0.4	0.4	1.4	1.4	—
1,2-二氯乙烷	10	10	不适用	不适用	—
二氯甲烷	20	20	不适用	不适用	—
邻苯二甲酸二异辛酯（DEHP）	1.3	1.3	不适用	不适用	—
荧蒽	0.006 3	0.006 3	0.12	0.12	30
六氯苯	—	—	0.05	0.05	10
六氯丁二烯	—	—	0.6	0.6	55
铅及其化合物	1.2(物质的生物可利用浓度)	1.3	14	14	—
汞及其化合物	—	—	0.07	0.07	20
萘烯	2	2	130	130	—
镍及其化合物	4(物质的生物可利用浓度)	8.6	34	34	—
对壬基酚(4-壬基酚)	0.3	0.3	2.0	2.0	—
辛基酚(4-(1,1′,3,3′-四甲基丁基)-苯酚)	0.1	0.01	不适用	不适用	—
五氯苯	0.007	0.000 7	不适用	不适用	—
多环芳烃苯并(a)芘[(3)]	$1.7×10^{-4}$	$1.7×10^{-4}$	0.27	0.027	—
三丁基锡化合物（三丁基锡阳离子）	0.000 2	0.000 2	0.001 5	0.001 5	—
三氯苯类	0.4	0.4	不适用	不适用	—
三氯甲烷	2.5	2.5	不适用	不适用	—
全氟辛烷磺酸及其衍生物（PFOS）	$6.5×10^{-4}$	$1.3×10^{-4}$	36	7.2	9.1
六溴环十二烷（HBCDD）	0.001 6	0.000 8	0.5	0.05	167

（1）从《环境质量标准指令》中的 45 种主要物质中选出，包括农药、家用化学品和工业化学品。

（2）内陆地表水包括河流、湖泊和相关的人工水体或经过大幅改造的水体。

（3）对于多环芳烃(PAH)的一组主要物质（编号 28），水中生物群环境质量标准和相应的年平均环境质量标准是指苯并(a)芘的浓度，以其毒性为基础。苯并(a)芘可作为其他多环芳烃的代表，因此只需要监测苯并(a)芘，然后与水中生物群环境质量标准或相应的年平均环境质量标准进行比较。

资料来源：欧盟《环境质量标准指令》(2013/39/EU)；污染物由 Pistocchi 等(2019)选择。

对农药或兽药等农用化学品的评估也可参照相应的环境法律框架。

（3）无监管污染物

还有些不受监管的污染物没有包含在所列的指令和法规中，包括：

——与人类排泄或使用有关的新型污染物（例如：个人护理产品的成分、家用化学品残留物、药物等）；

——微米和纳米级工程材料，包括微塑料和纳米塑料；

——抗生素抗性菌与抗性基因。

新型污染物、微塑料和抗生素抗性菌与抗性基因正日益受到科学界的关注。例如：用于农业灌溉的回用水中存在新型污染物，由此引发了广泛的调查和研究（Petrie 等，2015；Krzeminski，2019；Golovko 等，2021），目的是了解植物吸收、有害物质与食物消费的关系，或者了解污染物在土壤、地下水和受纳水体中的迁移转化和影响（Christou 等，2017）。另外，关于这些化合物及其混合物对人类和动物健康可能产生后果的因果关系研究普遍缺乏。影响新型污染物表现的相关环境过程包括植物吸收、短期和长期吸附过程、生物代谢、化学和生物转化过程、向不饱和区或饱和区扩散，以及径流。虽然污水中的许多新型污染物的浓度在污水处理厂的处理过程中会下降，但从分析角度来看，仍然可以在污水处理厂的出水中检出，其中有些污染物会随着时间的推移而降解并形成副产品。虽然在一定程度上可以将此归结为分析仪器性能提高了，但新型污染物以及许多化学品结合可能产生的影响，引起了公众和环境管理机构的普遍关注，甚至是不信任。此外，农用工业化学品（杀虫剂、兽药剂、畜牧业食品添加剂）的使用，加上广泛使用粪肥作为肥料，使得很难正确估算与灌溉用再生水中存在的新型污染物有关的环境风险。此外，欧洲没有关于灌溉用水中新型污染物浓度的标准。

Deviller 等（2020）提出制定农业灌溉用再生水中化学污染物的质量标准，但未能将其与其他灌溉用水源（如地表水）相联系。同样，根据特定用途确定使用优先顺序的想法是不现实的，会将再生水灌溉排在其他劣质水灌溉之后。

使用处理后的污水进行灌溉可能会将有机微污染物带入土壤并转移到地下水中。因此，Helmecke 等（2020）提出进行系统性风险评估，测定新型污染物的潜在污染，包括所有相关的暴露途径，但对应该检测哪些化学品或如何设定有意义的浓度极限值等问题仍无定论。

这些污染物的存在及其在风险管理框架中的角色应根据具体情况进行评估。需要有科学证据来证明它们给人类和动物健康或环境带来的风险。此外,还应证明这些污染物来自再生水系统,而不是其他来源。

(4)农艺有害物质

还应考虑再生水质量参数与农艺特征的关系,包括影响土壤和农作物、其他植物的有害物质。根据 ISO 16075-1:2020 标准,再生水中可能破坏土壤和灌溉农作物的农艺有害物质是化学物质,如盐(盐度)、钠、氯化物、硼(特殊离子毒性)、其他化学元素和可能影响土壤与农作物性状的养分。与这些有害物质相关的最重要的土壤农业风险可能包括:

——无机可吸附污染物的转移;

——表土层的消散或堵塞;

——土壤的盐碱化和固化;

——硼的流动;

——化学品淋溶污染地下水;

——氮和磷的积累和移动。

经过城市污水处理厂处理的再生水中,通常不会检出可能导致植物或农作物疾病的病原体。不过,可以根据具体地点的状况(如有植物病原体污染过的灌溉水径流)评估再生水中是否有病原体。表8列出了再生水中可能存在的农业有害物质,它们可能在灌溉期间影响土壤、淡水资源和农作物。

表8　农业灌溉用再生水的主要环境有害物质、环境受体及潜在影响

有害物质	环境受体	潜在影响
氮	土壤 地下水(淋溶) 地表水(径流) 农作物	农作物养分失衡;富营养化;对陆地生物群的毒性影响 污染 富营养化
磷	土壤 地表水	富营养化/对生物群的毒性影响 富营养化
消毒残留物	地表水 农作物	对水生生物群的毒性影响 农作物中毒

续表8

有害物质	环境受体	潜在影响
盐度(总溶解固体和溶液电导率)	土壤(盐碱化)	土壤破坏;作物应力;农作物对镉的吸收
	地表水 地下水	盐度增加
硼	土壤(积累)	农作物中毒
氯	农作物 土壤 地表水 地下水(淋溶)	农作物中毒(喷洒在叶片上) 通过农作物根系吸收积聚的毒性 对水生生物群的毒性影响
钠	农作物 土壤	农作物中毒(喷洒在叶片上) 土壤损害(农作物中毒)
无机可吸附污染物(如重金属)	土壤积累	农作物中毒

资料来源:《澳大利亚指南》(NRMMC-EPHC-AHMC,2006),ISO 16075-1:2020。

3.2　风险人群和环境(KRM4)

3.2.1　暴露人群

在本阶段,需要确定所有接触再生水的人群和相关的暴露途径(见表9)。这包括再生水系统内可能直接接触再生水的工人。工人及其家庭面临的公共健康风险主要取决于再生水的水质、灌溉方式和使用的设备。例如:产生气溶胶的喷灌系统可能给灌溉地块的周边地区带来风险。气溶胶相关的风险取决于灌溉用水水质和风速(导致气溶胶在灌区周围传播)。

表9　农业灌溉中与健康相关的暴露群体和途径

暴露群体	相关暴露途径
农民和工人(包括水处理操作人员)	在现场或在处理过程中皮肤的直接接触、吸入、摄入
路人	吸入、摄入和皮肤的直接接触
邻近的休闲区用户	稀释后直接接触皮肤
农作物商人、搬运人员、技术人员、操作人员	直接接触皮肤、摄入
灌溉区的居民或路人	吸入、摄入和皮肤的直接接触

3.2.2　暴露环境

农业灌溉用再生水可能会通过不同途径(如灌溉水径流、渗入地下水等)

影响周围环境,因此有必要确定可能受到灌溉用水中有害物质影响的所有环境分区和暴露途径(见表10)。

表 10　农业灌溉中环境相关暴露目标和途径

暴露环境	相关暴露途径和过程
土壤	酸化、盐渍化、影响土壤功能和生物多样性的污染
动物	野生动物和畜牧业的暴露
植被	生物多样性的改变、污染
地下水	涉及吸附/解吸过程的渗透、淋溶和生物降解
地表水	径流、分区、稀释和病媒跨物种传播

可以同时明确可能暴露于再生水灌溉环境分区以及该地区适用的法律。图 6 说明如何确定因意外泄漏或通过灌溉区径流而使再生水进入环境介质(淡水资源)的潜在途径,还说明了《再生水利用的最低水质要求条例》附件二第 5 点列出的可能适用于相关环境目标的法规和指令。

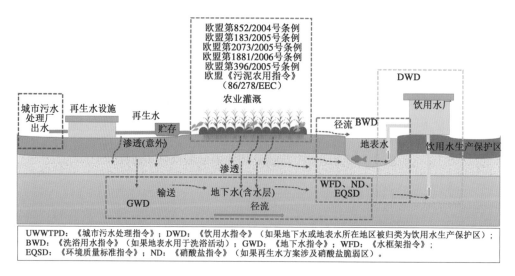

UWWTPD:《城市污水处理指令》;DWD:《饮用水指令》(如果地下水或地表水所在地区被归类为饮用水生产保护区);BWD:《洗浴用水指令》(如果地表水用于洗浴活动);GWD:《地下水指令》;WFD:《水框架指令》;EQSD:《环境质量标准指令》;ND:《硝酸盐指令》(如果再生水方案涉及硝酸盐脆弱区)。

图 6　明确再生水进入周围环境(地表水和地下水)的潜在途径
以及可适用的法规和指令

在确认再生水的所有途径和暴露环境后,可将适用法律规定的阈值与再生水中的有害物质含量进行比较。例如:评估可参照《水框架指令》第 4 条的环境目标(良好的地表水生态和化学状态以及良好的地下水化学状态);如果再生水处理设施和灌区位于硝酸盐脆弱区附近,则参照《硝酸盐指令》的要求;如果再生水可能输送到被列为饮用水保护区的水体,则参照《饮用水指令》的要求;还可参照《环境质量标准指令》及观察清单,以及国家层面确定的流域特定污染物。这些法律规定了病原体或化学品(例如:重金属、消毒副产物、药物和其他列为主要污染物的物质)的标准和监测义务。

3.3 风险评估(KRM5)

开展环境和健康风险评估(KRM5)时,应考虑之前识别的有害物质及危险事件、潜在的暴露途径以及在再生水系统中确定的受体。风险评估可采用定性或半定量方法进行。定性风险评估是最合适和经济可行的方法。定量风险评估可用于评估高风险且有足够数据支持的项目。定性、半定量和定量风险评估方法可用于评估健康风险或环境风险。健康风险评估用于评估人类和动物的健康风险,而环境风险评估的目的是确定再生水中已识别的污染物是否会影响环境基质的质量状态。

定性和半定量风险评估:可以通过事件树、矩阵或指标等多种方法进行。常用的方法是基于对有害物质影响受体的可能性和规模/严重性的综合评估。可能性分析可以通过回顾历史数据或评估人为失误、故障树和事件树来执行。影响分析通常对影响的严重程度进行分类。

定量风险评估:会给出一个风险的估值(数字),例如在特定情景下,一年内特定微生物感染的影响。这种对人类和动物健康风险的特性描述通常基于剂量-反应关系,目的是确定有害物质或危险事件是否会对健康产生影响。有害微生物对健康的风险评估使用定量微生物风险评估(QMRA)进行,基于对有害物质浓度及其可能影响受体之间的剂量-反应关系的评估。这种方法得出的评估结果代表对健康产生不利影响的概率值,用感染概率或伤残调整寿命年(DALY)指标来表示。QMRA 和 DALY 使用的方法和标准可参考《世界卫生组织指南》(世界卫生组织,2006a)和《世界卫生组织 QMRA 指南》(世界卫生组织,2016)。评估环境风险的定量方法或定量化学品风险评估(QCRA)通常基于预测环境浓度(PEC)与预测无效应浓度(PNEC)或适用法律规定的最大允许浓度(如根据水体水质状态适用的环境质量标准)之间的比率,其中 PEC 的计算使用特定污染物向环境分区演变移动的复杂模型。这种方法需要再生水项目提供大量监测数据以及对周围环境的详细描述,意

味着它只适用于有足够数据和科学证据支持的项目。

根据再生水系统的具体情况,可以使用不同的方法评估健康和环境风险,不同评估方法的复杂性和数据要求各不相同。接下来的章节将介绍已公开的做法和标准中提出的一些定性和半定量风险评估方法与工具,包括:ISO 20426(国际标准化组织,2018)、《世卫组织卫生安全计划(SSP)手册》(世界卫生组织,2016)、ISO 16075 第 1-2 部分(国际标准化组织,2020)和《澳大利亚指南》(NRMMC-EPHC-AHMC,2006)。

3.3.1 健康风险评估

虽然经过适当处理的再生水通常比许多灌溉用地表水的微生物含量更低,但人们普遍认为,直接或间接接触再生水仍有可能给个体带来健康风险。但必须强调的是,经过三级处理的市政污水通常不会对健康产生影响。发生接触的可能是目标用户,也可能只是路人,后者没有意识到存在暴露风险。在污水的收集和处理、再生水的存贮和配送、再生水的使用或"使用后"的情形,都是可能接触再生水的过程,需要加以应对。在设施和流程的运行和/或维护期间,也可能存在健康风险。所有可能的健康影响在影响和发生的可能性方面各不相同,某些情况下可能是中度的,另一些情况下可能是严重的,持续的时间可能是短期、中期或长期。

(1)定性健康风险评估

在定性或半定量风险评估中,每个已识别的有害物质风险等级是对事件发生的可能性、后果等级或严重性进行综合评估的结果,如以下表达式:

$$风险等级 = 可能性 \times 后果(或严重性)$$

可能性:是指在一定时间范围内,具有潜在有害影响的危险事件发生的概率。发生概率的评估是通过查阅历史数据、估算人为错误、应用故障树或事件树。在再生水系统中,人类接触含有有害元素(如大肠杆菌)再生水的概率(如通过摄入)与再生水中存在有害物质的概率(如由意外排放等危险事件引起)相加可以得出可能性。

后果或严重性:表示由于暴露于某种有害物质而对健康造成的潜在不利影响。后果等级的确定可以使用基于结果描述的定性评价,或者针对有害物质及危险事件使用其他评估工具(如决策树)。

在定性和半定量风险评估中,有害物质/危险事件及其可能性和后果等级的确定基于评估团队的判断和经验。通过综合考虑可能性和后果的等级，风险等级可以表示为极低、低、中、高和极高(见表11)。

表11 定性风险评估矩阵

可能性	后果				
	1—无关紧要	2—轻度	3—中度	4—严重	5—灾难性
A—罕见	极低	极低	低	低	中
B—不太可能	极低	低	低	中	高
C—可能	低	低	中	高	高
D—很大可能	低	中	高	高	极高
E—几乎肯定	中	高	高	极高	极高

资料来源:ISO 20426(国际标准化组织,2018)。

另一种风险矩阵基于更严格的半定量方法(如使用公式)为每个已识别的有害物质及危险事件的可能性和严重性分配特定的数值,以确定风险等级或得分(见表12)。

表12 半定量风险评估矩阵

可能性	严重性				
	无关紧要—1	轻度—2	中度—4	严重—8	灾难性—16
罕见(非常不可能)—1	1	2	4	8	16
不可能—2	2	4	8	16	32
可能—3	3	6	12	24	48
很大可能—4	4	8	16	32	64
几乎肯定—5	5	10	20	40	80
风险评分 $R=L\times S$	<6	7~12		13~32	>32
风险等级	低风险	中风险		高风险	极高风险

资料来源:《世卫组织卫生安全计划(SSP)手册》(世界卫生组织,2016)。

在半定量方法中,需根据有害物质或危险事件定义可能性/概率等级,以及后果/严重程度,例如:考虑再生水中有害物质超过保护阈值的程度及其相关健康后果的严重程度。这些定义应根据具体的再生水利用系统和当地情况确定,应始终关注公共卫生保护的原则和相关的监管影响。表13和表14给出了部分定义。

表 13　影响后果或严重性的建议措施

等级——描述信息	示例说明
1—无关紧要	与基础水平相比,对健康没有影响或可忽略不计的有害物质或危险事件[1]
2—轻度	可能造成轻度健康影响的有害物质或危险事件[2]
3—中度	可能导致自限性健康影响或轻度疾病的有害物质或危险事件[3]
4—严重	可能导致疾病或者损伤的有害物质或者危险事件[4];和/或可能导致司法投诉或关注的有害物质或危险事件
5—灾难性	可能导致严重疾病、损伤[5]甚至生命损失的有害物质或危险事件;和/或将导致监管机构开展重大调查,并可能提起诉讼的有害物质或危险事件

(1)没有或可忽略的健康影响:未观察到健康影响。

(2)轻度的健康影响:例如暂时的症状,如刺激、恶心和头痛。

(3)自限性健康影响或轻度疾病:例如急性腹泻、呕吐、上呼吸道感染和轻度创伤。

(4)疾病或损伤:例如疟疾、血吸虫病、食源性疾病、慢性腹泻、慢性呼吸系统疾病、神经系统疾病和骨折。

(5)严重疾病或损伤:例如严重中毒、失去四肢、严重烧伤和溺水。

资料来源:ISO 20426、《世卫组织卫生安全计划(SSP)手册》(2016)。

表 14　暴露事件发生可能性的建议措施

等级	示例说明
A—罕见	过去没有发生过,而且在适当的时间发生的可能性也很小[1]
B—不太可能	过去没有发生过,但在特殊情况下可能适时发生
C—可能	过去可能已经发生过,并且在正常情况下可能适时发生
D—很可能	过去曾经观察到,并且在正常情况下可能适时发生
E—几乎肯定	过去经常观察到,并且在大多数情况下几乎肯定会适时发生

(1)适时取决于风险等级和当地规定。

资料来源:ISO 20426、《世卫组织卫生安全计划(SSP)手册》(2016)。

针对有害物质或危险事件的每个暴露途径和受体确定的风险等级,将决定风险管理的优先顺序和所有可降低风险的预防措施。例如:如果风险等级为中度或更高,则应采取预防措施降低风险等级。这项评估可以包括对现有预防措施的评估;如果没有既定的预防措施或有效的措施,则可据此增加应对这些有害物质的措施或行动。如果预防措施足以控制风险,就可要求采取监测和其他控制方法以确保预防措施发挥功效。在风险管理中,含多种预防和保护措施的多重保障方式比采用单一措施的方法更可靠。接下来要重新评估选定的预防和保护措施,确认是否可以降低风险等级。

（2）定量健康风险评估

一般来说,潜在的健康风险如果很高且迫在眉睫,建议对再生水系统进行定量风险评估,例如生活或饮用再生水系统。这与农业灌溉用的再生水不同。不过,对于探讨引入再生水系统的研究项目或新的示范项目特别建议使用这种方法。在许多情况下,即使建议采用定量评估,通常也没有足够的数据来支持。定量风险评估的主要缺点是:在大多数情况下,没有数据可以用来确定不同因素对微生物风险会产生什么影响。

尽管定量风险评估对风险提供了更为翔实、真正定量的认识,但详细的定量风险评估仅适用于有限的几种污染物,且由于存在大量知识空白,这种方法具有很高的不确定性。因此,建议定量风险评估用于研究和示范项目。

暴露评估

灌溉用再生水引发的典型健康风险与使用期间和使用后的意外摄入、吸入或皮肤接触有关。灌溉方案决定了发生健康风险的频率和持续时间,以及（意外）摄入、吸入或皮肤接触的可能剂量。暴露值也受到当地和区域条件或现行法律法规的影响。如果要切实可行、合理地设定意外摄入、吸入或皮肤接触的量、频率和持续时间,需要可靠的数据或估算。其中的不确定性需要用分析和辩证的方法,通常要用探索式研究,甚至是估值和第一近似值。这就是农业用再生水的定量风险评估主要用于研究活动而不是再生水系统运行的原因之一。

剂量-反应评估

如上所述,灌溉方案中再生水的主要风险是微生物引起的,定量风险评估针对的主要是微生物风险。剂量-反应评估的目的是确定个人或群体暴露于某种病原体的剂量与不良健康效应（如感染、疾病、死亡等）产生的可能性之间的关系。从估算的定量关系（剂量-反应模型）中,可以获得因暴露于特定病原体而导致特定潜在不良健康反应的概率。

剂量-反应模型描述了在暴露一定时间后,对刺激或压力源（通常是特定病原体）的暴露（或剂量）给个人造成的不利健康影响（感染和疾病）的程度。这些剂量-反应关系可以用所谓的"剂量-反应曲线"来描述,而剂量-反应评

估的输出是剂量-反应参数的一个值或一组值。

其中的挑战在于,只有在有充足和可靠的数据集的情况下,才能正确设置这些参数。

健康风险表征

根据世卫组织的健康风险评估方法,为了描述健康风险的特征,使用了伤残调整寿命年(DALY)这一概念,因为《再生水利用的最低水质要求条例》以伤残调整寿命年为基础。健康风险特征的结果是不利健康影响(例如感染、疾病、死亡等)的概率值,并以感染概率或伤残调整寿命年表示。

伤残调整寿命年是通过数值表示健康影响严重性的指标,由以下公式表示:

$$DALY = YLL + YLD$$

寿命损失年(YLL)指因早死所致的寿命损失年。寿命损失年是用该年龄组某人的最长预期寿命减去死亡年龄来计算的。例如:如果某个国家男性的最长预期寿命是75岁,但一名男性在65岁时死于癌症,则表示因癌症而损失了10年寿命。健康寿命损失年(YLD)也称为失能、伤残状况下的年数。这包括可能只持续几天的流感或可能持续一生的癫痫等疾病。对于相应的病症(例如疾病),其衡量方法是将病症的患病率(疾病发生的频率)乘以可从感染数据中获得的伤残权重。伤残权重反映了不同症状的严重性,通过对公众的调查统计得出。

3.3.2　环境风险评估

环境风险评估旨在确定化学和物理化学污染物的影响,而不是有害微生物的影响。这是因为处理后的污水仍可能含有多种无机和有机化学剂,而有害化学物质产生的环境风险通常比有害微生物更大。此外,必须牢记的是,严重的化学污染确实可能与较弱的微生物污染共存。而且为保护人类健康而采取的预防措施通常足以应对病原微生物,能够有效保护环境。然而,必须强调的是,这并不意味着有害化学物质不会影响人类健康,环境污染不可避免地会给人类带来间接风险,因此最大限度降低环境风险将对人类健康产生积极影响。

在进行再生水系统风险评估时,必须考虑到适用于2.1.2节所述具体情况的现有监管框架。《再生水利用的最低水质要求条例》规定了进行风险评估应遵守的要求和义务。该环境框架与对环境中特定终端或受体的影响有关,任何超过这些阈值的行为都会触发应对行动。该框架由现行的欧洲、国家或区域立法来规定,需要考虑到当地的具体情况。对于特定的再生水系统,规定的阈值和限值还提供了一个介于"无明显风险"和需要进一步调查的风险等级之间的触发值。这些数值为下文所述的风险评估过程提供了信息,补充(而不是取代)了基于风险的循环水管理方法。

建议健康风险评估和环境风险评估采用定性评估方法。然而,在有些情况下,再生水系统中最敏感的终端如果有足够的数据支持,则可以进行定量风险评估。定量环境风险评估可以采用预测无效应浓度,一种化学物质的暴露如果低于该浓度,则对生态系统不会产生不利影响。预测无效应浓度通常根据生物测定得出的最低急性或慢性毒性值计算。生态风险评估通常是比较污染物的实测环境浓度和基于生态毒理学数据的预测无效应浓度,生态毒理学数据代表了几个营养级中最敏感的物种。如果根据实测环境浓度与预测无效应浓度比计算出的风险商数大于1,则应重视该污染物,采取行动确认环境风险,识别污染源,减少污染物的排放。

(1)淡水资源风险评估

本文提出的淡水资源风险评估程序是根据 ISO 16075-1(国际标准化组织,2020)第6章和《澳大利亚指南》(NRMMC-EPHC-AHMC,2006)第4.2节制定的,旨在指导评估再生水中有害物质给淡水资源(地表水和地下水)带来的风险。该程序也可用于评估新型污染物。

第1步:有害物质筛查

根据可能受影响的环境分区(见图2),将再生水中的有害物质与法规、指令、标准和指南中的规定值进行比较。这可能包括潜在暴露的环境分区中受管控污染物的最大允许浓度或环境质量标准,大多数情况下,遵守这些标准将确保暴露环境得到有效保护。可以采用最差的情况,即将第95百分位或记录的最大浓度与最低指导值(如环境质量标准)进行比较。还应确认与这些有害物质排放有关的危险事件(例如:再生水管道或配送系统泄漏)。

第2步:物质到达环境受体的概率

在现有预防和保护措施的条件下,估算有害物质有多大可能到达环境受体。对于地下水和地表水,这种可能性取决于当地的水文地质条件(如存在含水层)、物质移动至非饱和区进行渗透的概率(如土壤类型和有害物质特征),以及灌溉条件的类型(如农业生产的做法、农作物需求、土壤类型、再生水从排水系统溢出的概率)。

第3步:破坏的后果(严重性)

破坏的后果或严重性取决于地表水或地下水水质的初始状态。严重程度可以确定有害物质的浓度对环境分区造成多大的负面影响。例如:破坏的严重程度将取决于一种有害物质在多大程度上会导致特定水体状态的恶化。后果等级可能包括其他因素,例如:如果水源是用于生产饮用水的情况。

第4步:风险等级评估

一旦确定了所有有害物质及其可能性和严重程度(以定性的程度或数值表示),就可以使用定性或半定量矩阵来评估健康风险评估中提出的风险等级。

可使用 ISO 16075-1(2020)中的相应工具来估算某种物质到达一个水体的概率,这些工具分别评估地下水和地表水对再生水渗透或径流的脆弱性。根据地下水的水文地质条件和是否存在管理地表水径流的排水系统,利用该工具将地表水和地下水划分为 4 个敏感组(见表 15)。

表 15　地表水和地下水敏感组定义

敏感组	地表水	地下水
高(Ⅰ)	灌溉期间有地表径流,或存在降雨期间可能被冲走的地表聚集	灌区下方存在非承压含水层,2 m 深的顶部土壤中的黏土含量[2] 低于 5%。 地下含水层深度小于 5 m
中(Ⅱ)	灌溉系统的设计和运行可防止地表径流。 安装了浅层地下排水系统(深度不超过 80 cm)	含水层位于地表以下至少 5 m,2 m 深的顶部土壤中的黏土含量为 15%~40%
低(Ⅲ)	灌溉系统的设计和运行可防止地表径流。 安装了深层排水系统(深度大于 80 cm)	含水层位于地表以下至少 5 m,2 m 深的顶部土壤中的黏土含量超过 40%

续表 15

敏感组	地表水	地下水
零（Ⅳ）	灌溉系统的设计和运行可防止地表径流。 灌溉系统中不包括排水[1]	灌溉区下方没有含水层,也没有可能将灌溉水输送到附近含水层的水文地质连续性[3]

(1)地下部分的通道可过滤污染物。有效的地面排水系统降低了土壤含水量,但可能导致地表水系统的负荷增加。

(2)黏土含量可通过筛分分析测定。

(3)只有在完成全面的水文地质分析后才能选择组别。如果对地下水文地质没有明确的了解,应认为当地灌区下方存在含水层。

资料来源:ISO 16075-1(2020)。

将地下水和地表水的敏感组分别与地下水的渗透水平或地表水的径流量相结合,可以表明水体的脆弱性程度(见表 16)。

表 16　地下水和地表水脆弱性实例[1]

			无	低	中	高
对地下水的渗透率			Ⅰ	Ⅱ	Ⅲ	Ⅳ
地下水敏感性	浅层的含水层或无黏土保护	Ⅰ	1	2	3	3
	具有黏土保护的深层含水层	Ⅱ	1	2	2	3
	具有大量黏土保护的深层含水层	Ⅲ	1	1	2	2
	该地区没有具有水文连续性的含水层	Ⅳ	1	1	2	2
地表径流量			高	中	低	无
			Ⅳ	Ⅲ	Ⅱ	Ⅰ
地表水敏感性			3	3	2	1

(1)ISO 16075-1(2020)表 C1 中使用的术语是"风险",在本文件中用"脆弱性"一词替代,以避免对"风险等级"一词产生误解,根据表 13 和表 14,"风险等级"表示破坏的可能性及严重性。

资料来源:ISO 16075-1(2020)。

(2)农艺有害物质的风险评估

在评估土壤和农作物的农艺有害物质时,可首先与参考值进行比较。农艺有害物质参数的参考值取决于当地情况(例如:土壤类型、土壤酸度、气候条件、灌溉的农作物类型及其耐受性)。适用法律和参考标准有助于确定特定有害物质的最大允许浓度。参考标准可参阅 ISO 16075-1。

评估农艺有害物质的另一种方法由《澳大利亚指南》(NRMMC-EPHC-AHMC, 2006)提出,该方法根据这些指南进行了调整。在这种方法中,使用

定性方法（风险＝影响×可能性）评估与上述农艺有害物质相关的环境风险
（见表 17）。以下是对这种评估的简要说明。

表 17　与有害物质相关的环境风险

有害物质	环境风险类别	描述
硼	低	对植物的直接毒性(叶面喷洒)
		通过交叉连接的暴露途径(因为交叉连接可能被稀释且持续时间可能较短)
	中至高	对循环水灌溉的植物的毒性
消毒残留物	低	交叉连接,其中灌溉使用循环水
	中至高	敏感作物或植物的灌溉
水涝	低	交叉连接(因为其他情况下,循环水被用于其他用途,应在风险评估中予以考虑)
	中至高	灌溉过程中,土壤出现水涝
		地下水上升引起的次生盐度
		贮水池渗漏的水力负荷
		灌溉过程中,养分和盐分向地下水迁移
氮类物质	低	交叉连接的风险
		对植物的直接毒性
		非故意排放(管道爆裂)导致养分失衡和硝酸盐污染地下水
	中至高	植物养分失衡
		植物病虫害发病率增加
		地下水污染
		贮水池富营养化
		灌溉水径流引起的地表水富营养化
磷化物	低	管网交叉连接产生的有害物质(因为稀释和持续时间短)
		当直接向植物叶片喷洒时,直接毒害植物(在循环水中观测到的浓度)
	中至高	灌溉引起的地表水富营养化
		灌溉引起的灌木丛陆地富营养化
		贮水池富营养化
		灌溉对本土敏感植物的毒害作用

续表 17

有害物质	环境风险类别	描述
盐度	低	非故意排放(水管爆裂)至陆地,多为偶然
	中至高	灌溉导致的土壤盐度
		淡水水生系统的盐碱化
		由于氯盐增加,镉从土壤中释放出来
		基础设施受潮或生锈
		地下水盐碱化可能影响相关联的生态系统
氯化物和钠	中至高	灌溉和交叉连接导致植物钠和氯中毒
		灌溉导致的水生生物氯化物中毒
土壤碱度	低	非故意排放(管道爆裂),因为土壤盐碱化进程缓慢,非故意排放事件持续时间通常较短
	中至高	循环水灌溉
		与循环水相关的交叉连接

硼

用再生水喷洒叶面时,水中可观测到的硼的浓度不太可能高到足以对植物造成直接毒性。然而,如果硼不通过土壤浸出,循环水灌溉产生的硼就会积聚在根区,从而导致植物毒性问题。

氯消毒残留物和副产品

氯通常用于消毒,目的是降低病原体浓度或控制配水系统中的生物膜生长。但是,如果氯残留物和持久性消毒副产物(如氯胺和氯有机物)管理不当,则可能会危害陆生生物和水生生物。

水涝

对表层土壤过量浇水(水涝)会导致各种环境后果(可能是发生水涝的地点,也可能影响到其他地点),需要谨慎管理。

水涝导致植物根系和其他生物缺氧,并形成径流。水涝地区的植物生长通常非常缓慢,根部易感染致病微生物。如果径流含有大量养分,则可能影响地表水的水质(另见磷和氮的相应章节)。过量的水力负荷也会将污染物传送到地下水和地表水径流中。

养分

径流中的氮和磷是对植物有用的物质,但进入水体则易导致水库、湖泊、

河流或河口的藻类过度生长(富营养化)。硝酸盐氮在土壤中是流动的,可以渗入并污染地下水体。氮的这种"场外"效应很难矫正,需要谨慎管理。其管理以预防为主。

使用再生水时需要考虑的与氮相关的风险包括:

——灌溉过程中植物养分失衡;

——植物病虫害发生率增加;

——地表水富营养化;

——地下水污染。

盐度

盐度是指水中可溶性盐的浓度,用总溶解固体或电导率来测量。盐度的环境风险很高,土壤盐度增加会对植物产生影响。当土壤中的水分蒸发或被植物吸收时,盐分会被留下。土壤中盐的浓度随着时间的推移不断增加,由于可能对植物根组织产生渗透效应,将影响植物从土壤中吸收水。此外,盐通过土壤淋溶会改变地下水的水质。

氯化物和钠

氯化物和钠是促使盐度形成的主要元素。此外,高浓度的氯和钠还会毒害植物。

土壤碱度

土壤碱度是指钠盐的积累,与此相反的是其他类型的盐阳离子的减少,尤其是钙。这个过程通常伴随着土壤 pH 值的升高和钙镁含量的减少。碱度是土壤物理和化学性质之间复杂的相互作用,很难管理。

关于农业再生水利用方案的一般环境风险评估详见本指南附录一(略),其中涵盖了这些关键有害物质。依照《澳大利亚指南》规定的方法,该表区分了在没有采取预防措施情况下的最大风险和采取预防措施后的剩余风险。最大风险评估也有助于确定在环境中进行采样的频率和监测点的选择。

(3)新型污染物的风险评估

由于处理后污水的再利用可以替代其他灌溉水的使用,因此需要与欧盟及各国的现有法律法规保持一致。所提供的指南必须明确进一步要求和措施,以应对潜在有害物质,并评估地下水和地表水的风险等级。此外,要确定污水中所有潜在污染物的阈值实际上是不可能的。同时,不能让用户自行决定哪些是代表性的污染物或浓度水平应该是多少。

以下新型污染物环境风险评估方法源自欧洲水资源的法律和政策。尽管欧盟《水框架指令》(2000/60/EC)提出了主要物质清单,允许可以直接排放更高浓度的污水,只要混合区达到环境质量标准规定。事实上,《水框架指令》相应的环境质量标准对于处理后污水来说过于严格。根据第2008/105/EC号指令,混合区在排放点附近,允许局部污染物浓度超过环境质量标准。流域管理规划主要根据《水框架指令》制定。

对于每个流域地区,各欧盟成员国必须制定一份清单,列出该指令附件一第一部分所列所有物质的排放量和减少量。每个再生水利用系统所在地可根据该清单了解需要将至少哪几种化学物质纳入考虑。

虽然欧洲没有土壤保护框架,但欧洲《地下水指令》(2006/118/EC)规定了"农药活性物质,包括相关代谢物、降解和反应产物"的极限值。单个物质不超过0.1 μg/L,化合物总量不超过0.50 μg/L。建议对特定流域清单中确定的化学品设相同的限值,并将其作为环境风险评估中新型污染物的替代指标。

3.4　风险评估结果

3.4.1　补充要求(KRM6)

健康和环境风险评估的结果将有助于确定是否应为水质和监测增加具体的附加参数要求(KRM6)(比附件一第2节规定的更多、更严格)。根据具体地点的条件,以及上文所述的适用指令和法规,可能包括健康和环境风险评估确定的其他病原体或污染物。举例来说,如果再生水中的特定污染物(如硝酸盐)浓度高于预测的最大允许浓度,风险评估可以确定污染物可能会对附近的水体产生负面影响(如富营养化),可根据风险评估的结果,在最大允许浓度基础上设定一个再生水水质限值,并将该参数纳入监测范围。比如:最大允许浓度也可以等于暴露水体特定质量等级(如环境质量标准)的限值。如果这些参数来自再生水系统,并且它们的参考值设定得到风险评估和科学知识的充分支持,那么就可以把这些参数和限定值加到水质和监测参数清单中。

3.4.2　预防措施(KRM7)

KRM7应包括确定适用于再生水处理设施的预防和保护措施,以消除或将有害物质浓度降至可接受的水平。预防措施是指在风险评估过程中已经实施或确定的所有处理措施、行动或程序,且可应用于再生水系统的不同部分。例如:应用于城市污水处理厂(如通过评估现有的过程或者明确需要加强处理)、回收设施(如考虑增加高级处理)、灌溉农田(如考虑将暴露风险降至最低的替代灌溉方法,提供缓冲区等)、工人和农民(如除采取措施遵守工作场所健康和安全规定外,明确个人防护装备或卫生规程)。保护设施的确立或对现有灌溉系统的改造可基于对现有方法、农作物类型和水质等级的评估,并且应与农民和再生水系统的其他相关方协商后作出决定。

表 18 列出了预防措施清单,可根据《水框架条例》第 5 条和第 6 条以及附件一第二部分的规定在再生水利用系统的不同部分考虑实施。这些示例旨在说明如何根据国际标准和惯例、按照农作物类型及水质等级来确定预防和保护措施的类型与数量。应该注意的是,需要根据具体情况逐案进行分析,因此不能认为以下示例自动适用于所有情况和每种可能的情况。预防措施的更多例子可参阅案例研究。

表 18　适用于再生水利用系统的预防措施示例

预防措施的类型	示例
保护城市污水来源	防止或管理城市污水中的工业排放,确保符合所有欧盟及本地的相关法律法规; 保护雨水免受动物和人类排泄物的污染; 控制排入污水系统的水的类型(如设限)
对城市污水处理厂的出水进行再处理	增加处理程序以减少出水中的微生物和化学污染物(如增加消毒或去除污染物的措施)
保护和维护再生水存贮系统	使用缓冲区; 通过减少光照来避免藻类生长(如通过覆盖贮水系统); 维护排水系统和场地(如地面覆盖、养分平衡等); 防止回流,控制连接管道的交叉连接; 化学处理,避免管道堵塞或细菌再生
配水系统和管道的控制与维护	采用再生水管道工作规程(如颜色编码); 避免饮用水管道与再生水管道相连(如安装气隙或防回流装置)

续表18

预防措施的类型	示例
对灌溉系统(如滴灌或地下滴灌、喷灌、微喷灌等)和农田的特殊要求	确定最小安全距离,减少人类和环境暴露(例如:与牲畜用水水源保持距离,或是保持与水产养殖、养鱼、贝类养殖、游泳和其他水上活动区的距离); 控制坡度、田间含水饱和度和岩溶区; 防止滴灌系统中的滴头堵塞; 控制使用率,尽量减少对土壤、地下水和地表水等受水环境的影响(如采用土壤中的湿度传感器、测量水肥平衡、采取减少盐度和碱度影响的办法); 减少灌溉频率; 控制使用时间(如仅在夜间灌溉); 控制使用过程中的环境条件(如在低温和低风期灌溉); 控制水力负荷和截水沟; 设定喷灌的具体要求(如最大风速、洒水器与敏感区之间的距离;安装系统时尽量减少喷灌和滴灌系统产生气溶胶); 提高洒水器喷头的转速; 加大喷洒的水滴(降低喷洒角度); 增加施水量(但要确保低于土壤入渗率的水平); 选择不接触叶面的灌溉系统(如微灌系统)
农作物灌溉的具体要求	增加保护设施; 选择耐旱或对水质不敏感的农作物(植物育种)
控制进入灌区以及标志的使用	使用围栏(具体取决于再生水水质); 安装指示标志说明水不适合饮用,或其他类型的指示牌; 入口控制:实施方式、费率和次数
保护工人和农民	使用个人防护装备; 卫生宣传和教育(如勤洗手); 有关设备控制的宣传和教育(如防止回流和控制交叉连接、正确安装水管和设备、采用最佳管理方法等)

资料来源:《再生水利用的最低水质要求条例》附录二第7点,《澳大利亚指南》(NRMMC-EPHC-AH-MC,2006)专栏2.6和附录三,《世界卫生组织指南》(世界卫生组织,2006a),ISO 16075-2(国际标准化组织,2020)。

3.4.3 保护措施

(多重)保护措施概念的创立是为了利用不同水质的再生水灌溉更多种类的农作物(见图7)。在这种方法中,训练有素的作业团队设置了一系列技术或非技术保护措施,用于降低再生水中化学或微生物污染的风险。然后在临界控制点评估、监测和控制每个保护措施的效率与有效性。在农业灌溉中,微生物风险更受关注,这是因为有害化学物质大多可以通过目标化学参数的极限浓度在回收厂进水口进行控制。

这些保护措施通常设置在子系统或系统各部分的过渡区,以防止食用灌溉粮食作物的人和使用灌溉土地的人接触灌溉用水,也防止人们吸入在灌溉过程中产生的气溶胶。

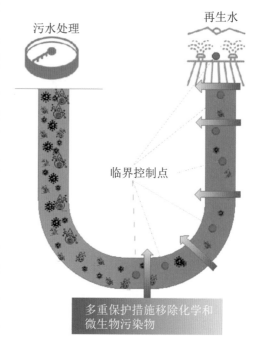

图7　多重保护措施示意

如 ISO 16075-2 第4.3节所述,为尽量减少再生水对食用农产品链的微生物污染,可增加以下保护措施:

——对处理后的水进一步消毒;

——在再生水和农产品之间进行物理隔离或安装物理屏障(如防晒罩、地膜等);

——地下滴灌,避免再生水上升到地表的毛细作用;

——在收获前停止灌溉,使微生物病原体消亡;

——对收获的农作物进行消毒。

对于可能暴露于再生水灌溉的人群,须特别关注食用灌溉农产品的消费者。虽然灌溉用水的水质是一个重要因素,但并不是确保灌溉产品消费者健康的唯一变量。粮食作物的某些特性可以防止消费者摄入微生物病原体,比如在煮熟或去皮后食用的粮食作物。考虑到这些特性,可以用水质较差的水灌溉某些粮食作物。

能够阻止微生物病原体被消费者摄入的农作物特性包括:

——果皮不可食用的水果和坚果(如柑橘类水果、香蕉和坚果)。

——必须在煮熟后才能食用的农作物(如土豆)。

——经过高温处理才能食用的水果和谷物(如小麦)。

保护措施的类型如下:

有各种办法来减少再生水灌溉农产品的风险,联合国粮农组织和世界卫生组织(2019 年)发布了一份报告,从定性的角度评估这些办法的有效性。报告建议使用多重保护概念的简单做法,可应用于中小型再生水项目,即使在低收入地区也可以采用。

高效的做法:

- 将生吃的蔬菜换成煮熟的蔬菜;
- 将喷灌改为滴灌。

中等效果的做法:

- 收获前至少 3 d 不灌溉;
- 生鲜农产品去皮;
- 用流动的饮用水和消毒剂清洗用于凉拌的蔬菜。

有点效果但比较有限的做法:

- 在农场的处理池经过 18 h 以上的沉淀;
- 沟渠灌溉;
- 在灌溉前过滤水(如用细沙或生物炭);
- 用饮用水清洗用于凉拌的蔬菜。

这些措施是多重保护原则应用的示例,即可以组合使用各种方法,有的方法单独使用时效果有限,但组合起来会很有效。

根据这种方法,建议使用以下保护措施(见表 19、表 20)。

表 19　建议针对粮食作物灌溉设置的保护措施类型

保护措施类型	描述	病原体减少量(对数单位)	保护措施的数量
滴灌	距地面超过 25 cm 的低秆农作物的滴灌	2	1
	距地面超过 50 cm 的高秆农作物的滴灌	4	2
	地下滴灌(水不会通过毛细作用上升到地面)	6	3

续表 19

保护措施类型	描述	病原体减少量（对数单位）	保护措施的数量
喷灌	距喷水器 25 cm（或更远）对低矮农作物的喷灌和微喷灌	2	1
	距喷水器 50 cm（或更远）对果树的喷灌和微喷灌	4	2
增加对田地的消毒	低水平消毒	2	1
	高水平消毒	4	2
防晒膜	在滴灌中，防晒膜将灌溉与蔬菜分开	2~4	1
病原体消亡	在收获前停止或中断灌溉，有助于消除病原体	（根据农作物和天气情况）0.5~2/d	（根据农作物和天气情况）1~2
销售前清洗农产品	用饮用水清洗生食作物、蔬菜和水果	1	1
销售前进行消毒	用弱消毒剂清洗生食作物、蔬菜和水果，并用饮用水冲洗	2	1
农产品去皮	将水果和根茎类作物去皮	2	1
烹制农产品	在沸水中或高温下浸泡，直至煮熟	6~7	3

资料来源：ISO 16075-2（改编）。

表 20　针对饲料和种子作物的灌溉保护措施建议

保护措施类型	描述	以对数单位减少的病原体	保护措施数量
进入限制	灌溉后 24 h 及以上，限制进入灌区，例如：动物进入牧场或工人进入田间	0.5~2	1
	灌溉后 5 d 及以上，限制进入灌区	2~4	2
晒干饲料作物	晒干和收割饲料及其他作物以备食用	2~4	2

资料来源：ISO 16075-2（改编）。

　　由于实施了良好的农业规范，设置上述保护措施是有效的。例如：不应捡起落在地上的可连皮食用的果蔬。虽然对于什么是良好农业规范有不同的看法，但生产者可以遵守一些被广泛认可的做法。这些规范规定了使用可持续方法为消费者生产食品或深加工安全卫生食品所应遵守的程序。保护措施的清单不可能与具体的良好规范一一对应,需要由再生水系统管理者逐案评估。

一个特例是那些不与公众接触的农作物或者是由于种植方法而使微生物无法存活的农作物。这类农作物可以在不使用保护措施的情况下,用各种水质的再生水进行灌溉。这类农作物包括:

——经济作物(如棉花);

——晒干的果实,条件是离最后一次灌溉至少 60 d 之后收获(如向日葵、玉米、鹰嘴豆和小麦);

——种子可食用的灌溉作物或收割前 30 d 未灌溉的播种用种子;

——公众不能进出的树丛或植被区;

——不打算用作家庭草坪的草皮或草地,并且在种植期间公众不能进入;

——能源和纤维作物。

地下滴灌和滴灌系统(被视为保护措施)的设计和实施方式应确保水不会上升到地表(如果在地表有水坑,地下滴灌系统就不应再被视为保护措施)。

根据《再生水利用的最低水质要求条例》附件一第 2 节表 1,不同的农作物类别应使用相应质量等级的水进行灌溉。如果要用更低等级的水,则需增加适当的保护措施,以便达到该农作物类别所需灌溉水的质量要求。

ISO 16075-2 标准根据污水质量等级,设定了灌溉区与居民区之间的最小距离(见表 21)。

表 21　灌溉区边界与保护区之间的距离

再生水水质	喷灌覆盖半径/m	最大工作压强/Pa	灌溉区与保护区(有筛网)之间的距离/m	灌溉区与保护区(无筛网)之间的距离/m
极高(A 类)	无限制			
优(B 类)	< 10	≤ 3.5	5	20
	10~20	≤ 4.0	10	30
	> 20	≤ 5.5	10	40

续表21

再生水水质	喷灌覆盖半径/m	最大工作压强/Pa	灌溉区与保护区（有筛网）之间的距离/m	灌溉区与保护区（无筛网）之间的距离/m
良（C类）	< 10	≤ 3.5	10	40
	10～20	≤ 4.0	15	50
	> 20	≤ 5.5	20	60
中（D类）	< 10	≤ 3.5	20	50
	10～20	≤ 4.0	30	60
	> 20	≤ 5.5	40	70

资料来源：ISO 16075-2（改编）。

4 模块三：监测

KRM8 和 KRM9 这两个要素包括再生水系统的所有监测活动：明确系统质量控制和环境监测系统的程序与方案。运行和环境监测方案为工人、公众和管理机构提供充分的系统性能保障。这些方案应至少包括常规监测要求的规程、计划（如地点、参数、频率等）和程序，程序应至少含常规监测的要求以及风险评估（KRM6）已确定的所有补充参数和限值。工厂经营者可根据情况按照 ISO 9001 标准或同等标准建立质量管理体系。环境监测系统规程应以环境风险评估结果为基础，确保在使用再生水时持续保护环境。规程应与其他现有法律保持一致，例如：水资源监测应符合欧盟第 90/2009/EC 号指令[1]，确保与《水框架指令》监测结果进行比较。

4.1 运行和日常监测

在制订质量保证和质量控制计划时，需要考虑采样和分析误差，以及分析仪的在线维护和校准。虽然分析实验室通常实施严格的内部质量保证和控制计划，但这并不能取代基于监测和运行的质量保证和控制计划，后者有利于评估实验室规程的精确性和准确性。我们需要认识到处理后的污水中

---

[1]根据欧盟第 2000/60/EC 号指令，第 2009/90/EC 号指令制定了水质化学分析和监测的技术规范，欧盟官方公报 OJ L 201，2009 年 8 月 1 日，第 36 页。

通常含有浓度极低的污染物,通常接近分析检测限值。在这种情况下,出现采样和分析误差的概率很高,因此需要严格的质量保证和控制。

应考虑在监测计划执行期间,定期使用两个或更多实验室进行重复分析,作为评估实验室偏差与准确性的一种手段。应确保样本位置具有代表性,并且用于二次采样的方法不会引入误差。例如:在二次采样期间收集的样本搅拌不充分可能导致颗粒状污染物在样品中的代表性不足。

质量保证和控制计划应包括现场运送、复制、分离、替代和加标样本。样本瓶应加贴标识,让实验室在不知道样本来源或复制样本有关信息的情况下进行检验分析。采样计划应由第三方专家至少每5年详细评估一次。

应按照产品说明和反馈的结果经常检查野外作业仪器;如果需要,应重新校准仪器。应进行校准检查以确定是否有校准漂移。如果校准漂移超过出厂标准或质量控制标准,应记录漂移量,证明自上次校准检查以来的读数合格,并重新校准仪器。同样,应使用经校准的野外作业仪器或通过校准-样本分析对线上仪器进行校准检查。如果校准漂移超过出厂标准或监测计划的质量保证/质量控制标准,应酌情调整线上仪器读数或重新校准仪器。

监测计划应含正式的质量保证和控制计划,包括年度审查,确保采样和采样后过程的每个步骤都遵循既定规程,并主动改进采样方法。所使用的野外作业仪器和设备应定期维护与校准,并保存维护日志。

重要的采样计划也应有正式的《质量保证和控制手册》,记录与采样计划相关的所有资源、方针和程序。《质量保证和控制手册》应包括对本节所述主题的详细描述,并应明确定义管理、监督和现场采样人员的质量保证与控制责任。

处理后的市政污水出水中含有大量天然存在以及合成的微量有机和无机化学物质、残留养分、溶解性固体、残留重金属及病原体(Drewes 和 Khan,2015)。出水质量也受季节和时间变化的影响,并取决于下水道系统现状。同样,再生水利用方案涉及一个复杂的系统,其组成部分同样受到相同变化因素的影响。

运行监测包含程序的设定,以证明控制措施按预期运行,也就是验证处理和技术保护措施的完整性与性能,以及是否遵守操作规则。风险管理方法的一个关键特征是不仅要确认处理后污水的水质,同时要对处理过程实施监测。由于有害微生物和有害化学物质变化很大、含量很高,在再生水系统中,从污水处理设施开始监测尤为重要。建议使用参数和特定方法来监测污水收集系统中未经批准的(工业)排放和极端气象事件发生期间的变化。

运行监测还应规定针对不符合规定值的情况采取的纠正措施(世界卫生组织,2015)。运行监测的类型取决于现有的控制措施,并可能扩展到所有类型的保护措施。虽然在控制点测量参数是一种标准的监测方法,特别是在缺乏适当分析能力的情况下,但观察性监测也很有用。也可以使用清单和访谈进行审核与目视检查,这种方式可以帮助经营者更好地了解系统的功能以及执行风险管理的环境。

监测程序需要设定参数及其限值、方法、频率和责任。监测频率的设定应确保在出现明显偏差并影响水质或其他产品质量时,能够迅速做出反应。理想情况是同时使用在线监测系统和实时数据报告。可以进行抓取样本和更复杂的分析来验证在线监测工具。

涉及公共卫生保护问题时,有必要进行水质微生物检测。大肠杆菌和耐热大肠菌群等微生物性能指标是有代表性的水质监测的参数。这里的一个主要问题是,至少需要24 h才能获得检测结果。使用在线流式细胞术进行饮用水总细胞计数是一种实时监测水中细菌数量波动的新技术。如果在污水处理的任一阶段进行了加氯处理,则很容易监测氯残留量。

对于水质的化学检测,参数的选择将取决于所在地的法规、水源和可能影响水质的其他物质的输入(无论是否受管制)、处理过程中使用的化学品和技术类型,以及分析设备和专业知识的可用性。

然而,定期和频繁地监测每一种潜在的化学物质是不可行的,也没有必要。化学指标是可能在水中发现的、代表某一类化学品的物质,可用于评估工艺性能。如总有机碳、挥发性有机化合物、电导率等替代参数可能适用于工艺性能的在线监测。需要考虑监测每个污水处理步骤性能的方法,例如膜过滤的完整性测试或加氯处理的消毒副产物控制。

建议使用非定向化学分析和基于效果的监测工具,以便更全面地了解所在地的污水特征和处理步骤的性能,监测的时间可以更长一些。

制定和实施适当的监测战略是确保再生水项目的健康和环境安全的关键步骤。这种合规性监测通常在污水回收设施的出水口进行。

监测目标应包括:

——人体健康保护。监测计划包括选定的微生物指标,其浓度取决于健康风险(直接接触风险、与农作物类型有关的风险等);以及涉及污水处理运行可靠性的其他几个参数(例如:浊度、悬浮固体、生化需氧量等)。

——防止对农作物产生不利影响,监测参数(又称农艺参数)包括养分、可溶性盐、钠、微量元素等。

——防止对环境(天然水源和土壤)产生不利影响。

——防止灌溉系统的堵塞(例如:滴灌和喷灌)。

4.2　水的采样和分析方法

控制水质和处理性能的采样点,称为"性能控制点"或"关键控制点",采样点的选择取决于再生水的用途以及健康和环境风险的等级。

水质控制的关键点放在再生水厂的出水口。工厂出水口取样遵循 ISO 5667-4 标准(国际标准化组织,2016)。根据监测参数和当地法规,通过抓取采样或混合采样对处理后的污水进行监测。作为恰当的监测策略,应验证处理效果和完整性,可以使用易于测量的参数,如氧化还原电位(ORP)、浊度、电导率等。

混合样本(使用冷藏设备放置 24 h)是监测物理化学参数的重要工具,物理化学参数代表了再生水的平均质量。如果可能,在日间峰值流量期间,对抓取样本进行微生物参数、溶解氧、pH 值和温度的原位监测。理想情况是对溶解氧、pH 值和温度进行在线原位测量。

为了评估与敏感农作物、敏感环境(如供应饮用水的浅层含水层),以及特定灌溉设备相关的风险,与防止对农作物、土壤和环境不利影响有关的其他参数的采样频率也应做出调整。对这些参数做出采样(混合或抓取)的决定时,还应考虑原生污水的日常变化。此外,还需考虑制定适用于多雨条件下水质变化的具体监测策略。这种情况不仅会影响二级/生物污水处理,还可能影响消毒或去除颗粒等后续处理步骤。

作为参考,对灌溉用再生水进行采样时,应注意:

——样本的类型取决于测量的目的(抓取或混合样本,在线)。

——所有样本都应贴上标识,注明水的类型、采样点、日期、时间和其他相关数据。

——采样频率应根据再生水利用许可证来确定。

——为了更好地规划和管理灌溉方案,应根据所在区域的季节进行季节性采样,以便获得水质变化的代表性数据,特别是氮和盐度及其在不同天气条件下(干旱和潮湿天气期间)的变化。

——应通过在处理设施出水口处采样进行人类健康保护基线监测(见ISO 16075-2:2015)。为了检查处理工艺运行的可靠性,必要时可以增加采样点,特别是有不合规情况出现时。

——为验证贮水池和/或配水网是否存在潜在污染或污染物的再生,可根据最终用途、所在位置和灌溉方法设置增加采样控制点。

——采样和样本处理应在采取适当预防措施、确保安全的情况下进行,如佩戴塑料手套或采取其他保护措施,避免疾病传播。

——质量控制样本的收集应成为常规采样计划的一部分。原生污水和处理后污水的采样与处理应遵循表 22 的要求。

表 22　样本制备和处理建议

参数	容器	添加剂	保存	说明
阴离子和阳离子(氯化物和硫酸盐),以及一般的物理化学参数(pH值、悬浮固体、电导率和浊度)	1 L 高密度聚乙烯(HDPE)或聚丙烯(PP)瓶,带双盖或自封盖,密封或不密封	无添加剂	避光 4 ℃	应在现场测量温度、pH 值和溶解氧
磷和凯氏定氮	1 L HDPE 或 PP 瓶,带双盖或自封盖,密封或不密封	硫酸,至 pH = 2	避光 4 ℃	
硼	100 mL HDPE 或 PP 瓶,带双盖或自封盖	硝酸,至 pH = 2	避光 4 ℃	

续表 22

参数	容器	添加剂	保存	说明
化学需氧量	100 mL HDPE 或 PP 瓶,带双盖或自封盖,密封	硫酸,至 pH = 2	避光 4 ℃	如果在 48 h 内对样本进行分析,则不需要添加剂
生化需氧量	500 mL HDPE 或 PP 瓶,带双盖或自封盖,密封	无添加剂	避光 4 ℃	用亚硫酸钠处理含有余氯的样本。保存样本,并向氯化和脱氯污水样本中进行接种
微量元素和重金属	250 mL HDPE 或 PP 瓶,带双盖或自封盖,密封或不密封	硝酸,至 pH = 2	避光 4 ℃	分析汞需要特殊材质的瓶子[如聚四氟乙烯(PT-FE)]和添加剂
有机微污染物	1 L 深色玻璃瓶或 PTFE 瓶,密封,用有机溶剂冲洗	如果存在余氯,抗坏血酸(1 000 mg/L)	避光 4 ℃	
微生物参数(总大肠菌群和粪便大肠菌群、蠕虫、病毒或其他微生物补充参数)	1 ~ 5 L 无菌 HDPE 或 PP 瓶,带双盖或自封盖,不密封	无添加剂	避光 4 ℃	在存在余氯的情况下,必须使用规定浓度的硫代硫酸钠添加剂,并建议在所有情况下使用

4.2.1 灌溉系统采样

水质应由最终用户按照以下程序进行检查[注意:在施肥(通过灌溉施肥)时不应采集水样]:

——打开灌溉系统,直到系统运行达到最大设计压力;让系统开始灌溉,直到管道冲去之前灌溉留存的所有死水。

——从控制过滤器或灌溉灌水器(洒水器、微喷灌器或滴管)中采集样本。

——水样应使用分析实验室提供的或建议使用的瓶子收集。细菌采样应使用无菌瓶。将所有必要的细节写在标识上(名称、地址、日期、地点等),并将标识贴在瓶子上,然后盖上瓶盖。

——按照标准实验室操作规程保存样本,并在建议的分析时间内将样本送至分析实验室(见表22)。

——有关灌溉系统采样的更多信息,请参见 ISO 5667-10。

4.2.2 贮水池采样

为了评估处理后污水的水质在存贮期间可能的变化,应根据以下程序从贮水池中采样:

——建议在尽可能靠近抽水点的位置采样。

——避免在下风处采样,以防收集的样本中含有被水波传送到贮水池下风侧的漂浮物(植物或藻类残留物)。

——将一个空瓶子绑在重物上,然后将两者绑缚在一根竿子上。

——将瓶身放低,使瓶口浸入贮水池中约 10 cm 的深度,然后将瓶子装满。

——从贮水池中取出瓶子,密封并贴上标识。

——保存样本,或参考表22,以确定是否需要防腐剂以及需要何种防腐剂。贮存样本,并在分析实验室或程序建议的时间内将其送到实验室。

——有关贮水池采样的更多信息,参见 ISO 5667-4。

4.2.3 再生水采样

为了描述工厂出水口处理后污水的特征,并考虑到污水水质的波动,应采用混合样本。混合样本采样应在 24 h 内完成。应使用冷藏的自动采样器。

4.3 农作物和土壤监测

4.3.1 农作物监测

使用处理后污水灌溉的农作物应采用以下方式进行监测:

a)目测元素是否不足或过量;

b)分析和检查农作物的各个部分。

对叶片或叶柄样本的实验室分析能够测定有毒离子浓度(氯化物、硼和钠),以及农作物养分浓度(氮、磷、钾和微量营养物)。

(1)大田作物和蔬菜

应尽快对一年生作物进行检测,以便得到应季的检测结果。

大田作物和蔬菜监测的频率因作物类型不同而异。可以在作物生长季节的不同时间采集样本。采样频率按农作物类型来决定,也要看是否可能及时用监测数据来纠正在当前生长季的灌溉和施肥管理。

(2)多年生作物

对于多年生作物,可以根据当季获得的分析结果确定下一季的施肥方案。作物叶片中元素的最佳浓度应看叶片样本在一年中的采集时间,并以此作为参考数据。参考数据中包含每种农作物的推荐采样和分析周期。通常情况下,这个周期应接近作物的收获时间。

有时候,叶片受损迹象明显,在很难验证受损原因的情况下,可以在一个季节的任意时间点对受损和健康的叶片进行比较分析。这样可以很容易地发现造成损伤的原因。使用这种方法是因为在建议采样时间之外缺乏农作物叶片中元素正常浓度的标准。

每种农作物适用的方法在相关文献中有描述,本文不再赘述。

4.3.2　土壤监测

土壤监测的推荐采样间隔为10年。如果确定存在一种或几种微量元素积累的重大风险,可以提高监测频率。

灌溉季的首次采样应在每个灌溉季开始时进行。之后,应根据水质、土壤特性、灌溉方式和作物耐盐性,在根区进行土壤采样。一般来说,当处理后污水中的盐浓度较高、土壤中黏土含量较高、灌溉水用量较大或作物耐盐性较低时,采样频率应更高。

土壤中微量元素(重金属、新型污染物等)的采样应反映项目设计过程中识别的风险(如初始土壤和处理后污水的表征)。如前所述,监测是一个成本高昂的过程,需设计一个既能提供可靠的信息,又能负担得起成本的监测计划。

分析土壤提取物中微量元素的一种最好方法是电感耦合等离子体质谱法(ICP-MS)。然而,提取方法和确定微量元素的分析方法应使用当地适用

的限值设定方法,并根据当地法规进行调整。

土壤中微量元素的积累与植物的吸收有关,具体取决于元素的化学形式及其与土壤成分的相互作用(例如:交换、吸附、有机结合、碳酸盐和硫酸盐等形式)。植物对这些元素的吸附和积累取决于向植物根系供给这些元素的土壤、根际环境和植物根系的特性。

事实证明,土壤 pH 值会影响土壤中微量元素的溶解度,因此对植物吸附微量元素具有重要影响。与有机质含量、阳离子交换能力和土壤质地等其他土壤变量相比,pH 值的影响更为一致。微量元素对植物的毒性在酸性土壤中更为常见。其他土壤成分也可以防止微量元素移动,如黏土、有机质、含水铁和含水锰氧化物、有机酸、氨基酸、腐植酸和黄腐酸。

相应的采样程序必须考虑灌溉技术,应收集约 1 kg 的混合样本。应将样本保存在适当的容器中,避免交叉污染。应尽快将样本送到处理实验室。

4.4 环境监测系统

如果要让监测计划有效且相关,就需要解决系统评估和相关风险评估(模块一和模块二)中提出的问题和假设。通常,环境监测中主要关注:1)地表水,2)地下水,3)在一定程度上关注沿海或过渡水体(如相关)。此外,根据现行的地方性法规,需要对饮用水保护区和敏感区的水体进行监测。

对灌溉用途的监测主要是为了满足蒸散要求,但也有许多例子表明,再生水项目中也会过度使用再生水,从而使得再生水进入地下水和/或地表水。原则上,对灌溉用再生水的监管与对地下水补给和向水体排放污水的监管相同。

由于再生水中可能残留污染物,这对于下游取水可能造成不良影响,因此需要制订再生水接收环境的水质监测计划。与再生水的水质、水文和地质环境相关的风险是制订该计划的基础。根据再生水的特性(风险等级较高的项目),监测计划应更加严格,并根据每个地区的具体情况进行调整。

4.4.1 地下水采样

地下水监测(压强计网络、采样频率和触发值)应适用于已识别风险的地下水资源方案。监测井的数量和位置根据现场情况而定,同时要考虑到监测计划的目标和土壤导水率的变化。地下水采样站应设在回用水灌溉区的监测井中,以及该区域的上游和下游边界处。上游监测井的目的是评估地下水的背景水质。应设置充分的上游监测井来评估区域的差异。

在灌区内设置监测井的目的是评估"最坏情况下"的水质,因为这些监测站更有可能在再生水携带的污染物被其他下游地下水源稀释之前检出这些污染物。灌区内的监测井也可作为下游地下水潜在影响的预警指标。下游监测井用来验证使用再生水灌溉对整体水质的影响,这可能会影响地下水下游的开采利用。经过3年的采样程序,当监测结果显示没有影响时,可以重新评估监测计划,减少采样频率。

4.4.2 地表水采样

地表水采样站应设在上层水文系统的下游。采样点的数量、位置和监测程序根据具体地点设定。如果监测到再生水灌溉对地表水产生了负面影响,则应进行全面的水文检查,以识别污染源。应采取纠正措施防止进一步污染,并在合理的情况下中断灌溉。在停止使用再生水灌溉之后,还应证明可以将再生水排放到水体或土壤中。

经过3年的采样程序,当监测结果显示没有影响时,可以重新评估监测计划,减少采样频率。有关地表水采样的信息,请参见 ISO 5667-6 和 ISO 5667-11。

5 模块四:管理和协调

KRM10"应急管理"和 KRM11"协调"阐述了管理、突发事件处理和沟通的规程。这些规程是负责风险管理计划的机构与相关方之间进行有效沟通的基础。KRM11 包括关于相关方之间如何沟通信息的协定、报告意外事故和紧急情况的格式与程序、通知程序、信息来源和协商程序。

在执行风险管理计划期间,应制订管理和沟通计划与规程,以便内部利益相关方之间以及与公众有效沟通相关程序和结果。这些计划和规程有助于对风险管理计划的复杂性以及不同参与方之间的关系进行管理。在沟通计划中需要确定和描述的内容包括信息流程、适合的报告格式、通知程序、利益相关方的联系人、信息如何获取,以及协商程序(Almeida 等,2014)。

与利益相关方和公众的沟通是所有支持计划的关键构成要素。在再生水利用方面,因为系统要涉及多个利益相关方和用户群体,这一步骤比饮用水安全计划等更为重要。

5.1 应急管理

应根据再生水系统的风险评估制订应急方案。鉴于有效的沟通在处理意外事件和紧急情况时发挥着重要作用,还应在相关机构(例如卫生、环境和其他管理机构)的参与下制定内部和外部沟通规程。表23列出了可能导致紧急情况的事件列表,以及处理这些事件应采取的行动。

表 23　可能导致紧急情况的事件以及应采取的行动和沟通规程

事件	规程应包含的行动	备注
• 不符合限值、指导值和其他要求 • 处理系统故障(如系统故障、化学品用量不正确、设备故障、机械故障等) • 意外或非法排放(如集水区溢漏、非法排入集水系统等) • 长时间停电 • 极端天气事件 • 自然灾害(如火灾、地震、雷击破坏电气设备等) • 人类活动(如重大失误、破坏、罢工等) • 疾病暴发导致处理系统中的病原体增加 • 生物膜或藻类或微生物在仓库或水道中再生长 • 杀害鱼类或其他水生生物 • (可能)用再生水灌溉导致农作物受损或毁坏	• 确定潜在意外事件和紧急情况,并在相关机构的参与下制订程序和响应计划 • 确定响应行动,包括加强监测力度 • 确定内外部参与者的责任和权限 • 确定紧急情况下的替代供水 • 培训员工并定期测试应急响应计划 • 制定调查意外事故或紧急情况的规程,并在必要时进行修订 • 确定沟通方案和策略(包括内外部沟通) • 包括关键责任方和主管部门的联系人名单,包括紧急夜班和周末轮班人员名单	• 对员工进行应急响应和意外事件方案方面的培训 • 培训农民和其他利益相关方,让他们了解如何较好地利用再生水,特别是应急响应和应对意外事件的规程 • 定期检查和落实紧急响应计划,包括在正常工作时间之外(夜间及周末)。这些工作能够改善应急准备,并能在紧急情况发生之前提升计划有效性 • 在发生意外事件或紧急情况后,应开展调查,并向所有工作人员汇报情况,讨论应急表现,并解决所遇到的或关注的问题,防止出现新的危机或减少其影响

资料来源:《澳大利亚指南》(NRMMC-EPHC-AHMC,2006)。

5.1.1　督察

由独立机构进行的督察是《世界卫生组织安全饮用水框架》的三个核心组成部分之一,超出了《安全计划框架》范围。由于再生水系统带来的健康和环境影响的风险普遍较高,而且人们对再生水的接受度、形象和声誉很敏感,因此必须将督察工作及其沟通作为再生水应用安全计划制定后的下一项工作。督察工作基本上是对整个系统不同阶段的饮用水生产进行外部定期审查。当涉及再生水利用时,审查应涵盖系统的所有阶段,包括水源水质及其变化,以及防止有害化学物质和有害微生物进入系统的措施。督察中的水质检测是对公用事业公司日常运行过程中水质检测的有益补充,而不是取代。检测的参数数量、频率和地点需要按照法规的要求来确定。

督察结果需要传达给不同的利益相关方,同时也需要对公众公开。利益相关方包括:

——负责系统或系统一部分运行的公用事业公司。

——监管机构,如果督察工作由非政府机构承担。

——消费者和所有类型的其他用户。

——非政府组织(如国内消费者协会、代表公众的协会等)。

——地方管理机构,如果审查工作由中央政府机构承担。

5.1.2　培训

本步骤涉及的所有活动是为了确保再生水安全计划的执行有明确的管理程序。培训应帮助提高技能和知识、让组织具备执行再生水安全计划的能力(世界卫生组织,2016)。

对工作人员的培训可能是必要的,因为这样可以确保控制措施以及运行监测得到正确执行。为进一步改进再生水利用系统,还可以积极参与研究。

5.1.3　治理

表24列出了与再生水利用系统管理相关的挑战。

5.1.4　沟通

再生水利用可能会引起公众的关注。为回应公众的关注,需要对污水处理的合规性进行适当的规划和决策。在规划和引进再生水系统的过程中,需要与公众和其他利益相关方沟通,越早越好。这有助于提高透明度,并从利

益相关方那里收集有用的信息。

表 24　再生水利用系统治理和管理中的挑战与解决方案

挑战	主题
形成对不同需求和预期的相互理解	了解水质要求
	对风险的认知
	维持信任
明确角色和职责	获得明确的承诺
	各程序相互关联
	简化规章制度
提高认识、知识水平和能力	提高认识
	提高技术和知识水平,增进理解
	提高行业技能和经验
	加强决策能力
使用包容、协作和学习的过程累积知识,增进相互理解	通过风险承担、实验和实践中学习,非正式地形成新的知识
	正式组织不同类型和级别的活动以鼓励学习

资料来源:Goodwin 等(2019)。

DEMOWARE 项目说明公众对再生水利用的接受或反对在很大程度上取决于公众对监管和监测、技术过程、再生水利用机构,以及对再生水本身的质量和安全的信任或不信任。需要采用不同方式来增进公众对再生水的信任,包括与利益相关方合作、公众参与、信息提供等。

再生水系统的成功运营需要广泛的支持。利益相关方的参与是提高信任和接受度的一个关键环节。在制订再生水利用计划时,需要多个利益相关方平台共同促进早期对话和参与。比较好的做法是在多个层面让公众和利益相关方参与,如有针对性地开展意识提高活动和咨询,以及在更高层次让利益相关方参与规划和决策过程。

需开展公共教育和宣传,让人们了解水循环、认识到利用再生水的必要性,以及再生水利用的好处。宣传、提高认识和教育是提高公众对再生水利用接受度和信任的关键手段。

关于再生水利用规划的《共同实施战略指南》建议在开始沟通前收集以

下资料：

　　——再生水利用的理由，如在未来气候条件下缺水的大背景。

　　——安装处理和配水系统的成本。

　　——环境效益以及弊端/风险。

　　——社会、经济效益及弊端/风险。

　　——公众的暴露风险透明度，如何解决这些问题以及达到相应标准的处理水平。

　　所有这些都应在规划过程中进行分析，以便证明再生水利用方案的合理性。通过多种宣传渠道向广泛的受众提供客观和全面的信息是再生水利用沟通战略的重要组成部分。应当客观地提供信息，说明再生水利用面临的挑战、可能的解决办法以及成本效益，并与其他可能的解决方案相对照。其次，应当说明再生水利用的合理性和价值、再生水利用方案的成功案例，组织对现有再生水利用设施的实地考察，这样可以提高公众的认知、应对污名化循环水的问题。可以通过传单、宣传册和简报介绍循环水技术。还可以利用焦点小组、公开展览、示范活动、行业展和社交媒体宣传等互动方式促进信息交流，为经营者、监管机构和公众提供倾听、相互学习、回答问题、实时解决问题的机会。

　　对再生水利用进行准确描述非常有助于影响公众的观念。因此，要避免使用行话、缩略语和不必要的负面语言。使用积极、明确和直接的语言有助于提高公众对再生水利用的接受度。比如，将再生水利用定义为"在我们生活的世界，大部分饮用水已经来自计划外的再利用，再生水是合理地加速这个自然过程"。

　　关于再生水利用的教育材料和信息应该尽可能地描述个人的经历，并针对当地的水资源问题和挑战，同时认识到与水资源短缺相关的全球和长期挑战。因此，了解目标受众的看法和关注点是制定有效沟通策略的先决条件。

<h1 style="text-align:center">附录 4 《欧洲水效标识方案》(2015 年)</h1>

编者按:为了给欧盟消费者提供规范统一的卫浴产品性能和水效信息,欧洲水龙头和水阀协会(CEIR)与欧洲卫生洁具生产者联合会(FECS)联合代表数百家厂商的各国卫浴贸易机构,于 2015 年共同制定了《欧洲水效标识方案》[1]。本方案主要适用于卫浴产品。现全文翻译于此。

1 目标和特点

- 告知欧洲消费者卫浴产品及其配件的用水量。
- 推广使用"高水效"卫浴产品及其配件。
- 制订简明的适用于欧盟、以色列、挪威、瑞士、俄罗斯、乌克兰和土耳其的分类方案。
- 在遵守各国法律要求的同时,提出适用于欧盟、以色列、瑞士、俄罗斯、挪威、乌克兰和土耳其市场的要求。
- 设置自主且具有成本效益的灵活工具,监测和适应"高水效"产品的市场变化。
- 向所有在欧盟、以色列、瑞士、俄罗斯、挪威、乌克兰和土耳其市场上销售"高水效"的卫浴产品及其配件厂商开放。

2 原则和方案

2.1 主要原则

本方案制定了所有签署人在向欧盟、以色列、挪威、瑞士、俄罗斯、乌克兰和土耳其市场供应其产品和配件(根据第 3 点的定义)时必须承诺遵守的主

---

①摘译自《The European Water Label Industry Scheme》。

要原则。厂商和本方案签署人必须认识到:

- 水是必须保护的基础自然资源。
- "高水效"水龙头和淋浴喷头及其配件在保证安全和舒适的同时有助于减少水耗和能耗。
- 应统一制定产品最低标准,保证用户信息公正、简明。

2.2　厂商承诺事项

加入本方案的卫浴产品及其配件厂商须承诺:

- 致力于各项节水和节能工作,从而保护环境并降低产品用户成本。
- 告知用户产品的水耗,在欧盟、挪威、以色列、瑞士、俄罗斯、乌克兰和土耳其等地促使用户对比挑选水龙头、淋浴喷头及其配件,并参与节约水资源的行动。
- 制订可在所有欧盟国家、以色列、挪威、瑞士、俄罗斯、乌克兰和土耳其实施的自主参加、简单易行、普遍通用的分类方案。
- 邀请在欧盟、以色列、挪威、瑞士、俄罗斯、乌克兰和土耳其市场上销售其产品,有利益关系的卫浴产品及其配件厂商加入本方案。
- 推广标识方案,监测其实施情况,最大限度提高标识方案效力。
- 与欧盟主管机构和其他利益相关方合作,充分利用信息,在欧盟、以色列、瑞士、俄罗斯、挪威、乌克兰和土耳其广泛推广该方案。

2.3　签署人承诺事项

本方案签署人应满足方案要求,签署人须承诺:

- 根据第 4 点规定的申请流程,尽快或在授权后 6 个月内,完全按照下文规定,要求签署人对已申请并获得标识授权的所有登记产品进行标识。标识(见附件 2)可出现在产品或包装上,也可用于营销宣传,在技术文件上标注,在厂商的销售网站上宣传,或同时在以上各处出现。
- 遵守并承诺践行产品销售地的国家法律要求以及适用的欧盟和/或国家标准。
- 符合规定的分级条件,参照附件 1 中的相应类别。

- 借助水效标识强化产品水效和能效意识。
- 按照第 5 点和第 6 点规定的流程,配合本方案和标识实施方进行产品审核,完成本方案和标识的实施进度监测报告。

2.4 方案

本方案和标识立足简单高效,专注于水龙头、淋浴喷头及其配件的水耗,牢记节水就是节能,就是减少二氧化碳排放。

本方案尊重产品销售地的国家法律要求以及适用的欧盟和/或国家标准。

在配水系统中采用节水器具须满足水质和卫生要求。应征询当地专业安装人员意见,尽可能确保整个配水系统符合适用法规,安装后达到舒适度、水效、能效最佳综合性能要求。

3 产品、定义和测试指南

3.1 总则

欧洲水效标识(EWL)针对多种产品、流量或冲水限制、规范或优化的设计方法,并加以认可。然而,需要提醒潜在参与者:无论采用哪种水流控制方式,EWL 都是基于在列产品的额定最大流量或冲水量,即任意与所有流量或冲水控制方法的误差必须控制于在列产品额定流量或冲水量范围内。纳入误差值的在列产品可能无法通过审核,因此被排除在本方案之外。

提醒申请人:

提交审批的产品符合产品销售地国家中适用于该产品的所有相关国家法规要求。

距离、流量、水量、压力测量设备应有可溯源至国家标准的校准记录。

3.2 淋浴器

3.2.1 淋浴器控制器

淋浴器控制器一般分为两种类型:混合冷、热水向用户供水,通常称为混水阀或混水淋浴器;根据需要即时加热单一冷水源后向用户输送热水,通常称为电热淋浴器。

3.2.2 混水淋浴器

混水淋浴器属组合器具。厂商采用不同方式控制流量,最常见的是限定供水压力,或混水淋浴器的软管、喷头、手柄等处加装限流装置。因此,各厂商对哪种方式最适用有不同观点。本方案采用不同测试方法以适应不同厂商产品。

向一个淋浴点供水的混水淋浴器,在原厂商设定的最大运行压力范围内,若未设定最大压力,则在 3 Pa 压力范围内。

3.2.2.1 测试要求

本方案的先决条件是混水淋浴器应满足所有预期目标国家的监管要求。各国都有详细规定,其中一些有关水资源及其利用的规定列入了本方案参考文献。

核实产品是否符合厂商提供的合规公告,该公告随附产品申请书原件提交水效标识公司。

混水淋浴器及其配件在上市销售时应进行相应测试:

- 混水阀与敞开出水口组合测试。
- 混水阀与供水软管(或固定立管)和出水口组合测试。
- 混水浴缸/淋浴器:

  a. 与敞开出水口组合测试;

  b. 与供水软管(或固定立管)和出水口组合测试。

3.2.2.2 仪器

NHS 模型工程规范 D08 第 B.1 至 B.2.3.2 条规定了适用仪器和标准,例如水温测试方法。适用资质见下文。

3.2.2.3 流程

将混水阀与符合上述规定的监测仪器连接:

- 对于不限于低压应用且限流装置位于进水口或出水口的混水淋浴器,不连接软管或淋浴出水装置,进行"敞开出水口"测试。
- 对于不限于低压应用且限流装置位于淋浴器软管出水口或手柄中的

混水淋浴器,应与专用淋浴软管(或固定立管)和专用淋浴出水口连接。

●对于专为低压应用设计的混水淋浴器,应与厂商特制的专用淋浴软管/出水口连接,施加厂商设定的最大压力值。

●对于浴缸和淋浴共用的水龙头组件,无论何种情况,仅测试淋浴流量。

3.2.2.4 混水淋浴器"敞开出水口"测试①

完全开启混水阀和"出水口管路"的阀门、水龙头流量控制。

对冷、热进水口施加(3±0.05)Pa 的压力。

调整混水温度至(42±1)℃。

调节水龙头,使压损达到(1±0.05)Pa(再依次调节淋浴软管和淋浴器/出水口)。

流态达到稳恒后,测量并记录混水流量。

3.2.2.5 混水淋浴器与专用淋浴软管和出水口组合测试

阀门开度至最大。

对于不限于低压应用的混水淋浴器,向冷、热进水口交替施加(3±0.05)Pa 的压力;对于只限于低压应用的混水淋浴器,向冷、热进水口施加厂商设定的最大压力。

调整混水温度至(42±1)℃。

流态达到稳恒后,测量并记录混水流量。

3.2.2.6 要求

流量记录应满足以下要求:

1)在安装了淋浴软管和出水装置的情况下,"敞开出水口"测试混水淋浴器流量可能会有所不同,但估计误差较小。

2)与专用淋浴软管和专用淋浴器出水口组合测试,如需更换淋浴软管或淋浴出水口,必须是相同组件;否则会造成安全隐患,且可能无法达到本方案要求,不能通过审核。这一点在安装和维护指南中必须加以明确。

产品按下表分级,将方案流量等级标识固定在产品上。标识和网站上标

---

① 在安装了淋浴软管和出水装置的情况下,"敞开出水口"测试混水淋浴器流量可能会有所不同,但预计差异极小。

注的流量值保留一位小数。

流量/（L/min）
小于或等于6.0
小于或等于8.0
小于或等于10.0
小于或等于13.0
大于13.0

装有流量调节器（或限流器等装置）的产品上市销售，按"交付"状态确定的流量进行测试和登记。

流量调节器"内置"的产品，可作为低压产品按照相应申报的最大工作压力进行测试并登记；也可视为产品已装有流量调节器进行测试并登记，但对于此种情况，产品的流量调节器必须使用官方"产品说明"，向安装人员强调安装流量调节器的必要性。

3.2.3　电热淋浴器

电热淋浴器属组合器具。不同厂商的电热淋浴器设计原理基本相同。本方案所指电热淋浴控制器件包括淋浴手柄、软管和加热（电热）芯。

3.2.3.1　测试要求

电热淋浴器热水流量设计主要基于加热（电热）芯中电热元件的额定能耗，同时受进水水温和出口预设水温的影响。所有电热淋浴器设计具有完全相同的关联因素。因此，无须进行物理测试核实产品的流量。本方案采用计算公式核实所有电热淋浴器的流量。

3.2.3.2　计算公式

流量计算公式：

$$流量（L/min）= 60×工作电压/240/（标准千瓦额定值/240）×$$
$$工作电压/4.18×（出口水温–进口水温）$$

将计算参数进一步"标准化"，进口水温和出口水温均取中间值，基本涵盖产品冬、夏运行的季节性变化。

本方案季节性调整数值如下：

- 出口设定水温为 42 ℃；
- 进口水温为 15 ℃；
- 所有情况下工作电压均为 240 V。

所有目前已知的电热淋浴器产品经该计算方法验证均属"环保"或"低流量"，即每分钟小于 6 L。

例如：240 V 电压，7.0 kW 标准额定值，计为 3.72 L/min；

240 V 电压，8.0 kW 标准额定值，计为 4.25 L/min；

240 V 电压，9.0 kW 标准额定值，计为 4.78 L/min。

符合以上要求的产品可使用"推荐"水效标识。

可从水效标识公司获取官方电子表格计算器。

3.3 淋浴器出水装置

3.3.1 总则

淋浴器出水装置通常根据其配置分为多个类别，例如：设计安装于柔性淋浴软管的移动式花洒（也称手持花洒或手柄）；设计安装于刚性管道（固定立管）而非柔性淋浴软管和体位喷嘴的固定式花洒（也称顶喷花洒），如名称所示，体位喷嘴通常设计为以水平方式而非像手持花洒或顶喷花洒那样的垂直方式将水喷洒在身体上。出水装置的设计目标是为终端用户提供适当的喷洒方式。

无论以何种样式呈现，花洒作为沐浴器具就是让水以喷射流或水滴的形式出流（EN1112:2008）。

3.3.2 淋浴手柄

淋浴手柄属可移动手持淋浴出水装置，通过柔性淋浴软管与卫浴水龙头连接。借助合适的支架，可直接挂在水龙头器件或墙上。出水装置本身的喷洒方式可以是单一模式或组合模式。

在不超过原厂商规定的最大工作压力下，喷淋出口在所有位置均应达到标准流量，如未规定最大工作压力，则不超过 3-0/+0.05 Pa。

3.3.3 顶喷花洒和体位花洒

顶喷花洒固定于位于头顶上部的淋浴出水口，水流从上方向用户喷洒。体位花洒固定于垂直墙面上的淋浴出水口，水流从侧面向用户喷洒。

本方案不适用于专业或安全产品(如专业厨房水龙头或消防喷淋器)。

3.3.3.1 测试要求

本方案的先决条件是淋浴手柄应满足所有国家监管要求。各国都有详细规定,其中一些有关水资源及其利用的规定列入了本方案参考文献。

因此,本方案下的测试仅限于核实厂商申报的流量是否符合本方案要求。

3.3.3.2 仪器

合格的供水系统需在测试期内能以 3−0/+0.05 Pa 的动压输送冷水。

除非采用精密压力计替代一般压力计并且冷水供应系统能在测试期内提供上述规定的压力,仪器应符合 EN1112:2008 第 11.2.3 条的规定。

测试标准应与测试淋浴手柄的类型相匹配,即顶喷花洒喷水板的基准面应为水平,而淋浴手柄(通常通过柔性淋浴软管连接)喷水板的基准面应与水平面成 45°。在所有可用喷洒模式下,淋浴手柄在任何情况下都必须可以开度全启。

3.3.3.3 流程

- 逐步施加动压于淋浴手柄进水口。
- 记录稳定流态的流量值。

3.3.3.4 要求

应记录达到最大水流状态时的流量。

产品按下表分级,将方案流量等级标识固定在产品上。标识和网站上标注的流量值保留一位小数。

流量/(L/min)
小于或等于 6.0
小于或等于 8.0
小于或等于 10.0
小于或等于 13.0
大于 13.0

装有流量调节器(或限流器等装置)的上市销售产品,按"交付"状态确定的流量进行测试和登记。

流量调节器"内置"的产品,可作为低压产品按照相应申报的最大工作压力进行测试并登记;也可视为产品已装有流量调节器进行测试并登记,但对于此种情况,流量调节器必须使用官方"产品说明",向安装人员强调安装流量调节器的必要性。

3.4 水龙头

3.4.1 总则

水龙头有多种配置。既有只提供冷水或热水的单一式龙头,也有通过同一出水口或分流式出水口提供冷热混水的机械恒温龙头;既可手动开关,也可通过机械或电子方式自动关闭。水龙头放水流向盥洗池、坐浴盆或厨房水槽。

龙头自动阀的类型包括:

• 手动开启,达到设定流水时长后自动关闭。流水时长可在安装时进行调整。

• 用户感应系统触发电子开关阀。系统可以是触控式或无接触(免触摸)操作。可在安装时预先设置流水时长,也可在感应到用户时保持常开状态。

所有水龙头(包括自关式和电子式)及其组合配件,在 3-0/+0.05 Pa 及以下压力下与盥洗池、坐浴盆和厨房水槽配合使用。组合水龙头的每一侧配件都应单独进行测试。

注释1:两侧全开的组合水龙头配件:

• 分流式出水口——流量等同于每个进水口流量的总和。

• 单一式出水口——流量未必等同于每个进水口流量的总和。

注释2:具有可互换出水口的水龙头(所有类型)和组合配件:

• 符合本方案要求基于已批准发布的规范。厂商应在安装指南中说明,若代之以安装其他出水装置,本方案标准是否失效。例如:按方案要求批准安装曝气器,但若安装或拆除整流器,则批准失效。

本方案不包括浴缸注水的水龙头。

3.4.2 测试要求

本方案的先决条件是水龙头及其组合配件应满足预期目标国家的所有监管要求。各国都有详细规定,其中一些与水资源及其利用有关的专门规定列入了本方案参考文献。

因此,本方案下的测试仅限于核实厂商申报的流量是否符合本方案要求。

3.4.3　仪器

合格的供水系统需在测试期内能以 3-0/+0.05 Pa 的动压输送冷水。

除非采用精密压力计替代一般压力计并且冷水供应系统能在测试期内提供上述规定的压力,仪器应符合 EN200:2008 第 10.2.2 条的规定。

3.4.4　流程

应遵循 EN 200:2008 第 10.2.3 条款的规定,除非:

● 安装 1 型和 2 型供水系统,施加于水龙头的每个进水口的动压达到 3-0/+0.05 Pa。

● 仅适用低压的混水淋浴器,冷、热水进口均施加厂商规定的最大压力。

● 逐步施加系统压力。

● 带有分流式出水口的组合水龙头(冷水入主管),需要将其与主管连接,主管冷水侧供水最小水流压力保持在 0.4 Pa。

● 记录稳恒流态的流量值。

● 仅适用低压的水龙头,冷、热水进口均施加厂商规定的最大压力。

3.4.5　要求

按照"流向水池""流向水槽""流向水盆"等表达方式记录流量,即对于组合水龙头配件来说是可用最大流量,对于单一式龙头来说是冷、热水龙头计算总和可用最大流量。

产品按下表分级,将方案标识固定在产品上。标识和网站上标注的流量值保留一位小数。

流向水池或水槽的流量/(L/min)
小于或等于6.0
小于或等于8.0
小于或等于10.0
小于或等于13.0
大于13.0

装有流量调节器(或限流器等装置)的产品上市销售,按"交付"状态确定的流量进行测试和登记。

流量调节器"内置"的产品,可作为低压产品按照相应申报的最大工作压力进行测试并登记;也可视为产品已装有流量调节器进行测试并登记,但对于此种情况,流量调节器必须使用官方"产品说明",向安装人员强调安装流量调节器的必要性。

3.5　冲水马桶

3.5.1　总则

马桶一般指清除人类排泄物的设施。口语中常作为综合术语,指代厕所套件中任何部分或组件。实际此类器具细分为便器、冲水箱以及作为套件测试的便器和水箱组合。

3.5.2　马桶套件

便器、冲水箱组合及其附件组成的卫生器具,须经测试符合1类套件(EN997:2012第5.5条)或EN997:2012规定的2类套件要求。

符合EN997:2012的1类(第5.5条)或2类(第6条)要求的马桶,对申报冲水量进行核实,双冲式马桶采用3次半冲水与1次全冲水的比率,单冲式马桶采用4次冲水的平均值。

3.5.2.1　测试要求

本方案的先决条件是马桶套件及其内部组件应满足预期目标国家的所有监管要求。例如:英国水法规规定只有2类产品可以在英国市场销售。

核实产品(根据EN997:2012对相关类别的具体要求测试冲水量)是否符合厂商提供的合规公告,该公告随附产品申请书原件提交水效标识公司。

申请者应持有核实符合EN997:2012相关规定和欧洲水效标识冲水量验证测试的测试报告副本。测试报告应详细说明构成套件的主要组件和符合标准所需的关键尺寸,如水箱安装高度。在审核过程中,可能需要提供这些测试报告副本。

因此,本方案下的测试仅限于核实厂商申报的冲水量是否符合本方案要求。

3.5.2.2　仪器

1类套件采用EN997:2012第5.7.5.1.1条和第5.7.5.1.2条介绍的仪

器,2类套件采用第6.17.3.1条介绍的仪器。

3.5.2.3　流程

除无须测量水封弯管深度,适用且应遵守EN997:2012第5.7.5.1.1条、第5.7.5.1.2条和第6.17.3.2条阐述的程序。

应记录每次冲水操作后测得的水量。

3.5.2.4　要求

测量的水量不应超过任何引述的申报标称冲水量。

例如:6/4双冲式马桶套件,全冲水量任何时候都不应超过6.00 L,而半冲水量不应超过4.00 L。

计算并记录4次冲水量平均值(双冲水按照1次全冲水与3次短冲水的比率),并在欧洲水效标识数据库产品列表中详细说明。该数值以及标准全冲水量和半冲水量,可以与列入产品资料和包装标识等的水效标识一起申报。

贴加"分级"标识,应记录标准平均冲水量(3:1比率),并以适当标识展示。为保持一致,标识和网站引述的实际值应保留两位小数。以6/4双冲式马桶标识为例:

平均冲水量,3:1 比率/L
小于或等于3.50
小于或等于4.50
小于或等于5.50
小于或等于6.00
大于6.00

注释:自引入欧洲水效标识起,欧盟委员会采用环保标识代表市场上销售的最低冲水量排名前10%～20%的马桶冲水装置。

EN997:2012、EN14055:2010和英国法律有详细规定,环保标识测试标准要求产品在"实际工况"而非隔绝供水状态下进行测试。

然而,依据环保标识要求测试的马桶冲水装置的实际冲水量常常高于根据EN997:2012和EN14055:2010测试的冲水量。因此,厂商可以引述环保标识冲水量,使其符合欧洲水效标识要求。

3.5.3　独立便器

独立便器作为卫生器具,通常与适合的独立冲水箱(符合 EN14055:2010 要求)配套使用,须经测试符合 EN997:2012 中 1 类便器(第 5 条)要求。

符合 EN997:2012 中 1 类便器(第 5 条)要求的独立便器,应按 4.00 L、5.00 L、6.00 L、7.00 L 或 9.00 L 冲水量设计,并经测试,核实申报冲水量应取 4 次冲水量平均值。

3.5.3.1　测试要求

本方案的先决条件是马桶套件及其内部组件应满足预期目标国家的所有监管要求。

核实产品(根据 EN997:2012 对相关类别的具体要求测试冲水量)是否符合厂商提供的合规公告,该公告随附产品申请书原件提交水效标识公司。

申请者应持有核实符合 EN997:2012 相关规定和水效标识冲水量验证测试的测试报告副本。测试报告应详细说明便器和符合标准所需的关键尺寸,如水箱安装高度。在审核过程中,可能需要提供这些测试报告副本。还应掌握详细资料,证实便器适用于现有马桶水箱冲水量。

因此,本方案下的测试仅限于核实厂商申报的冲水量是否符合本方案要求。

3.5.3.2　仪器

采用 EN997:2012 第 5.7.2.2 条和附件 A 或附件 B 介绍的仪器。

3.5.3.3　流程

除无须测量水封弯管深度外,其他流程应遵守 EN997:2012 第 5.7.2.2 条阐述的流程。

应记录每次冲水操作后测得的水量。

3.5.3.4　要求

测量的水量不应超过产品申报的冲水量。

例如:6 L 独立便器,全冲水量任何时候都不应超过 6.00 L。

厂商通常会以几种不同冲水量校验便器。厂商/销售单位应在申请时向本方案提供任何指定独立便器可以通过的通用便器水箱冲水量。每次登记都应注明。厂商还需在其产品手册中注明此信息,并明示采用较大冲水量的水箱会导致平均冲水量高于产品标注和本方案核实数据。

计算并记录 4 次冲水量平均值,并在水效标识数据库产品列表中详细说明。该数值以及销售单位认为需要计入的任何误差,可以与列入产品资料和包装标识等的水效标识一起申报。

贴加"分级"标识,应记录冲水量,并以适当标识展示。为保持一致,标识和网站公示的实际值应保留两位小数。

注释:典型组合(如 1 类套件)针对独立冲水箱已经过测试的产品,独立 1 类便器可同时计入完全冲水量和半冲水量,记录平均冲水量。对于此种情况,产品说明可参照冲水箱计算平均冲水量。

平均冲水量,3∶1 比率/L
小于或等于 3.50
小于或等于 4.50
小于或等于 5.50
小于或等于 6.00
大于 6.00

注释:自引入欧洲水效标识起,欧盟委员会采用环保标识代表市场上销售的最低冲水量排名前 10%~20% 的马桶套件。

EN997∶2012 和欧洲国家法律有详细规定,环保标识测试标准要求产品在"实际工况"而非隔绝供水状态下进行测试。

然而,依据环保标识要求测试的马桶套件的实际冲水量常常高于根据 EN997∶2012 测试的冲水量。因此,厂商可以引述环保标识冲水量使其符合欧洲水效标识要求。

3.5.4 独立马桶冲水箱

独立马桶冲水箱是马桶冲水箱(有时称储水箱)的一种,由冲水机件、进水阀和冲水管构成,输送设定水量,须经测试符合 EN14055∶2010 的 1 类或 2 类冲水箱要求。

符合 EN14055∶2010 的 1 类(第 5 条)或 2 类(第 6 条)要求的独立马桶冲水箱,对申报冲水量进行核实,双冲式产品采用 3 次半冲水与 1 次全冲水的比率,单冲式产品采用 4 次冲水的平均值,其冲水量可以使 2 类马桶套件(已经核准的独立马桶冲水箱和配套便器的组合,作为套件已进行测试和验

证)和1类便器分别符合 EN997:2012中1类或2类要求。

3.5.4.1　测试要求

本方案的先决条件是独立马桶冲水箱及其内部组件应满足预期目标国家的所有监管要求。例如:英国水法规规定只有2类产品可以在英国市场销售。

核实产品(根据 EN14055:2010 对相关类别的具体要求测试冲水量)是否符合厂商提供的合规公告,该公告随附产品申请书原件提交水效标识公司。

申请者应持有核实符合 EN14055:2010 相关规定和欧洲水效标识冲水量验证测试的测试报告副本。测试报告应详细说明主要组件和符合标准所需的关键尺寸,如水箱安装高度。在审核过程中,可能需要提供这些测试报告副本。

因此,本方案下的测试仅限于核实申请者申报的冲水量是否符合本方案要求。

3.5.4.2　仪器

采用 EN14055:2010 第 5.3.2 条针对 1 类产品和第 6.10.3 条介绍的仪器。

3.5.4.3　流程

除单冲水产品冲水次数达到 4 次、双冲水产品半冲水与全冲水操作总次数达到 4 次且为 3:1 比率外,适用且应遵守 EN14055:2010 第 5.3.2 条针对 1 类产品和第 6.10.3 条阐述的流程。

应记录每次冲水操作后测量容器收集的水量。

3.5.4.4　要求

测量的水量不应超过产品申报的标准冲水量。

例如:6/4 双冲式产品,全冲水量任何时候都不应超过 6.00 L,而半冲水量不应超过 4.00 L。

计算并记录 4 次冲水量平均值(双冲水按照 1 次全冲水与 3 次半冲水的比率),并在水效标识数据库产品列表中详细说明。该数值以及标准全冲水量和半冲水量,可以与列入产品资料和包装标识等的水效标识一起申报。

贴加"分级"标识,应记录标准平均冲水量(3:1 比率),并以适当标识展示。为保持一致,标识和网站公示的实际值应保留两位小数。以 6/4 双冲式

产品标识为例:

平均冲水量,3:1比率/L
小于或等于 3.50
小于或等于 4.50
小于或等于 5.50
小于或等于 6.00
大于 6.00

注释:自引入欧洲水效标识起,欧盟委员会采用环保标识代表市场上销售的最低冲水量排名前 10%~20% 的马桶冲水装置。

EN997:2012、EN14055:2010 和欧洲国家法律有详细规定,环保标识测试标准要求产品在"实际工况"而非隔绝供水状态下进行测试。

然而,依据环保标识要求测试的马桶冲水装置的实际冲水量常常高于根据 EN997:2012 和 EN14055:2010 测试的冲水量。因此,厂商可以引述环保标识冲水量使其符合欧洲水效标识要求。

3.5.5 更换马桶冲水组件

更换马桶冲水组件须经测试并符合 EN997:2012 中 1 类或 2 类产品相关规定。

3.5.5.1 总则

维修或保养马桶水箱或马桶套件时,可更换安装低流量冲水阀,这也是常用的节水措施。然而,冲水功能在很大程度上取决于水箱尺寸,而且其性能必须与便器性能相匹配,因此更换冲水组件不一定能节约用水量。

两种类型的更换马桶冲水装置可满足欧洲水效标识方案资质要求:

A. 虹吸式冲洗阀。

B. 直冲式冲洗阀。

因此,更换马桶冲水组件必须采用双冲式设计以实现节水。

3.5.5.2 测试要求

本方案的先决条件是更换马桶冲水装置及其内部组件应满足预期目标国家的所有监管要求。各国都有详细规定,其中一些与水资源及其利用有关的专门规定可参阅欧洲水效标识方案文档。

3.5.5.3 要求

为确保冲水装置经久耐用及冲洗效果,更换装置必须符合监管机构的马桶套件规范相关要求(英国)以及目标国家的任何其他法律要求。

更换马桶水箱设备,其装置设计必须满足以下要求:

A. 达到规定水位,能与原设备全冲水速度相匹配,保持冲洗效力。

B. 冲水机制应以双冲水方式运行,且无论如何设定冲水装置,半冲水量不应高于全冲水量的 2/3。

C. 物理耐用性和漏损量。

D. 化学耐用性。

E. 适合客户/终端用户的操作指南,说明全冲水和半冲水的操作过程。

平均冲水量,3∶1 比率/L
小于或等于 3.50
小于或等于 4.50
小于或等于 5.50
小于或等于 6.00
大于 6.00

3.6 小便池

3.6.1 总则

一种卫生器具,包括碗状桶、小隔间或垫板,安装于墙面或地面,用于收集尿液和冲洗用水排入下水系统。

3.6.2 独立小便池冲水箱

独立小便池冲水箱是小便池冲水箱(有时称水罐)的一种,由冲水组件和进水阀构成,输送设定水量,须经测试符合 EN14055:2010 的 3 类冲水箱要求,即每次冲水量小于 5 L。

符合 EN14055:2010 的 3 类(第 7 条)要求的独立小便池冲水箱,核实申报冲水量应取 4 次冲水量平均值。

3.6.3 测试要求

本方案的先决条件是独立小便池冲水箱及其内部组件应满足预期目标

国家的所有监管要求。

核实产品(根据 EN14055:2010 对 3 类产品的具体要求测试冲水量)是否符合厂商提供的合规公告,该公告随附产品申请书原件提交水效标识公司。

申请者应持有核实符合 EN14055:2010 相关规定和欧洲水效标识冲水量验证测试的测试报告副本。测试报告应详细说明主要组件和符合标准所需的关键尺寸,如水箱安装高度。在审核过程中,可能需要提供这些测试报告副本。

因此,本方案下的测试仅限于核实申请者申报的冲水量是否符合本方案要求。

3.6.4 仪器

采用 EN14055:2010 第 5.3.2 条针对 3 类产品介绍的仪器。

3.6.5 程序

除单冲水产品冲水次数达到 4 次外,其他程序适用且应遵守 EN14055:2010 第 5.3.2 条针对 3 类产品阐述的程序。

应记录每次冲水操作后测量容器收集的水量。

3.6.6 要求

测量的水量不应超过产品申报的标准冲水量。

计算并记录 4 次冲水量平均值,并在欧洲水效标识数据库产品列表中详细说明。该数值可以与列入产品资料和包装标识等的欧洲水效标识一起申报。

贴加"分级"标识,应记录标称平均冲水量,并以适当标识展示。为保持一致,标识和网站公示的实际值应保留两位小数。

平均冲水量,3:1 比率/L
小于或等于 3.50
小于或等于 4.50
小于或等于 5.50
小于或等于 6.00
大于 6.00

注释:自引入欧洲水效标识起,欧盟委员会采用环保标识代表市场上销售的最低冲水量排名前10%~20%的小便池冲水装置。

EN14055:2010 和欧洲国家法律有详细规定,环保标识测试标准要求产品在"实际工况"而非隔绝供水状态下进行测试。

然而,依据环保标识要求测试的小便池冲水装置的实际冲水量常常高于根据 EN14055:2010 测试的冲水量。因此,厂商可以使用环保标识冲水量使其符合欧洲水效标识要求。

3.6.7 小便池控制器

仅适用于英国。一种小便池控制器装置,采用压力冲洗阀套件或自动操作冲洗水箱的形式,须经测试以确保符合国家法规。

所有压力冲洗阀每次冲洗一个小便器或一个阀门使用位置的最大冲水量为 1.50 L。

所有向小便池供水的自动操作冲洗水箱,单个小便器供水箱对每个小便器的供水流量应为 10 L/h,2 个及以上小便池供水箱每个小便器或使用位置(每个小便池垫板宽 700 mm)的供水流量为 7.50 L/h。

小便池控制器有多种形式,既有设计用于单个小便器冲水操作的控制器,也有可冲洗多个小便器或多人共用隔间的水箱出水控制器。

3.6.8 测试要求

本方案的先决条件是小便池控制器应满足所有国家监管要求。各种国家法规中有详细规定,其中一些与水资源及其利用有关的专门规定可参阅本方案文档。

因此,本方案下的测试仅限于核实厂商申报的流量和水量是否符合本方案要求。

3.6.9 要求

获准使用的两类小便池控制器:

1.无须外加部件的压力冲洗阀套件,供水满足要求。直接连接供水管或分水管,手动或自动冲洗小便器,冲洗过程应设计有适用于 5 类流体的直流管断续器防止回流装置。进行安装检查,确保符合要求。此类产品每次冲洗一个小便器或一个阀门使用位置的最大冲水量为 1.50 L。如果采用手动操作螺线管操纵阀或等效压力冲洗阀,该阀必须是常闭型或闭锁型(双稳态)。

2. 小便池供水自动操作冲洗水箱,供水流量应为:

a)对于单个小便器供水箱,每个小便器为 10 L/h;

b)对于 2 个及以上小便池供水箱,每个小便器或使用位置(每个小便池垫板宽 700 mm)为 7.50 L/h。

如果采用传感器控制冲水,不可错误触发,且长期不用时可防止冲水(卫生冲洗除外)。卫生冲洗周期出厂时设置应大于 12 h 或默认"关闭"。

除卫生冲洗外,传感器应确保只在便后冲洗小便池。

针对各种情况设计的控制器都必须保证可在安装时进行调整,使其符合《供水(给排水管配件)条例 1999》冲水循环周期要求,即每次冲洗一个小便器或一个使用位置的冲水量小于 1.50 L。

由于是一般性安装要求,在对产品进行性能审核时,上述情况必须可以核查,并且必须在产品文档中完整记录,确保操作人员可以安装和调整产品使其发挥应有性能。

产品文档应包括所有必要的细节,确保产品安装符合国家规范。

3.7 浴缸

3.7.1 总则

用于浸泡和清洗人的身体或身体部位的卫生器具(包括漩涡式、空气式、按摩式等各种形式浴缸)。

3.7.2 流程

采用称重、体积测量等方式,确定浴缸注水至首次流经溢流孔时浴缸容纳的水量。

无溢流装置的浴缸注水至溢出水位下 80 mm。

注释:根据 EN232:2003,80 mm 为安装溢流孔底沿的最大允许高度,即 $H_1 \geqslant 80$ mm。

通过计算,确定并记录水量。

3.7.3 要求

应记录水量。

产品按下表分级,将方案标识固定在产品上。效率分级图上的灰色箭头表示实际性能的可选范围,使消费者能够辨识特定产品所处级别。在使用时,标注的数值须取整。

浴缸实际容量/L	有效容量/L
小于或等于 155	小于或等于 62
小于或等于 170	小于或等于 68
小于或等于 185	小于或等于 74
小于或等于 200	小于或等于 80
大于 200	大于或等于 80

采用 EN806-5:2012 中详述的计算方法,浴缸有效容量(人在沐浴时溢流排除水量后所需的水量)为测量容积的 40%,这有助于消费者选择合适产品。

3.8 其他设备

3.8.1 总则

本节旨在试用新产品和新技术,从而识别节水产品及其节水潜力。

3.8.2 供水管线流量调节器

厂商提供的说明书中推荐的流量调节装置,安装在产品或系统的出水口或进水口,可不受供水压力约束产生的最大流量,且在 3-0/+0.05 Pa 压力下限制额定流量不高于申报流量。

流量调节器可独立运行,也可与流量调节曝气器或流量调节止回阀等水龙头器件组合运行。

注册水效标识需按以下条件核实申报流量:

3-0/+0.05 Pa 下的流量 = 申报最大流量+0/−20%,按照附件 2 表格评级。

例如:

——申报流量 6 L/min＝6+0/−1.2(4.8~6)L/min

——申报流量 8 L/min＝8+0/−1.6(6.4~8)L/min

——申报流量 10 L/min＝10+0/−2.0(8.0~10)L/min

注册产品核实:

在 1.5 Pa 和 3.0 Pa 压力下核实申报流量,允许误差为+0/−20%。

注意:在此强烈建议,如果在终端设备或供水系统中其他部件上安装流量调节器,必须与该系统、系统内所有配件及设备兼容。换言之,加装流量调节器不影响设备或配件实现原设计目标的安全性或性能。

3.8.3　灰水回收利用装置

灰水回收利用装置因其回用水的天然属性被视为"生态"产品。出水口本身可以"固定"或"灵活",喷流方式可以是单一模式或组合模式。

本方案仅涉及建筑结构中永久安装提供马桶冲洗等内部用水的产品。

因此,本方案中的测试仅限于核实其产能。

本方案的先决条件是灰水回收利用装置应满足所有国家监管要求。各种国家法规中有详细规定,其中一些与水资源及其利用有关的规定可参阅本方案文档。

因此,本方案中的测试仅限于核实厂商申报的性能。符合要求的产品可使用"推荐"水效标识。

3.9　能耗

3.9.1　总则

热水能源消耗占据家庭能源开支的很大部分。有鉴于此,确认用户终端设备运行的能源用量作为广义水效标识信息的一部分将会有所裨益。

3.9.2　计算

为使热水能源用量计算保持一致,必须确定一般使用模式下平均供水水温和进水水温。基本计算基于物理第一性原理:

$$能量[kW \cdot h] = 质量[kg] \times 水的比热系数[kW \cdot h/(kg \times T)] \times \Delta T[T]$$

此基本计算结合平均用水时间即可计算预期年耗能量。

一些产品的平均使用时间如下:

盥洗池(和坐浴盆)水龙头　　1 min/次,5 次/(d·人)

厨房水龙头　　　　　　　　1 min/次,5 次/(d·人)

淋浴器(手柄和混水控制器)　7 min/次,1 次/(d·人)

盥洗池(和坐浴盆)水龙头与淋浴器出水口平均水温取恒定 38 ℃,厨房水龙头出水口平均水温取 45 ℃。无论何种产品,经季节性调整后,进水口平均水温取 15 ℃。

关键公式直接参考欧盟委员会水龙头和淋浴器研究项目 3 报告:用户。

浴缸可采用相同的主要计算公式,有助于用户理解每次洗浴时注满浴缸的能源成本。

能耗图标可以设置在欧洲水效标识底部,向消费者展示使用产品的预期年能耗成本。要求所有盥洗池水龙头、厨房水龙头、淋浴器(淋浴手柄和混水控制器)、浴缸等附带能耗图标。能耗图标应始终置于主要用水评级下方,并位于为所有(适用类型)技术图标预留空白的最左侧。

4　技术图标

4.1　总则

为扩展标识信息并向消费者展示技术参数特征,厂商最多可以在标识上添加 3 个技术参数图标(不含能源图标)。

4.2　允许添加的图标

应符合产品合格标准规定。

5　相关方和申请

本方案和标识最初由英国卫浴行业创建。CEIR 和 FECS 携手 BMA 将其扩展为欧洲计划。

本方案和标识目前面向所有为欧盟、以色列、挪威、瑞士、俄罗斯、乌克兰和土耳其市场提供"用水"产品的厂商。

5.1　定义

方案和标识主管部门:水效标识有限公司。

地址:英国纽卡斯尔安德莱姆 ST5 5NB,基尔科技商业园,创新中心 1 号。

厂商:在执行本方案的国家合法设立的公司。

CEIR:欧洲水龙头和水阀协会,位于比利时布鲁塞尔 1030,雷耶斯大街 80 号,钻石大厦。

CEIR 国家协会:所有在欧洲合法组建的阀门厂商行业协会均为 CEIR 成员。

FECS:欧洲卫生洁具生产者联合会,位于法国巴黎 75008,拉博蒂街 3 号。

BMA:卫浴厂商协会,位于英国纽卡斯尔安德莱姆 ST5 5NB,基尔科技商业园,创新中心 1 号。

5.2　申请

所有在欧盟、以色列、挪威、瑞士、俄罗斯、乌克兰和土耳其市场销售适用产品的厂商都可向方案和标识主管部门提出申请,申请材料包括申请表和合规公告。

若提出申请的产品技术参数发生了可能影响流量和产品分类的变化,应书面通知方案和标识主管部门。可提供第三方出具的合规证书或测试报告副本作为合规公告支撑材料。

欧盟、以色列、挪威、瑞士、俄罗斯、乌克兰和土耳其市场上销售的产品可在名录中保留。

根据适用条件和费用为厂商方案注册开具发票。首年申请按比例收费,此后全额收费。

如果申请获得通过,方案和标识主管部门将书面通知申请人,并就标识使用提供所有必要信息和指导,如果申请未获通过,说明做出拒绝申请的原因。

5.3　终止

方案和标识主管部门有权取消或暂停带有欧洲水效标识产品注册,但需说明理由,例如:未达到本方案标准,提供虚假或误导性信息,未按时告知相关产品变更信息(见第6点)等。方案和标识主管部门将书面通知厂商并说明理由。

签署人可以随时通过挂号信方式向方案和标识主管部门提出终止方案注册的申请。

已支付给方案和标识主管部门的费用不予退还。

6　抽检

方案和标识主管部门负责协调方案审核。遴选测试公司定期对随机选择的产品进行抽检。产品销售公司负责安排测试工作并承担测试费用。

方案和标识主管部门每年从列入本方案数据库的合格产品中选择5%的产品(以及与上市产品有关的随附文档、销售点材料和广告)接受抽检,检视其是否符合方案要求。由在ILAC(国际实验室认证合作组织)注册的独立有资质的认证(ISO 17025)测试机构进行审核测试。

本方案注册产品,如果厂商能够提供证明文件证明已由独立有资质的认证(ISO 17025)测试机构完成第三方流量测试,并证实产品符合本方案标准,可免于抽查。新加入方案的厂商成员在前 12 个月内可免予抽检。

如果抽检结果不符合本方案要求,方案主管部门将采取措施重新考察其合规性。方案签署人承担与测试和重新测试有关的所有费用。

7 报告和监测

方案和标识主管部门受各方签署人委托但独立于签署人,签署人同意向其提供目前方案和标识实施进展的相关信息。信息每年提供一次,由方案和标识运营方收集并形成报告。为此,本方案和欧洲水效标识主管部门将提交结构化问卷或调查文件。

方案和标识主管部门仅以汇总形式披露厂商提供的信息,即有关整体市场而非具体厂商的信息。方案和标识主管部门不会将具体厂商的任何机密信息透露给其他厂商或第三方。

方案和标识主管部门发布报告结果,公布本方案和欧洲水效标识的实施情况,评估欧洲水效标识知名度和对市场转型的影响。

8 治理委员会及其职责

设立治理委员会,负责向方案和标识主管部门就所有处理事项提出建议,包括签署人或第三方有关本方案和欧洲水效标识的所有投诉。

治理委员会提出本方案标准的修正案,以符合必要的行政管理调整和可能影响本方案的监管变化。修正案需提交至水效标识公司并通过全体会议审议。

治理委员会需采取一切必要措施执行本方案和欧洲水效标识,并监督各方签署人的合规性。所有参与方须承诺配合治理委员会工作,解决本方案和欧洲水效标识实施与执行过程中出现的任何问题。

治理委员会主席将签发一份报告,阐述所有的决议、磋商和讨论。邀请欧盟委员会作为治理委员会观察员。

9 违规、制裁和处罚

只有符合方案所有要求的,获准接受的产品方能列入本方案数据库,并贴加欧洲水效标识。

产品、包装、营销/技术支撑材料不当使用欧洲水效标识,按照使用要求对签署人处以警告,或从本方案中除名,并即时撤销所有营销/技术材料的标识使用权。

本方案旨在增强卫浴产品用水效能意识,提高浴室和厨房环境下用水效率,自愿参加。各方之间出现争议时,将本着"协商"原则依据本方案解决争端。所有争议都将力图以非正式方式解决。

无法以非正式方式解决争议时,涉事各方必须正式通知治理委员会,说明争议、已采取的行动和可能的解决方案。治理委员会将承诺尽快解决争议。

如果证明违规,治理委员会将审查证明材料并提出处理意见。

签署人未达到现行方案和欧洲水效标识要求的,治理委员会给予警告。该签署人必须采取一切必要措施在 3 个月内纠正问题。

如果签署人已采取必要措施,但仍不能达到要求,治理委员会可决定延长合规截止期限。

如果签署人在设定期限内未能采取必要措施,将被视为不遵守本方案,将从签署人名单中除名。在这种情况下,方案和标识主管部门将公开声明该签署人不再参与本方案。已支付的费用不予全部或部分退还。

如果非签署人或前签署人违反本方案使用欧洲水效标识,治理委员会将采取包括法律措施在内的任何合理措施,防止对本方案、标识及其签署人造成任何损害。

10 修订

本方案和标识基于现有技术水平。签署人同意根据技术、经济和社会状况的变化对本方案目标进行审查。签署人承诺审查不会降低现行方案和欧洲水效标识要求。本方案的任何变更和更新都将交由签署人全体会议处理。任何决定都需签署人代表 2/3 多数通过。

11　期限

方案注册期为 12 个月,1 月到 12 月均可注册。首年注册按比例收费。

12　营销

CEIR 和 FECS 确保现行方案可以在互联网上访问并向全欧盟推广。鼓励所有国家的协会在各成员国推广本方案。所有签署人应通过其网站、手册、注册产品文件等宣传本方案。

13　版权

水效标识公司拥有欧洲水效标识的全部版权和独家使用许可。水效标识设计属水效标识公司团体注册外观设计,注册号 002229757。

14　免责声明

欧洲水效标识属自愿参加方案,旨在在欧洲通报水龙头和淋浴喷头水效及效能,增强节水意识。方案和标识主管部门对本方案标识的任何滥用或冒用行为概不负责。本方案不担保标识产品质量或生产过程质量控制。

附件 1　流量分级

评级	测量单位/Pa	流量/(L/min)	
		盥洗池水龙头 厨房水龙头 手持/顶喷花洒 浴缸和淋浴器水龙头及套件 (仅指淋浴器出水口)	标识
用水	3,低于 3 时为最大 工作压力(待定)	最大 6 最大 8 最大 10 最大 13 大于 13	最大 6 最大 8 最大 10 最大 13 大于 13

注释：

——引用标准/产品包括：EN200：2008、EN816：1997、EN817：2008、EN1111：1999、EN1286：1999、EN1287：1999、EN15091：2013。

——必须计入流入盥洗池或水槽的水量（例如：双阀门控制式龙头为二者流量之和）。

——阀门和花洒两端都不应限流。

——流量级别低于 6 L/min 的产品不可用于组合式阀门。

——流量级别高于 13 L/min 的产品基于现行 EN 标准。

——具体安装时必须考虑阀门最小流量等限制条件，因此应用上会有所限制。

附件 2　水龙头和淋浴喷头水效标识样式

下图是用于水龙头和淋浴喷头的标识样式。标识采用彩色比例形式，辨识产品流量及其所属级别。配色范围从红色（效率较低）到绿色（效率最高）。流量相应落在给定范围，例如：最大 6.00 L。

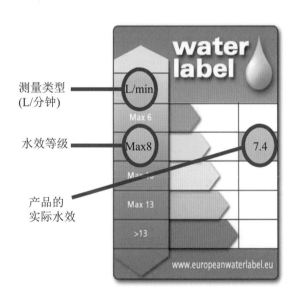

以上标识采用附件 1 设定的分级标准。

附录 5　英国《2030 年水效战略》（2022 年）

编者按: 英国《2030 年水效战略》①报告于 2022 年 9 月正式发布。报告提出 10 项战略目标,并逐一阐述了各项目标的重要性、具体措施、参与方式以及考核标准。此处摘译其中核心内容。

一、战略目标

英国《2030 年水效战略》的愿景是建设一个所有人、所有家庭和组织都能节约用水的英国。该战略的总体目标是:到 2030 年,全英国单日节水量达 150 万 m^3,供水的弹性和韧性得到进一步提升,实现良好的水生态环境。报告共提出以下 10 项战略目标:

目标 1(SO1)	展现提高水效的领导能力
目标 2(SO2)	提供及时有效的节水信息
目标 3(SO3)	提高节约用水的意识能力
目标 4(SO4)	保持对水价值的终身学习
目标 5(SO5)	展现支持和建议的包容性
目标 6(SO6)	确保新增用水项目高水效
目标 7(SO7)	对已建项目进行节水改造
目标 8(SO8)	倡导安装和使用节水产品
目标 9(SO9)	杜绝卫生间设施漏水问题
目标 10(SO10)	提高组织机构节水积极性

相关战略目标各自对应的节水措施到 2030 年节水潜力见表 1。需要注意的是,这 10 项战略目标间存在交叉,只有综合考虑每一个节水举措的各方

---

① 摘译自《UK Water Efficiency Strategy to 2030》。

面影响,才能实现综合效益的最大化。

目标1:展现提高水效的领导能力

所有英国政府部门和监管机构应明确展现水效领导力,并充分体现在政策制定和监管框架中。

降低用水需求是一个总体目标,需要所有利益相关方的共同努力。然而,水效战略的成功与否,最终取决于政府部门和监管机构的领导力以及政策执行的有效性。战略中提出的许多节水措施与政策监管密切相关,如设定严格的新建项目节水标准(目标6)、强制推行水效标识(目标8)、协同实施已建项目的节水改造(目标7)、推广用水计量智能设备(目标2)以及推行公共节水和家庭节水并行的监管制度(目标10)。

该目标的具体措施包括:

(1)各地政府应明确做出具有法律约束力的水效承诺,并特别关注家庭用水和公共用水。

(2)各级政府应出台支持性的节水政策,以法律法规的形式管控用水需求。

(3)各地政府应设立水效专家组,为政策建议提供科学有效的意见,并合理采纳相关建议。

(4)所有监管机构应兼顾用水效率的提升和激励措施的落实。各单位应制定时间表,确保战略执行的关键措施得以落实。

可通过以下4个问题来评估该目标的达成情况:

(1)政府是否明确承诺并以法律形式呈现水效目标?

(2)是否有证据表明政府正在实施水效支持政策以控制用水需求?

(3)是否成立了水效专家组并监督检查战略的实施进度?该组是否为政府提供了建设性意见?政府是否采纳了相关建议?

(4)水资源监管机构是否优先考虑用水效率,并在监管中充分体现了激励作用?

目标2:提供及时有效的节水信息

确保全体民众和组织能够及时获得关于用水和节水潜力的实用信息。

在缺乏真实和及时的用水数据的情况下,公众和机构很难意识到他们的用水量仍有潜在的节约空间,这在一定程度上限制了水资源的高效利用。了解自身的用水状况和节水潜力是改变用水行为的重要驱动力。了解用水情况,包括何时何地以及以何种方式使用水,有助于企业设定有效的节水目标,采取降低漏损率的措施,并以此优化对用水管网的监督管理。许多机构致力于降低碳排放,了解用水情况,为节能和节水创造机会。无论是在家庭还是组织机构当中,节水的机会无处不在。这种信息还有助于更准确地评估节水影响,从而为未来的投资提供依据。通过推广智能水表和研究用水行为发现,提供及时有效的用水信息有助于增强节水意识,并产生显著的节水效果。这有助于保护自然环境所需的水资源,并降低全英国家庭和组织在供水与用水过程中的碳排放。

该目标的具体措施包括:

(1)加速推广智能家庭和非家庭用水计量与监测技术,以及时捕捉准确的用水和漏损数据。

(2)利用这些数据为水资源管理的投资和行动提供信息支持,优先帮助家庭和组织机构改变漏水行为。

(3)将数据转化为清晰、易懂、可获取的形式并呈现给所有用户,提供具有针对性的建议和帮助,促进全民节水。

(4)确保那些不在公共供水系统中的社区也能获得支持。

跟踪评价该目标进展主要包括两个方面:

(1)根据水务公司的水资源管理年度报告,评价智能水表的安装和推广情况。

(2)对英国环境、食品与农村事务部,威尔士地方政府,苏格兰水务公司,以及英国消费者水务委员会、水务监督管理局等部门进行纵向调查,看是否及时获取和使用了第一手的数据。

目标 3:提高节约用水的意识能力

确保每个用水户都能真正理解节约用水的原因,学会节水并采取行动,开展有效的节水宣传,定期评估并分享经验。

为切实降低用水需求,每个人都需要真正理解合理用水的重要性以及如何发挥个人作用。但在 2022 年官方调查中,仅有 1/3 的受访者认识到英国面临严重的水资源短缺。个人用水行为受社会经济和天气等因素影响,很难准确评估。实现节水革命是非常具有挑战性和逐步推进的过程。一旦用水户获得支持并树立起节水的意识,他们将采取行动,成为节水的倡导者,产生示范带动效应,推动社会变革加速进行。

英格兰和威尔士部分地区的用水计划高度依赖节水变革,全英国的企业用水也是如此。在英格兰每天 400 万 m^3 的用水缺口中,约有一半是计划通过降低漏损和高效用水来弥补的。英国各行业节水措施及对应承诺的节水目标见表 2。

同时,节水宣传活动的策划和评估也面临挑战,必须具有针对性和实效性,还要避免造成社会不公平等后果。

该目标的具体措施包括:

(1)加强人们对节水必要性的认知。

(2)为每个人提供工具,帮助其在家庭和工作单位节水。

(3)在非常时期实施临时的用水禁令。

(4)建立覆盖全社会的高效用水的统一标准。

(5)客观、独立地评估节水宣传的实际效果。

(6)出台政策支持中小企业和技术团队研发新型节水技术,并推广应用。

跟踪评价该目标进展主要包括 3 个方面:

(1)开展长期调查,深入了解公众和组织的态度与行为。

(2)广泛征求意见并制定评估框架,评估宣传活动和节水措施的实际成效。

(3)通过更有效的传播和推广,推动研究成果和相关建议得到更广泛的采纳,为培养全民节水意识提供有力支持。

目标 4:保持对水价值的终身学习

通过终身学习,加深对水资源价值及合理利用的认识,培养人们珍惜水资源的意识和行为。

调查显示,公众普遍认为水资源教育至关重要,学校应当引导学生形成节水习惯,而青少年可以在家中引导全家人选择科学的用水方式。然而,研究显示只有少数年轻人能做到自觉节水。因此,加强年轻人的节水和环保意识具有重要意义。

水资源教育的范围应涵盖从儿童到成年人的全年龄段。儿童刷牙时学会关闭水龙头只是一个起点。维持长期的行为变革和建立重视水资源的社

会需要持续不断的教育,从基础教育到高等教育,甚至涵盖职业培训和社区学习。成年人需要掌握家庭和花园节水技能,以适应气候变化的挑战。确保每个人都能学习节水知识,逐渐建立对水资源风险和不确定性的认知,激励人们参与并珍惜宝贵的水资源,认识到自身的影响和责任。

该目标的具体措施包括:

(1)将关注水资源作为公众教育的常规内容,从学校到工厂、公司和社区,不仅是单次培训,而是终身教育。

(2)节水教育的内容应涵盖水资源供应、环境风险和减轻风险的方法。

(3)评估节水教育的影响和成效。

(4)改变对水循环过程的描述,让人们明白安全饮用水并非从天而降、无穷无尽的。

跟踪评价该目标进展主要包括4个步骤:

(1)对全英国目前的课程进行基准测试,以了解当前水资源教育的覆盖范围和深度。

(2)与教育部门和学术界合作,开展长期研究,关注年轻人对水资源态度的变化。

(3)开展学校调查,评估当前水情教育的情况并跟踪变化。

(4)制定一个评估框架,用于衡量和评估教育活动的效果。

目标 5:展现支持和建议的包容性

确保支持和建议高效用水的相关措施具有一定的包容性,特别是为经济困难的弱势群体提供帮助。

本报告中的"弱势"是指那些因个人、群体状况,以及市场和经济因素而无法正常用水,进而影响健康和生计的对象。因此,相关部门要调整服务方式,以保障和维护每个消费者的用水权益。

水务公司正积极致力于降低因水致贫的比例,将高效用水视为减少社会贫富差距的契机。节水就是节能,能同时降低家庭的水电费用。泰晤士水务公司一项研究发现,采取节水措施的家庭水电费用较普通家庭低 8%~17%,每年可节省 40~166 英镑。

该目标不仅关注水费和生活成本问题,还包括气候变化环境下的公平正义,致力于保障用水的公平性。用水政策和水量分配不会因弱势群体在年龄、健康状况、婚姻、种族、信仰、性别等方面差异而有所不同。

该目标的具体措施包括：

（1）确保每个人都能获得高效用水的合理建议和技术支持，尤其是接触数字技术较少的群体。

（2）与不同群体合作，开发适用性更广泛的节水措施。

（3）改善家庭用水与能源的联系，减少因无法用水或能源导致的贫困。

（4）创新研发解决方案，帮助每个人都能在家高效用水。

关于跟踪评价目标进度，既可利用现有的案卷记录，包括长期审查消费者水务委员会的工作成效、定期审阅供水企业关于维护公共利益的自查报告、研究分析用水户的消费能力变化等；也可通过探索新的评估方式，包括收集分析弱势群体的用水信息和节水数据、合作开展家庭/企业用水调研、邀请专家团队评选节水项目的最佳实践案例等。

目标 6：确保新增用水项目高水效

确保所有新开发项目在当前或未来缺水地区都具备更高的节水效率，同时实现"水中和"。

英格兰的大部分地区都正面临严峻的缺水问题。为确保稳定供水、维护健康环境并满足未来增长需求，每天需弥补约 400 万 m^3 的用水缺口。过去几年，英国各地都曾经历过水资源短缺。

"水中和"意味着新建项目的环境用水需求为零，因而不会加剧水资源短缺。要想实现该目标，首先需要通过采用高效用水设备、雨水收集和再生水利用等方式，最大程度地降低用水需求。其次，可以通过在当地采取节水措施来抵消新增用水额度。相关方法已在新建项目中得到应用，成效显著。

该目标的具体措施包括：

（1）加强政策和标准执行。确保新建项目的节水效率成为不可逾越的红线，只有达到最低要求方可获得批准。

（2）加强政府、开发商和水务公司的合作。在早期阶段，各地方政府、开发商和水务公司应合作，降低新开发项目的用水需求。特别是在"水中和"区域，要采取措施，确保用水不会加重现有或未来的供水短缺问题。这也应考虑到降低建设成本的创新目标。

（3）推广开发者激励计划。鼓励开发商采取更多措施来提高节水效率和实现"水中和"。借鉴泰晤士水务公司已经实施的激励计划,鼓励更深入的节水措施。

（4）采用标准配置。在新建房屋(包括家庭和非家庭用途)中,将再生水和雨水回用作为标准配置,并确保这些措施得到推广应用。

跟踪评价该目标进展主要包括3个方面:

（1）检视政府支持性政策的实施情况,确认是否落实新开发项目的高水效标准。

（2）审查地方政府用水规划是否符合预期并接受了专家指导,确保新开发项目满足节水要求。

（3）利用智能计量设备监测新建筑物的用水情况,确认是否达到了预期的用水水平。

目标7:对已建项目进行节水改造

将节水措施纳入建筑改造计划,推动实现净零目标。

到2050年,约80%的住宅将建成。若要显著减少用水需求,必须改善现有项目的用水效率,减少无效浪费。水务公司一项研究表明,通过提供有效的咨询和更换低效用水设施,可以实现至少10%的节水效果。在学校、医院、商店和工厂等场所,节水成效尤为显著。例如:泰晤士水务公司在完成约13 000次企业调研后发现,各行业的总用水量减少了5%~30%。

这一目标不仅包括有针对性的节水计划,还能够为人们改造家居环境时提供明智选择。在现有建筑中采取节水措施还能够降低能耗,实现节水的同时降低能源费用。给水加热(不包括空间制暖)约占家庭能耗的17%。有4%~5%的英国温室气体排放来自家庭用水方式,因此从"零排放"角度看,提高现有建筑物的用水效率十分有益。然而,公众对于节水如何有助于实现净零排放和应对气候变化的认知程度非常低。政府的改造计划通常忽视了节水在实现净零排放目标方面的作用。

因此,有必要在现有建筑中实施更全面的节水计划,这些计划不仅要考虑节能,还包括排水和废物管理。这也是建筑指导委员会在2021年的《国家改造战略》中提倡的方法。

该目标的具体措施包括:

（1）应采用综合的整体建筑方法，在改造过程中更好地整合节能、用水、排水和废物节约计划，包括为从业人员提供新技术培训。

（2）所有建筑物都应制订节水计划，引入高效节水设备，采用强制水效标识和再生水技术，包括雨水收集和污水回用。

（3）需要积极推广家庭节水计划，监测水效措施效果，及时了解和分享取得最佳节水效果的措施，并持续进行更新和改进。

（4）与房屋租赁机构合作，确保租户也能享受到节水带来的好处。

跟踪评价该目标进展主要包括4个方面：

（1）需要更好地整合供水规划、能源规划以及防洪/排涝和抗旱规划，实现协同发展。

（2）通过水务公司对用水户家庭的调查访问和房屋改造后的用水数据进行评估。

（3）通过监测水效标识产品的销售情况，如水效标识的推广情况，来进行评估。

（4）跟踪水管工和安装人员等机构认证和培训的接受程度，以确保业界的专业知识不断提升。

目标8：倡导安装和使用节水产品

鼓励公众安装节水产品，并使用水效标识。持续提升先进节水产品的普及率。

为使公众和机构在选购用水产品时有更好的节水选择，经销商必须提供相关水效信息，而水效标识正好能够解决该问题。实践证明，水效标识已在全球范围取得了成功，能够显著减少用水需求，达到降低成本、节能减排的效果。研究预测，未来10年个人用水量将减少5%，而在25年后将降低20%。引入强制水效标识，是英国政府采取的最具成效的政策之一，可有效控制家庭用水量。

2021年7月，英国环境大臣承诺推出强制水效标识，旨在向消费者提供必要信息，鼓励购买更为节水的产品，以满足家庭和商业需求。各级政府积极参与，计划在2024年全面推行。该计划实施后，水效标识将大幅推动节水产品的创新发展。同时，节水产品的测试和推广还需加强，创新立法方面也需要跟进。尽管创新基金能够提供部分资金支持，但仍然需要更强的激励

措施。

该目标的具体措施包括：

（1）坚定推行强制水效标识，使其覆盖全英各类用水产品。

（2）通过标识逐步提高节水标准，淘汰市场上低水效商品。

（3）推动政府部门与企业和消费者的紧密合作，宣传推广水效标识的正确使用方法。

（4）筛选和审查节水产品清单，确保创新得到立法保护。

（5）与水效标识同步推动建筑改造所需节水设备测试认证。

跟踪评价该目标进展主要包括 3 个方面：

（1）利用市场数据跟踪分析节水产品的销路和销量趋势。

（2）通过公众调查了解人们选购用水产品时，对水效标识的认可和参考程度。

（3）委托第三方进行独立评估，审查执行成本和效益，并提出改进建议。同时，也对使用节水设备的客户展开满意度调查。

目标 9：杜绝卫生间设施漏水问题

让漏水马桶和未标记的低效双冲水按钮成为过去。

据统计，英国 5%~8% 的马桶存在漏水问题，仅此一项就导致英国每天浪费约 40 万 m^3 水。这主要归咎于设计缺陷、材料质量低劣以及缺乏维护。一个漏水马桶每天浪费的水量可达 200~400 L，每年给用户造成约 200 英镑的损失。如果将全英国漏水马桶浪费的水资源收集起来，足以满足 300 万人的日常用水需求。

泰晤士水务公司根据智能水表数据发现，企业办公场所的马桶漏水问题更为严重，未进行节水改造的小便器平均每天漏水超过 2 000 L，造成了巨大浪费。同时，双冲水马桶之所以设置两个按钮，就是为了让人们根据需要选择不同的冲水量。然而，由于设计缺陷，许多马桶的按钮设置令人困惑。2019 年一项调查显示，在英国 1 200 名受访者中，只有 28% 能够准确区分两个按钮的不同。因此，建议采用新的设计方式，通过按钮大小来明确表示两个不同的挡位，确保大按钮的面积至少是小按钮的 1.5 倍。

该目标的具体措施包括：

（1）制造商应通过新的产品设计和材料彻底消除漏水问题。

（2）虽然市面上已有多种节水产品，但仍需深入了解为何其应用速度如此缓慢。

（3）举办宣传活动，提高家庭和组织机构对卫生间漏水与维护的认识。

（4）水务公司应为用户提供支持，通过检测和高耗水警报，帮助他们及时发现漏水点并修复。

（5）卫浴制造商应明确双冲水按钮的设计含义。

该目标实施的主要跟踪指标包括 3 个方面：

（1）通过企业调研和智能监测，降低使用漏水马桶的比例。

（2）积极促进新型双冲水马桶进入市场，并提高市场占有率。

（3）长期开展公众调查，如每 3 年一次的政府调查，以评估公众对于漏水马桶和双冲水马桶按钮的正确认知程度。

目标 10：提高组织机构节水积极性

组织更有动力的节约用水，并提供节水建议和支持取得理想效果。

在英国，约 30% 的用水在家庭之外，包括企业、学校、健身房、医院和酒店等，每天超过 300 万 m³。多数行业与家庭用水的方式相似，包括水龙头、马桶和淋浴，而部分行业则需将水用于特定目的，如酿酒或工业流程。

如果要降低用水需求，就必须激发相关领域节水的积极性和主动性。然而对公共部门来说，由于水费相对较低，尤其是与能源费用相比，因此往往被忽视，节水效果差强人意。必须加以重视，通过制度方式加大对组织机构节水工作的鼓励和支持力度。

该目标的具体措施包括：

（1）加强监管机制，资助和鼓励供水企业之间开展节水合作。需关注企业的利润率，以及用水量减少对其营收的影响。

（2）确保及时获取真实的用水数据。

（3）为节水活动建立更为有力的激励机制，包括设定节水目标、提供现状信息、明确具体要求以及制定奖惩措施等。

（4）定期报告并审查供水企业和个体用水户的用水趋势，提供节水奖励。

（5）确保公共事业部门将适当的水资源用于适当的用途（并非所有用途都需要饮用水质量的供水，可使用循环水或再生水）。

该目标实施的主要跟踪指标包括 3 个方面：

（1）积极改革监管体制,包括设立节水目标和激励机制,统筹推进家庭节水和组织节水。

（2）跟踪家庭用水以外的用水趋势和节水潜力。

（3）通过长期调查,分析人们节水的意识和积极性。

表1　有关节水措施2030年节水潜力

节水措施	2030年节水潜力/（万 m³/d）	备注
A. 推广智能水表（SO2）	35	每年为100万户安装智能水表,可降低家庭用水量15%
B. 实施水效标识（SO8）	30	通过5年时间,在新建项目和现有项目改造中执行
C. 1/3的新建住房实现"水中和"（SO6）	20	每年有25万栋房屋×7年×33%实现"水中和"
D. 改造漏水厕所（SO9）	20	停止低效卫浴产品销售,2030年之前更换一半的易漏水马桶
E. 替换旧式双冲水马桶按钮（SO9）	20	平均每人每天可节省3.5 L用水
F. 减少公共用水的无效浪费（SO2和SO10）	15	公共用水中有25%的漏损率,2030年前减少20%
G. 在缺水地区新建项目中使用再生水（SO6）	15	新建项目面积超过2 000 m²的建筑普及再生水
H. 访问用水家庭并提供节水改造建议（SO7）	6	200万户家庭节水10%
I. 给淋浴设施安装节水装置（SO3）	5	安装300万个节水装置,淋浴时间减少20%
J. 大力开展节水宣传活动（SO3）	10	组织5次"拯救溪流"节水宣传活动,每次可节水2万 m³/d

注:SO为战略目标,统计范围为英国。

表 2　各行业节水措施

行业/领域	节水措施和主要参与方	节水目标承诺
政府机构（英格兰）	绿色政府承诺（2021 年）：包括政府部门、公共机构的办公场所和其他场所	• 2025 年用水量较 2018 年减少 8% • 实现对所有用水点的全覆盖监测 • 通过定性评估，鼓励推动高效用水措施
休闲行业	休闲运营商水资源宪章（2021 年）：欧洲俱乐部经理协会、场地管理协会、赛马协会和英国高尔夫联合会	• 提高对用水紧张的认识，特别是在干旱时期 • 分享最佳实践和案例研究 • 准备水资源韧性评估
住房	绿化我们的现有住房（2021 年）：由建筑领导理事会牵头，与房屋协会、行业协会、专业机构和非政府组织合作。 50 L 家庭（2021 年）：由全球企业联盟（宜家、宝洁、格隆富、伊莱克斯、苏伊士）及合作伙伴共同参与	• 提出与英国政府、工业、金融和其他社区机构合作，推出全国住房改造战略，使现有住房更环保、更节能、更节水 • 实现家庭每人每天用水 50 L 以内
园艺	2025 年可持续路线图和 2021 年进展报告；园艺用水管理大全	• 到 2025 年，种植者和零售商从非市政供水和再生水源（雨洪水）获得的水量将增加 40% • 到 2025 年，英国园艺贸易协会成员实施的节水、蓄水池和自动灌溉系统的比例将增加 25%
食品和饮料行业	2030 年水安全路线图（2021 年）：由 WRAP 领导，大型超市（Asda、Tesco、Sainsbury's、Ocado、Aldi）、种植者、食品加工公司和非政府组织（WWF、智水组织）参与	• 持续提高自身运营的水资源利用效率 • 在英国最重要的 20 个原材料进口地实施节水 • 到 2030 年，总体目标是使英国 50% 的新鲜食品来自具有可持续水资源管理的区域

续表 2

行业/领域	节水措施和主要参与方	节水目标承诺
教育 (英格兰)	教育部于 2021 年任命新的水效经理,作为学校水资源战略的组成部分	● 针对学校的定向节水计划。已有几个试点项目在实施中,计划到 2026 年推广到 1 万所学校 ● 考虑开展相关的教育项目
时尚行业	时尚创新平台(Fashion for Good)	● 推广的创新技术可将耗水量降低 83%~95%
卫浴 制造商	漏水厕所承诺使用双按钮冲水阀(2021 年)	● 淘汰严重漏水的卫浴设计 ● 改进双冲水按钮设计,使按钮易于区分
大型企业	● Sainsbury's——到 2040 年所有门店实现"水中和" ● Facebook——到 2030 年实现"水中和" ● Mars——到 2025 年在 5 个门店实现"水中和" ● Microsoft——到 2030 年实现"水中和" ● BP——到 2035 年实现"水中和" ● L'Oreal——研发更少用水的护发产品 ● Molson Coors——水资源利用效率提高 22% ● IHG 酒店——降低缺水地区酒店的"水足迹" ● 希尔顿酒店——到 2030 年将用水强度减少 50% ● 百事可乐公司——到 2030 年在高风险区域实现"水中和"	

二、水效战略实施监测和评估

在水效战略实施的第一阶段(2017—2022 年),指导委员会和专题工作组均发挥了积极作用,尤其是对成果进展的监测和评估工作。当前的第二阶段(2022—2030 年)将继续沿用该模式,并进一步加强与地方水管理机构及水务公司的沟通协作,组织更大规模和更加多样的节水论坛(每年至少 3 次、线上线下结合),大力推广最佳实践,并重点关注水效标识、卫生设施、水与能源、水量平衡等议题。

监测和评估战略的实施进展主要通过以下 3 种方式:

1. 监测中短期计划执行情况

针对每项战略目标,都要确定几项需在两年内优先实施的行动。跟踪监测这些行动的执行情况、成本效益,并确保工作计划在整个执行周期得到审查和更新。

2.监测每项战略目标的进展

采用多种方式对各目标的实施进展进行定性和定量评估。以结果为导向,报告战略执行期间各项措施达成的节水效果,为未来的战略制定、企业规划和监督管理提供信息支撑。

3.监测整体节水指标的进展

根据最新统计数据,实时对比和分析实际供水量与计划供水量的差距变化,确保水资源供应的可持续性和对生态环境的友好改善。应在英国水效战略网站定期发布最新案例和年度简报,供公众参阅和监督。

附录6 法国《节水计划53条》(2023年)

编者按:法国《节水计划53条》①于2023年3月由总统马克龙正式向社会宣布,提出了53项具体的节水措施,应对越来越频繁的干旱。

一、组织安排各方节约用水

(一)推动各方节约用水

目标:至2030年减少10%的取水量。

1. 所有经济领域:制订用水及节水计划以推动2030年节水目标的实现(自2023年起)。

2. 工业领域:支持至少50处最具节水潜力的工业区开展节水行动(自2023年起)。

3. 建筑领域:在新建筑物中开展建筑节水工程(2024年)。

4. 农业领域:每年向农业节水提供3 000万欧元的补助(投入到低耗水农业或滴灌等)(自2024年起)。

5. 政府:在国家政府机关内部推行节约用水与反对浪费的活动,政府需起到表率作用(自2023年起)。

6. 公民:支持个人根据所在地区实际情况以及个人需求安装节水器具与雨水收集器(自2024年起)。

7. 所有人:进行广泛公众宣传,鼓励所有用水方节约用水(现在起至2023年夏)。

8. 让儿童尽早开始关注节约用水问题:在学校教育中强调水资源在环境和可持续发展中的重要性(水循环、节约用水教育、保护水生态系统)(自

---

① 译自《53 mesures pour l'eau-Ministère de la Santé et de la Prévention》。

2023 年起)。

(二) 改进规划

目标:因地制宜,制定目标。

9. 每个大型流域都将制订一份应对气候变化工作方案,方案将依照水资源与用水变化预测,明确减少用水的路径(自 2023 年起)。

10. 在《水资源开发和管理规划》及地方水管理规划的框架内明确全国1 100 个子流域的节水量化目标。如遇规划修订,规划须提出与预期目标相匹配的节水路径(自 2027 年起)。

11. 逐步取消超出流域供水能力的取水许可,即不再为供需不均衡的流域签发取水许可(根据取水许可证复审情况开展相关工作,分期进行,一直持续至 2027 年)。

(三) 改善计量

目标:精确测定用水量以更好地指导水资源利用。

12. 所有用水大户必须安装具有远程数据传输功能、符合环境许可条件的水表(自 2024 年起,在 10 个地区开展试验,2027 年实现全域覆盖)。

13. 加强小额用水户管理,降低家庭取水申报阈值,但简化申报程序(自2024 年起)。

二、优化水资源供应

(四) 保证自来水供应安全

目标:减少自来水管网漏损,保障自来水供应安全。

14. 减少管网漏损(170 个行政区面临自来水严重漏损问题,漏损比例超过 50%)以及保证饮用水供应安全(尤其是在 2022 年时 2 000 个城镇饮用水供应紧张)。为此,水利机构每年会额外补助 1.8 亿欧元,用于持续改善集中供排水区域的水循环状况。水利机构将对该笔补助的使用进行资产管理的绩效考核(自 2024 年起)。

(五) 重视非常规水

目标:普及非常规水利用(中水、雨水、轻微污染的生活用水等),在全国实施 1 000 个非常规水利用项目(从现在起至 2027 年)。

15. 在保护公众健康和生态系统的前提下,撤销农业食品行业、其他工业

领域以及部分生活用水中对非常规水利用的管理限制(自 2023 年起)。

16. 围绕以下方面支持再生水利用项目实施(自 2023 年起):

(1)建立递交材料专用窗口:地方负责人直接审批;

(2)设立"法国·试验"窗口,专门处理创新项目在提交材料时遇到的规章制度方面的困难(该窗口适于所有有利于节约水资源的项目);

(3)提供项目经理支持。

17. 设立再生水利用观察站(自 2023 年起)。

18. 政府与国家沿海地区议员联盟以及法国风险、环境、流动性与发展研究分析中心合作,向沿海地区征集兴趣意向函,推进污水再利用项目可行性研究(2024 年)。

19. 通过水利机构的支持与帮助,大力推广普及农业建筑物屋顶雨水回收,尤其是在养殖场屋顶回收雨水用于牲畜饮水(自 2024 年起)。

(六)改善并增加土壤、地下与水利工程中的贮水量

目标:在现有规定基础上,重新调配水资源,满足农田水利发展需求。

20. 在湿地保护方面,每年额外补助 5 000 万欧元,用于加强生态系统功能,以及为沿海地区观察站改进土地征用策略(自 2024 年起)。

21. 农田水利投资基金将增加至每年 3 000 万欧元,以完成现有水利工程的现代化提升(水库清淤、水渠维修等),在保障用水与生态系统平衡的前提下,开发新的项目(自 2024 年起)。

22. 制定地下水含水层补给相关国家策略和技术指南(2024 年)。

三、保护水质、修复良好功能性生态系统

(七)预防水污染

目标:预防水污染,重点加强对水源地的保护。

23. 所有水源地及引水工程均需制订水卫生安全管理计划(自现在起至 2027 年 7 月)。

24. 鼓励在水源地开展生态农业或有机农业项目。该工作将在《农业更新及未来公约》和《未来农业法》的框架下协同开展(2023 年)。

25. 在欧洲各国商议制定可持续使用农药法规(SUR)的背景下,出于环境健康重大挑战的考虑,法国在其境内的水源地内将使用植物性农药产品。

26. 实施"绿色农业"计划(Ecophyto 2030),将以同样的方式限制水源地的农药使用剂量(2023年)。

27. 水利机构将支持在水源地农业生产中使用低剂量农药的做法,包括:增加对农业环境与气候措施政策(MAEC)的支持,每年提供5 000万欧元帮助水源地生态恢复;将环境服务付费试验延长至欧洲共同农业政策(PAC)末期,总额可达每年3 000万欧元;当地政府每年为征地提供2 000万欧元补助(自2024年起)。

28. 一旦长期使用的农药剂量超出了饮用水水质要求,地方负责人应立即启动相应的风险管理措施,强化地方水卫生安全管理(2024年)。

29. 水利机构每年额外提供5 000万欧元的补助,优先用于污水处理站的标准化作业(自2024年起)。

(八)修复水资源大循环,以恢复大自然的过滤功能
目标:研发基于自然的水资源管理解决方案。

30. 开展70项"基于自然"的引领性抗旱工程(其中10项在重点流域内实施),重点开展湿地修复、复原或河道修复示范项目。在海外领地开展10项基于自然的水资源小循环与大循环项目(自2023年起)。

31. 在绿色环保基金框架下拨款1亿欧元,为地方政府开展土壤保水和生态修复提供资金支持(自2023年起)。

32. 加强生态工程领域技术研发,复原生态环境、修复被毁坏的生态环境、优化生态系统功能。根据2012年该领域第一份国家计划方案总结,相关各方将共同深化工作,助力该方案适应新需求、重获新活力(自2023年起)。

四、实现上述目标的具体措施

(九)改善水资源管理方式
目标:将所有用水相关方都纳入一个既开放且更有效、更清晰的管理(机制)中。

33. 每个子流域都将配备一个对话机制,并制订水资源区域共享政策方案(现在起至2027年)。

34. 对《水资源开发和管理规划》(SAGE)修订及提升(简化地方水资源委员会的运行、强化规章制度的适用范围),依据方案确定水资源优先使用方

向并对总体取水量进行分配(自 2023 年起)。

35. 在技术财政支持方面,为省议会有效介入提供便利条件(2024 年)。

36. 为试点海外省提供支持与帮助,以将水环境管理和防洪能力融入海外省水资源计划中(2024 年)。

37. 扩大国家水务委员会,吸收新的用水方和青年代表(2023 年)。

(十)确保水资源管理的适当定价与资金保障

目标:确保水资源政策的资金保障,更好地鼓励节约用水。

38. 从总体上来看,水利机构的资助额每年将再提升 4.75 亿欧元。通过重新平衡资金拨款,以支持节水计划方案的实施(自 2024 年起)。

39. 一旦新方案开始施行,水利机构的原有最高拨款限度也随之废止(自 2025 年起)。

40. 每年为海外省额外补助 3 500 万欧元,强化水管理和治理。此外,每年还将资助专项工程 100 万欧元(自 2023 年起)。

41. 国土银行将为地区政府投放新一轮水资源让利贷,并提供全程协助服务(2023 年)。

42. 为当地政府施行适于本地区的水价政策提供便利条件。特殊的水价政策应写入海外省的发展规划之中(2023 年)。

43. 经济社会环境委员会将负责对阶梯水价改革提出建议(2023 年)。

44. 在海外省水资源方案框架下,政府将与当地水资源相关方一起采取必要措施,确保水资源管理办公室收费及其工作的开展(自 2023 年起)。

45. 自然遗产保护和修复将被纳入当地政府多年投资计划中。此类项目还将纳入政府补贴的项目库,不受最高额度限制(2024 年)。

(十一)研究与创新投资

目标:整体推进水资源管理系统的研究与开发,提升创新水平。

46. 编制 Explore 2 研究计划,更新联合国政府间气候变化专门委员会(IPCC)最新出版物中的水文预测,并将补充开展法国水需求演变的前瞻性研究(现在起至 2024 年)。

47. 将水足迹纳入环境公告中(自 2024 年起)。

48. 编制《法国 2030 年水资源计划》,核算与水相关的整个价值链和水资源用途(天然水资源管理、用水、监测与分析、水处理),为法国企业创新提供跨领域支持(自 2023 年起)。

49.开展与水资源有关研究计划:OneWater 优先研究计划与装备、Water4All 欧洲合作、城市-区域项目与策略观察平台研究行动计划等。这些计划将推动人们根据水资源未来变化情况做出规划,改善使用工具,并将水资源综合管理政策纳入国土治理政策中以应对气候变化(2023—2027 年)。

五、能够更好地应对干旱危机

(十二)改善干旱管理

目标:更好地宣传,预防出现水资源紧张态势。

50.研发开放且操作简单的工具,帮助公众及各类用户了解其所在地区水资源使用的限制、用户类别及当地水情下推荐的生态保护措施(2023 年夏天发布测试版本)。

51.根据地方实际更新全国抗旱限制措施,确保高效实施相关措施(2023 年夏季前)。

52.研发干旱预测相关工具,确定最容易受到干旱威胁的区域、检测用水量与枯水期及后续影响期内水量不平衡现象,为国家和地方政府提供决策支持(2023—2027 年)。

六、履行承诺

目标:进展公开,并根据需求更新方案。

53.定期向各相关方公开在国家水务委员会框架下开展的行动计划实施情况,每年至少两次(自 2023 年 9 月起)。

附录 7　葡萄牙《再生水风险管理条例》
（2019 年）

编者按:葡萄牙《再生水风险管理条例》①于 2019 年由葡萄牙质量研究所制定,并通过部长委员会主席第 119/2019 号法令发布,用于开展再生水项目运行风险管理,以更加安全地利用再生水。

第一章　一般规定

第一条　目的
一、本法令为通过污水处理获得再生水(亦称为回用水)的生产及使用制定法律制度,旨在促进再生水的正确使用,并避免对人体健康和环境安全造成不良影响。

二、本法令对 5 月 11 日第 75/2015 号法令进行二次修订,第 75/2015 号法令批准了环境单一许可制度(LUA),并经 6 月 11 日第 39/2018 号法令修订。

第二条　范围
一、本法令适用于将生活、城市和工业废水处理站(ETAR)的水回用于与其水质相符的用途,如灌溉、景观、城市及工业用途。

二、本法令还适用于一些农作物产生的剩余水的回用,即无土栽培农作物的剩余水在收集后可用于灌溉其他类型的农作物。

三、本法令不适用于将再生水作为饮用水,饮用水须符合现行 8 月 27 日第 306/2007 号法令中对人体饮用水水质作出的定义,本法令亦不适用于一道或多道工序的闭合回路中进行的水循环或回收再用。

四、再生水的使用可能导致感染军团菌的风险,将根据 8 月 20 日第 52/

---

① 译自《PRESIDÊNCIA DO CONSELHO DE MINISTROS Decreto-Lei n. 119/2019》。

2018 号法令进行评估,该法令制定了军团菌病的防控制度。

第三条　定义

为适用本法令之施行,下列术语应理解为:

a)"污水":指生活、城市、工业或服务活动过程中所产生的水,地表径流,单元式或不完全分流式排水系统所排放的雨水,以及任何流入或渗入污水排放系统中的水,可分为四类:

i)"生活污水":指来自服务及住宅设施的污水,主要源自人体代谢和家庭活动;

ii)"城市污水":指生活污水或其与工业废水或雨水的混合物;

iii)"工业废水":指生活污水以外任何类型活动所产生的废水;

iv)"受污染雨水":指与不透水表面接触可能携带悬浮物或其他污染物和致污物的雨水,意味着再利用或直接排入受纳环境之前须对其进行预处理。

b)"再生水":指再利用的污水,经必要处理后达到预期最终用途所需的水质指标且不降低接收者水质。

c)"剩余水":指某些农作物,尤其是无土栽培作物产生的剩余水,能够满足其他农作物的用水需求。

d)"风险评估":指对与特定系统或情况相关的人体健康或环境安全风险标准进行结果分析的比较过程,以采纳尽可能低的风险值,该过程包括收集与危害、暴露情形、风险特征描述及管理相关的信息,并可以通过定量、半定量或定性方法进行。

e)"阻隔或预防措施":指降低或预防对人体健康和环境安全造成损害的任何物理、化学或生物手段。

f)"等效阻隔":指能够产生与特定微生物减少同等效果的控制措施,其结果相当于消除某一特定危害或将危害降至可接受程度。

g)"致污物":指存在于水中的任何物理、化学或生物物质,无论其是否对人体健康或环境安全构成危害。

h)"消毒":对可能导致疾病的微生物进行破坏、去除或选择性灭活的过程,达到预先确定的适合使用和相应许可证中规定的水平。

i)"再生水生产许可证":根据本法令颁发的许可证,用于生产自用或在

集中式水回用系统中转让给第三方的再生水。

j)"再生水使用许可证":根据本法令颁发的许可证,用于使用由第三方生产的再生水。

k)"危害":指污染物或致污物及其来源,或其他可能对人体健康和环境安全(尤其是水资源)造成短期或长期损害的情况。

l)"污染物":指存在于水中并对人体健康或环境安全造成危害的任何物理、化学或生物物质。

m)"用水端":再生水的应用地点。

n)"供水端":集中式水回用系统向最终用户交付再生水的地点。

o)"接收者":指易受某一特定危害影响的人、动物或自然环境,例如水体、土壤、植被。

p)"无准入限制灌溉":指灌溉期间允许人员在现场停留的再生水灌溉。

q)"有准入限制灌溉":指特定灌溉时期不允许人员在现场停留的再生水灌溉。

r)"水回用":指为惠及个人或整个社区而使用经处理的污水或灌溉系统中的排水。

s)"风险":指在特定时间段或特定情况下由特定危险引发损害的可能性。

t)"集中式系统":指城市污水处理系统,根据现行 6 月 19 日第 155/97 号法令之规定,由单一管理单位管理,可供自用及向第三方转让的再生水生产。

u)"分散式系统":指由集体或个体管理的集体或个体系统,仅供生产自用的再生水。

v)"分散式共生系统":指从剩余水中生产再生水的系统。

w)"分配系统":指再生水从供水端到用水端的收集、排放、泵送及存储网络。

x)"再生水生产系统":指能够生产出水质与其预期最终用途相符合的污水处理系统,包括至用水端的排水基础设施;或在集中式系统中,处理系统包括至供水端的排水基础设施,在供水端之后设有附加处理系统以保证最终用途所需水质的前提下,水质可以较低。

y）"工业用途"：指在工业活动或服务中应用再生水,包括工业单位的冷却系统和车辆清洗等用途。

z）"景观用途"：指在城市范围之外,应用再生水创建及维护水景设计或水生生物支持系统。

aa）"自用"：指再生水生产者在与其相关的活动中使用再生水。

bb）"城市用途"：在城市内使用集中式系统生产的再生水,包括娱乐、景观设计（喷泉及其他水景元素）、街道清洗、消防、冷却系统、马桶水箱供水装置及车辆清洗等用途。

cc）"再生水的间接使用"：指再生水的使用可能会间接影响水资源的淋溶、渗透、径流或通过雨水排水系统进行输送,且不涉及直接返回污水处理系统或再生水生产系统。

第四条　主管部门

一、葡萄牙环境署是根据本法令规定的条款颁发再生水生产许可证及使用许可证的主管部门。

二、葡萄牙环境署须每年在其官方网站上提供有关发放再生水生产及使用许可证的信息。

三、在不影响许可证持有人的监测义务的情况下,葡萄牙环境署须负责对再生水应用地点附近的水体进行监测,以期符合国家水资源规划中规定的环境目标。

第二章　许可

第一节　风险评估

第五条　风险评估

一、依据以下条款之规定,生产与使用再生水须预先进行风险评估。

二、评估向第三方供水的集中式系统的再生水生产风险时,须考虑到作为最终目的地的供水端,且不影响再生水的最终用途。

三、对于使用集中式系统中的再生水的风险评估须覆盖从供水端至用水端的全过程。

四、对于集中式系统中生产的自用再生水,可采用由葡萄牙环境署规定

的简化风险评估程序。

五、对于分散式共生系统中再生水的生产及使用,不必进行风险评估程序,除非负责执行农业领域政策的部门根据第十一条规定商议后认为有必要进行该程序。

六、在没有足够数据支持定量评估的情况下,可采用定性或半定量的风险评估方法。

第六条　风险评估程序

一、为评估与生产及使用再生水有关的风险,申请人应向葡萄牙环境署提交载明下列事项的文书:

a)确认对接收者(人、水体、土壤、植被或动物)的物理性、化学性及生物性危害;

b)确认危害与相应接收者之间的直接及间接接触途径,并确定可能存在的接触情况,须考虑到基于本法令附件一(该附件为本法令组成部分)中所载明的最低质量标准以及再生水回用项目空间及时间上的变化;

c)通过定量、定性或半定量方法进行风险表征,并评估不同暴露情形下风险的发生概率及风险发生后产生损害的严重程度;

d)进行风险管理,通过设置物理、化学及生物屏障或采取其他预防措施确定最小化或消除风险的举措;

e)执行上述各项规定后,就供水端和用水端每次使用的再生水提出质量标准草案。

二、使用集中式系统所生产的再生水有关的风险评估,须根据供水端生产的再生水的质量及用途,确定为保持或调整水质而采取的程序以及设置的屏障类型,并按照上款规定的程序比照适用。

三、为实现以上两款规定的风险评估,葡萄牙环境署须上传一份指导文件至其网站。

四、再生水用于农业及林业灌溉时,凡适用的情况,还须按照2004年4月29日欧洲议会和理事会的第852/2004号条例(欧盟)、2002年1月28日欧洲议会和理事会的第178/2002号条例(欧盟)的规定,以及前款所述指导文件的相关规定,采取保障卫生和食品安全的措施。

第二节 许可证

第七条 再生水生产及使用许可证

一、根据本法令和 LUA,生产和使用再生水须事先获得许可。

二、在不违反前款规定的情况下,如不需要为有关用途确定具体的水质标准或不构成间接使用再生水的,使用 ETAR 设施处理的污水不必事先获得许可。

第八条 再生水生产许可证

一、集中式系统和分散式系统都须按照本法令规定获得再生水生产许可证。

二、授予集中式系统的再生水生产许可证可以包括生产、自用以及转让再生水给第三方的权利。

三、授予分散式系统的再生水生产许可证包括生产和自用再生水的权利。

四、有工业用途需求的分散式系统可以利用自身废水或从第三方接收的废水生产再生水。

五、分散式共生系统用于生产只可利用自身剩余水或从第三方接收的污水生产再生水。

六、根据本法令附件六的规定,再生水生产许可证须载明供应条件、技术要求及监测方案。

七、根据第十六条第二款的规定,如所生产再生水的水质标准与本法令附件一的规定不同,则生产许可证内须载明其水质情况。

第九条 向第三方转让再生水的条件

一、第三方使用再生水须获得正式许可后,方可向其转让再生水。

二、葡萄牙环境署在其网站上提供的有关生产者名单和所生产再生水特征的信息,须被纳入综合环境许可系统(SILiAmb)。

第十条 再生水使用许可证

一、集中式系统生产的再生水的最终用户可以持有再生水使用许可证。

二、根据本法令附件六的规定,再生水使用许可证须载明供应条件、技术

要求及监测方案。

第十一条　申请程序

一、在提交再生水生产许可证和使用许可证申请时,应一并提交本法令附件七中列出的相应文件,以及 LUA 中要求的申请文件。

二、许可证申请人可直接在 SILiAmb 平台在线提交申请。

三、自受理许可申请之日起 10 日内,葡萄牙环境署须对其申请材料进行审查,检查其申请材料是否齐全,并一次性告知申请人需要额外提供的相关材料及需要补充的全部材料或告知其重新拟定申请。

四、作为前款的替代方案,葡萄牙环境署可在前款规定的期限内,召集申请人召开咨询会议,在会议上探讨审批所关注的必要方面,并根据需要要求额外提供材料。

五、葡萄牙环境署须向当地有管辖权的地区卫生代表征求具有约束力的意见。再生水用于农业或林业灌溉的情况下,还须向当地农业主管部门征求具有约束力的意见。

六、自受理许可申请之日起 15 日内,或提交第三款和第四款所述的附加材料后的 15 日内(如适用),葡萄牙环境署须开展前款所述的咨询会,以及其他法律法规要求的咨询。

七、第五款所述意见应在 30 日内发布。

八、根据《行政程序法》的规定及目的,葡萄牙环境署可以召开由其主持且其他有协商权的机构共同参与的程序性会议。

九、若作出有利决定,葡萄牙环境署须在 10 日内通知申请人缴纳下条所规定的担保金。担保金的缴纳期限为 15 日,逾期则视为申请程序失效。

十、申请人缴纳前款规定的担保金后,相应的再生水生产许可证或使用许可证将由葡萄牙环境署寄送给申请人。

第十二条　缴纳担保金

一、担保金必须缴纳,以确保对于由再生水生产及使用相关的项目错漏或因违反相关法律法规的规定导致的可能损害进行赔偿款项的支付。

二、担保金可以通过在信贷机构的支付账户中的存款或以葡萄牙环境署为受益人的银行保函来缴纳。

三、如以银行保函方式缴纳担保金,申请人应向葡萄牙环境署提交由信贷机构签发的文件,确保能够立即缴纳应付款项,上限为担保金额。

四、担保金额应按照本法令附件八的规定,根据再生水回用项目的规模进行计算,即根据生产或使用再生水的水量及相关风险因素。

五、如届时许可证持有人已无任何需要承担的责任,担保金将在许可证有效期届满6个月内退还。

第十三条 许可证有效期及续期

一、根据风险评估的结果,并特别考虑到所做投资的必要摊销期,再生水的生产许可证及使用许可证的最长有效期限为10年,可依照本条规定进行续期。

二、再生水使用许可证有效期限不得超过与其相关的生产许可证有效期限。

三、再生水生产许可证及使用许可证的续期,须由执证人在许可证有效期届满前6个月内向葡萄牙环境署提出续期申请。续期申请的审查结果取决于授予许可证条件的维持,或将根据第五条及第六条的规定,开展新的风险评估。

第三节 许可证的变更

第十四条 许可证的转让

一、符合以下条款规定的情况下,再生水的生产与使用许可证可以转让,前提是满足颁发许可证的要求,受让方因此代行转让方的所有权利及义务。

二、再生水的生产及使用许可证可作为相应农业经营或商业或工业机构的组成部分进行转让,须至少提前生效日期30日向葡萄牙环境署提出申请,并附上证明仍满足持有许可证所需条件的材料。

三、前款规定也适用于根据《公司法》条款规定确保许可证持有公司控制权的股权转让。

四、许可证也可经葡萄牙环境署授权进行转让,该授权可以提前获得,在此情况下,许可证的转让只有在生效日期前至少30天通知葡萄牙环境署后方可生效。

五、授予自然人的许可证可转让给其继承人和遗赠人,如果确认不再满足许可证的必需条件或者新持证人不能确保遵守规定条件,葡萄牙环境署有权在许可证转让后的 6 个月内宣布许可证失效。

六、申请提交之日起 15 天内,葡萄牙环境署将做出关于许可证转让授权的决定,并将该决定记录在相应的许可证上,寄送给新持有人。

七、违反第一款规定将导致许可证转让行为无效,此外还可能受到其他适用法律的制裁。

第十五条　修订、废止和失效

一、根据葡萄牙环境署的提议,生产和使用再生水的许可证可以进行修订,只要满足以下条件:

a）自许可证签发之日起事实发生变化,特别是对人体健康及生态环境造成风险的条件的变化;

b）现有最佳可行技术有所更新;

c）进入污水处理系统的污水的定性成分和定量成分发生实质性且持久的变化,影响了许可证颁发前的风险评估结果;

d）需要与领土管理文书或流域管理规划相适应;

e）发生不可抗力事件。

二、完全或部分撤销再生水生产和使用许可证的原因包括:

a）未遵守许可证中规定的一般条件、特定条件或其他条件;

b）自许可证签发之日起一年内未开始生产或使用,或连续两年未生产或使用;

c）自然原因导致的严重威胁人员、财产或环境安全的情况;

d）无法就前款各项规定进行审查;

e）未提供或连续缴纳第十二条所规定的担保金。

三、为了执行上述各款规定,葡萄牙环境署通知许可证持有人拟修改或部分撤销其许可证,包括在适用的情况下修改担保金额,以便在 10 天内允许相关方就各自情况发表意见,并将相关信息告知第十一条中所述的相关部门。

四、在前款规定的期限届满后,葡萄牙环境署将作出最终决定,并在适用情况下按照 2015 年 5 月 11 日第 75/2015 号法令最新修订版中的规定进行备案,并通知许可证持有人和第十一条所述的相关部门。

五、完全撤销许可证的情况适用于上述各款规定的程序,但关于保证金的退还应遵守第十二条第五款的规定。

六、下列情况,生产和使用再生水的许可证将失效:

a)既定期限结束;

b)持证法人解散;

c)持证自然人死亡,并且经葡萄牙环境署确定不符合前条规定的转让许可证的条件;

d)持证人宣布破产。

七、当许可证持有人希望修改许可证中的条件时,应向葡萄牙环境署提交许可证变更申请。

八、为实现前款的目的,持有人提交的变更申请比照适用第十一条至第十三条规定的程序。

第三章 再生水生产和使用的要求与条件

第十六条 再生水的水质标准

一、根据第六条的规定并参照本法令附件一中的规定,在对人体健康和生态环境风险评估的基础上以及考虑到第十一条中所述相关部门的意见,由葡萄牙环境署规定每次再生水回用所适用的水质标准,并将该标准纳入再生水的生产和使用许可证中。

二、在不影响前款规定的情况下,根据风险评估过程的结果并结合防护屏障、等效屏障或适当的预防措施,再生水生产和使用许可证可以在参数和阈值方面另设不同于附件一的水质标准。

三、生产者在供水端交付的再生水应符合生产许可证中规定的水质标准,而使用者的使用应遵守使用许可证中规定的水质标准。

四、根据本法令附件二中表 2 的规定,允许设定不同于本法令附件一规定的水质标准,前提是存在一个符合附件二中表 1 要求的等效屏障系统,或者其他能产生类似结果的额外预防措施,从而确保水质符合最终用途的

需要。

五、再生水生产机构交付再生水至用水端后,在后续分配系统中,再生水水质由最终用户负责,用户须采取措施防止水质下降,保持适用于预期用途的必要水质并确保其不会对人体健康和生态环境造成风险。

第十七条　屏障或预防措施的使用

再生水的最终用户使用的屏障或预防措施以及相应数量的等效措施,为本法令附件二中所列的措施,在相应的许可证中还可以规定其他等效措施。

第十八条　合规性检验

如果针对每一适用参数单独考虑,样本显示水体符合再生水生产或使用许可证中描述的水质标准,则可以认为再生水的相应参数合规,具体规定如下:

a)没有一个样品超过参数值的 75%;

b)每年不符合要求的样本数量不超过本法令附件三中所规定的限制。

第十九条　取样和分析方法

一、为了验证水质的合规性以及进行监督或检查,应于供水端之前和用水端采集 24 小时内有代表性的综合样本,采样间隔应尽可能与再利用水的水量成比例,在不违反本条规定的前提下,当水量达到每日 1 000 m³ 及以上时,采样最大间隔应为 1 小时。

二、前款规定不适用于微生物参数和挥发性有机化合物,鉴于其特性,应采集点样。

三、在再生水用水端,若因应用性质无法进行区域综合采样或再生水贮存时间超过 24 小时,可采集点样。

四、如果基于对人体健康和生态环境风险的评估,葡萄牙环境署载于许可证中的决定采取了不同的条件要求,则进行监督或检查时,验证水质的合规性可以不按照前款规定进行。

五、使用的分析方法应符合 2011 年 6 月 20 日第 83/2011 号法令的规定,如无法满足本法令中规定的标准要求,可以选择使用经正式认证的分析方法。

六、在不违反再生水生产许可证或使用许可证规定的前提下,经风险评估后,应按照附件四中所述的频率在供水端和用水端对再生水进行取样。

第二十条　再生水的生产和使用监测

一、生产或使用再生水许可证持有人须对每日再生水生产量或使用量进行监测。当生产或使用量达到或超过 500 m^3/d 时,必须安装流量计并为其配备电子显示屏,用于读取瞬时流量和累计量。如有必要,还应安装记录装置和数据传输装置,以便实时向葡萄牙环境署报告所收集的数据。

二、生产许可证持有人有责任对所生产的再生水进行水质描述,在将其提供给第三方使用或自行使用期间,必须确保直至供水端其特性与许可证中所描述的特性保持一致。

三、应监测的参数包含在本法令的附件五中,且不排除在第五条和第六条的规定下根据风险评估在许可证中确定其他参数。

四、使用许可证持有人有责任监测在供水端之后再生水的情况,必须确保在最终使用期间其特性与相应许可证中所描述的特性保持一致。

五、根据风险评估程序的结果,再生水生产许可证或使用许可证可以要求对接收者(土壤、植被或水体)进行监测,以验证它们不会因再生水的使用而受到损害。

第二十一条　再生水或用于分散式系统中生产再生水的污水运输

一、通过公路运输再生水或运输用于工业用途分散式系统及分散式共生系统中生产再生水的污水,必须附带根据现行 2003 年 7 月 11 日第 147/2003 号法令颁发的运输文件。

二、当运输通过管道进行时,工业用途分散式系统及分散式共生系统中生产再生水的生产者有义务安装流量计,以记录来自第三方的用于再生水生产的污水量,并为其配备电子显示屏,用于读取瞬时流量和累计量。如有必要,还应安装记录装置和数据传输装置,以便实时向葡萄牙环境署报告所收集的数据。

三、工业用途分散式系统及分散式共生系统中生产再生水的废水接收方应按照许可证规定的频率向葡萄牙环境署递交废水接收记录,并保存前款所述运输文件,最长保存期限为 5 年,以便相关职能部门据本法令进行检查与监督。

四、当运输通过收集器时,工业用途分散式系统及分散式共生系统中生

产再生水的生产者必须安装流量计并为其配备电子显示屏,用于读取瞬时流量和累计量。如有必要,还应安装记录装置和数据传输装置,以便实时向葡萄牙环境署报告所收集的数据。

第二十二条 异常运行情况

一、当再生水生产系统发生或预计发生影响再生水水质的异常情况,如故障、事故、因维护不善而导致的异常情况、不利的天气状况、恶意破坏或其他影响污水处理系统正常运行的情况,特别是上述异常状况出现在用作再生水生产时,根据现行 2005 年 12 月 29 日第 58/2005 号法令,再生水的供应必须立即暂停,直至生产系统恢复正常运行。

二、在上述情况发生后的 24 小时内,再生水生产许可证持有人必须向葡萄牙环境署报告该情况。

第四章 监察和违规行为制度

第二十三条 检查和监察

一、由农业、海洋、环境和土地规划办公室(IGAMAOT)、葡萄牙环境署、卫生当局和警方在各自的职权范围内负责核查本法令各项规定的遵守情况。

二、前款规定不影响其他公共当局行使监察和警察的权力。

第二十四条 违规行为

一、下列行为将构成非常严重的环境违规行为,并会根据现行修订的 2006 年 8 月 29 日第 50/2006 号法令所规定的环境违规行为制度(LQCOA)进行处罚:

a)未经许可生产和使用再生水。

b)未按照本法令第八条及许可证中的具体规定采取屏障或预防措施。

c)违反许可证中的规定,包括:

i)在非许可场所中作宣传活动;

ii)违反生产和/或使用的规定;

iii)未实施既定的监测计划;

iv)未实施按照 2005 年 12 月 29 日第 58/2005 号法令第四条(jjj)项中关于被划分为保护区的接收者环境监测计划;

v）违反针对再生水特性和/或接收者而制定的分析方法；

vi）违反维护屏障完整性的规定；

vii）违反例外限制的规定。

二、下列行为将构成严重的环境违规行为，并会根据 LQCOA 进行处罚：

a）未经许可向用户提供再生水。

b）违反许可证中的规定，包括：

i）未于指定时间内在生产和/或使用系统中报告异常情况；

ii）未执行在前款中关于接收者环境监测计划的规定；

iii）违反用于灌溉的 A 级水质或其他在微生物方面与 A 级水质兼容的水质监测计划报告中关于生产和/或使用再生水的规定；

iv）未按照现行 2005 年 12 月 29 日第 58/2005 号法令第四条（jjj）项中关于被划分为保护区的接收者环境监测计划的规定进行报告；

v）未按照指定时间通报生产和/或使用系统中的运行变更；

vi）违反运输或转让规定。

三、下列行为将构成轻微的环境违规行为，并会根据 LQCOA 进行处罚：

a）在前款未预见的情况下违反监测计划报告的规定。

b）在前款未预见的情况下违反接收者环境监测计划的规定。

四、根据 LQCOA 的规定，疏忽行为可受处罚。

五、根据法律规定，对作出前述第一款和第二款所规定的非常严重和严重的违法行为的判罪，如罚款的具体金额超过所适用的最高罚款金额的一半，则需根据 LQCOA 的规定进行公示。

六、本条款中规定的罚款收益根据 LQCOA 第七十三条进行分配。

第二十五条　调查和决定违规行为的程序

依照本法令的规定，由 IGAMAOT 负责调查及处理相关的违规行为，以及决定适用的相应罚款及附加制裁。

第二十六条　附加制裁及预防性扣押

一、如违规行为的严重性证明有此必要，主管当局可在罚款的同时，根据 LQCOA 的规定进行适当的附加制裁。

二、如将暂停根据本法令发出的许可证作为附加制裁，则结束暂停期后，

须根据本法令重新评估相关的许可条件,以重新启动再生水的生产和/或使用。

三、必要时,负责监管和检查的机关可根据 LQCOA 第四十二条的规定,决定暂时扣押财物和文件。

第二十七条　服务质量指标

葡萄牙水与废弃物服务监管局应在一年内确定能够衡量与集中式系统相关的环境方面保障的指标,并纳入其管理范围内的服务质量评估系统。

第五章　最终和过渡性规定

第二十八条　向公众提供信息

在再生水的生产和使用场所,应根据负责环境事务的政府部门的条例规定,提供相关资讯及标志。

第二十九条　过渡性规定

一、当未能在 SILiAmb 平台上提交申请以及在该平台暂时无法使用的情况下,根据本法令第十一条的规定,有关申请程序将按照现有的电脑储存媒体进行,且不会影响纸本的提交。

二、如申请人是以电子方式提交初始申请,则葡萄牙环境署和申请人之间关于程序的后续沟通,将会以电子方式进行 。

三、本法令第六条第三款规定的风险评估指导文件应在本法令生效之日起 60 天内由葡萄牙环境署提供。

第三十条　自治区

一、本法令适用于亚速尔群岛自治区和马德拉群岛自治区,在不影响其适应地区特点的情况下,根据其各自的政治和行政自治条款,由相应的地区行政及服务机构负责执行其范围内的职权。

二、在自治区内罚款所得归自治区所有。

第三十一条　立法修改(略)

第三十二条　废止规定

废止 1998 年 8 月 1 日第 236/98 号法令的第五十八条第三和第四款条文。

第三十三条 生效日期

本法令自公布次日起生效。

于 2019 年 8 月 1 日由部长委员会审查并通过。

附件一 质量规定

（于第十六条所述）

A）灌溉

表 1.a 用于灌溉的再生水质量标准

质量等级[1]	BOD₅/ (mg/L O₂)	TSS/ (mg/L)	浊度/ NTU	大肠杆菌/ (ufc/ 100 mL)	肠道寄生虫卵/ (N°/L)[2]	氨氮[3]/ (mg NH₄⁺ /L)	总氮[3]/ (mg N/L)	总磷[3]/ (mg P/L)
A	≤10	≤10	≤5	≤10				
B	≤25	≤35		≤100				
C	≤25	≤35		≤1 000	≤1	10	15	5
D	≤25	≤35		≤10 000	≤1			
E[4]	≤40	≤60		≤1 000				

（1）说明见表 2。

（2）适用于灌溉供动物食用的农作物。

（3）可选参数。可适用于某些灌溉项目，以降低生物膜形成和灌溉系统阻塞的风险。

（4）仅适用于分散式或分散式共生系统。

表 1.b 用于农业、林业和土壤保护灌溉的再生水质量标准

参数	质量规定	单位
铝	5.0	mg Al/L
铍	0.1	mg Be/L
钴	0.05	mg Co/L
氟化物	2.0	mg F/L
铁	2.0	mg Fe/L
锂	2.5	mg Li/L
锰	0.2	mg Mn/L

续表 1. b

参数	质量规定	单位
钼	0.01	mg Mo/L
硒	0.02	mg Se/L
钒	0.1	mg V/L
SAR 盐度 硼	取决于农作物的敏感性	

表 2　灌溉等级说明——适用于不同等级水质的处理用途及处理程度

等级	可能的用途	处理程度
A	无准入限制灌溉(城市和农业用途):用于生食农作物的灌溉,其中可食用部分直接接触水源;无准入限制的公共花园灌溉;私人花园的灌溉	比二级(消毒)处理更高阶
B	有准入限制的灌溉(城市和农业用途):灌溉生长在土壤上的可生食农作物,其中可食用部分不直接接触水源;灌溉用于加工的农作物和非用于人类食用的农作物,包括用于动物食用(牛奶或肉类的生产)的农作物,但不包括猪;有准入限制的花园灌溉,包括休闲和运动区域(例如:高尔夫球场)	比二级(消毒)处理更高阶
C	有准入限制的灌溉(农业用途):灌溉生长在土壤上的可生食农作物,其中可食用部分不直接接触水源;灌溉用于加工的农作物和非用于人类食用的农作物,包括用于动物食用(牛奶或肉类的生产)的农作物,但不包括猪	比二级(消毒)处理更高阶
D	有准入限制的灌溉(农业用途):种子生产,包括用于工业或能源生产的种子	比二级(消毒)处理更高阶
E	有准入限制的灌溉(农业用途):种子生产;使用限制的自然区域的灌溉(例如:树篱、受限制区域的草坡地)	比二级(消毒)处理更高阶

B）城市用途

表 3 城市用途和景观用途的水质标准（城市范围之外）

参数	生态系统支持	休闲用途、景观美化	街道清洗[5]	消防用水[1]	冷却用水	蓄水池[1]	车辆清洗[4][5]
pH	将根据生态状况和相关的支持参数逐案确定	6.0~9.0	6.0~9.0	6.0~9.0	6.5~8.5[2]	6.0~9.0	6.0~9.0
BOD$_5$/（mg/L O$_2$）		≤25	≤25	≤25	≤25	≤25	
浊度/NTU		≤5		≤5		≤5	≤5
氨氮 /（mg NH$_4^+$/L）		≤5			≤5 或 ≤1（在有铜的情况下）	≤10	
总磷/（mg P/L）		≤2[3]					
大肠杆菌/（ufc/100 mL）		≤10		≤10	≤200	≤10	≤10

（1）在这些用途中，应考虑最重要的暴露（非故意）接触途径，因此水质应与灌溉 A 级相似。

（2）可能导致微生物生长超过或低于该 pH 值范围。

（3）当用于可能发生富营养化的地点时（例如城市湖泊、喷泉）。

（4）根据再生水的特殊性，可能需要控制一些金属和离子化合物，例如铁、锰、氯化物、硫酸盐、碱度和硅，以减少水分贮存和分配系统中的钙化或腐蚀。

（5）在高压手动清洗系统中，应考虑最重要的暴露（非故意）接触途径，因此水质应与灌溉 A 级相似。

表 4 适合各城市使用的处理程度

项目	生态系统支持[1]	休闲用途、景观美化	街道清洗	消防用水	冷却用水	蓄水池
处理程度	二级或比二级处理更高阶	比二级处理更高阶	比二级处理更高阶	比二级处理更高阶	比二级处理更高阶	比二级处理更高阶

（1）这取决于水体的状态以及根据 1997 年 6 月 19 日 152/97 号法令的分类，该法令通过 1998 年 11 月 9 日 348/98 号法令、2004 年 6 月 22 日 149/2004 号法令、2008 年 10 月 8 日 198/2008 号法令及 2015 年 7 月 13 日 133/2015 号法令进行了修改。

C) 工业用途

表 5　工业再生水质量标准(用于保护人体接触)

质量等级	浊度/NTU	大肠杆菌/(ufc/100 mL)
存在直接暴露(包括意外暴露,如飞溅)和皮肤接触风险的情况下	≤5	≤10
存在皮肤接触风险的情况下		≤1 000

附件二　预防性屏障或措施的应用

(于第十七条所述)

表 1　屏障的种类及其与等效屏障数量的对应关系

屏障的种类	应用	微生物减少量(以对数为单位)	等效屏障数量
滴灌	矮小农作物(距土壤≥25 cm)	2	1
	高大农作物(距土壤≥50 cm)	4	2
	地下灌溉,不允许水通过毛细作用上升到土壤表层	6	3
喷灌	矮小农作物的喷灌和微喷灌(距喷水装置≥25 cm)	2	1
	高大农作物和果树的喷灌和微喷灌(距喷水装置≥50 cm)	4	2
	距居民区或公共场所 70 m 以上的喷灌	1	1
消毒后(在用水场所)	低消毒水平	2	1
	高消毒水平	4	2
防晒罩	滴灌系统中将灌溉与农作物分开	2~4	1
微生物的自然腐烂	在收获前停止或中断灌溉	0.5~2[1] / d	1~2[1]
晒干	在收获前晒干的农作物(例如向日葵)	2~4	2

续表 1

屏障的种类	应用	微生物减少量（以对数为单位）	等效屏障数量
灌区出入限制	灌溉后至少 24 小时的准入限制（例如动物进入牧场或工人进入）	0.5~2	1
	灌溉后至少 5 天的准入限制	2~4	2
	在公共、休闲或运动区域的灌溉时间内准入限制（例如夜间灌溉）	0.5~1	1

（1）根据农作物种类和天气情况。

表 2　预期用途的最少采用屏障量

质量等级	最少采用屏障量						
	无准入限制（城市及工业用途）	有准入限制（城市及工业用途）	可生食的农作物(1)	用于加工和动物食用的农作物，不包括猪	果园	种子生产	种子生产/其他限制使用的私人区域
A	0	0	0	0	0	0	0
B	1	0	1	0	0	0	0
C	禁用	1	3	2	1	0	0
D	禁用	禁用	禁用	禁用	3	0	0
E	禁用	禁用	禁用	禁用	3	1	0
未经处理的污水	禁用	禁用	禁用	禁用	禁用	禁用	禁用

（1）生长在土壤上并且食用部分不与水源直接接触。

附件三　合规性检查

（于第十八条所述）

可能存在非合规情况的最大样本数量

于1年内采集的一系列样本	可能存在非合规情况的最大样本量
4~7	1
8~16	2
17~28	3
29~40	4
41~53	5
54~67	6
68~81	7
82~95	8
96~110	9
111~125	10
126~140	11
141~155	12
156~171	13
172~187	14
188~203	15
204~219	16
220~235	17
236~251	18
252~268	19
269~284	20
285~300	21
301~317	22
318~334	23
335~350	24
351~365	25

附件四　采样频率

（于第十九条所述）

采样频率取决于质量或用途的等级

质量/用途的等级	参数	采样频率
A 灌溉、休闲用途、园林绿化、消防用水、厕所冲洗和车辆清洗	BOD_5	每周
	TSS	每周
	浊度	持续进行
	大肠杆菌	每周
B 灌溉	BOD_5	（1）
	TSS	（1）
	大肠杆菌	每周
C 灌溉、冷却用水	BOD_5	（1）
	TSS	（1）
	大肠杆菌	每 15 天
	肠道寄生虫卵	每 15 天[2]
D 灌溉	BOD_5	（1）
	TSS	（1）
	大肠杆菌	每 15 天
	肠道寄生虫卵	每 15 天[2]
E 灌溉	BOD_5	（1）
	TSS	（1）
	大肠杆菌	每 15 天
	BOD_5	（1）
街道清洗	BOD_5	（1）

（1）根据生产和/或使用的体积：

a）在每天生产和/或使用的水量不超过 300 m³ 的情况下：每季度采样。

b）在每天生产和/或使用的水量介于 300 m³ 至 1 500 m³ 的情况下：每月采样。如果在第一年证明水源符合本法令的规定，则在接下来的年份可以改为每季度采样；如果在接下来的年份中的任意 4 个样本中有 1 个不符合要求，下一年度将需要进行 12 次采样。

c）在每天生产或使用的水量介于 1 500 m³ 至 7 500 m³ 的情况下：每月采样。

d）在每天生产或使用的水量超过 7 500 m³ 的情况下：每 15 天采样。

（2）在进行一年的采样后，可以根据所得结果来重新评估采样的周期。

欧洲节水政策与技术

注意:对于许可证中列出的所有参数,采样的周期应根据风险评估结果进行调整。

附件五　监测

(于第二十条所述)

根据使用类型监测再生水参数

用途	参数
灌溉——各种用途	BOD_5、TSS、浊度、大肠杆菌、氨氮、总氮、总磷
灌溉于动物食用的公共绿地或农作物	肠道寄生虫卵
农业灌溉	SAR、盐度
分散式共生系统中的农业灌溉	农作物风险参数和水资源保护的监测(例如营养物质和/或农药)
城市用途	pH、BOD_5
工业用途(有直接接触风险的用途:意外暴露和皮肤接触)	大肠杆菌
风险评估产生的其他参数将包含在相应的许可证中	

附件六　许可证中应包含的要素

(于第八条及第十条所述)

1.再生水生产许可证应包含以下信息:

a)持有人的身份识别资料。

b)生产地点的确切位置,并标明与污水排放许可证相关联的水源生产系统。

c)再生水的预期用途和相应位置的识别资料(如提供给第三方使用),以及使用目的和相应位置的识别资料(如供自用)。

314

d）针对自用情况所应采取的屏障或预防措施的识别资料。

e）再生水供水端的识别资料和位置（如提供给第三方使用）。

f）为保证再生水生产质量至供水端（如提供给第三方使用）或用水端（如供自用）而采用的程序。

g）预计项目范围内所需用于生产和自用的再生水体积（最大流量）。

h）必须安装仪器来测量所生产的再生水体积，以及测量在工业用途的分散式再生水系统和分散式再生水共生系统中来自第三方的用于再生水生产的污水量（如适用）。该仪器应配备电子显示屏，用于读取瞬时流量和累计量。针对超过 500 m^3/d 的情况，如必要时，还应安装记录装置和数据传输装置，以便实时向葡萄牙环境署报告所收集的数据。

i）应用于再生水生产和/或使用的质量标准及其所需的处理程度。

j）在再生水生产和/或使用活动中应用的监测计划的说明，包括在工业用途的分散式再生水系统及分散式再生水共生系统中来自第三方的用于再生水生产的污水量的测量、于内部使用和提供给第三方使用的再生水的体积测量，以及在必要时，对受影响的接收者进行的测量。

k）提交给葡萄牙环境署的监测计划数据的频率和格式，如 j）款所述。

l）许可证发放程序中所规定的其他条件。

2．再生水使用许可证应包含以下信息：

a）持有人的身份识别资料。

b）附属再生水生产许可证的识别资料。

c）再生水生产的目的和相应位置的识别资料。

d）使用再生水的体积和项目规划中的预计值（最大流量）。

e）应用的屏障或预防措施的识别资料。

f）必须安装仪器来确保测量所使用的再生水的体积，该仪器应配备电子显示屏，用于读取瞬时流量和累计量。针对超过 500 m^3/d 体积的情况，必要时，还应安装记录装置和数据传输装置，以便实时向葡萄牙环境署报告所收集的数据。

g）适用于各种再生水的质量标准的规定。

h）为避免再生水生产质量至供水端时恶化而采取的措施。

i）根据预期的目标调整再生水的程序，以确保其满足所需的质量标准。

j）有关再生水监测计划的说明,包括使用的体积测量以及必要时对受影响的接收者进行的测量。

k）提交给葡萄牙环境署的监测计划数据的频率和格式,如 j)款所述。

l）根据本法令第十七条规定的条款,须提供用于环境恢复的担保金额的说明。

m）再生水生产许可证发放程序中所规定的其他条件。

附件七　要素说明

（于第十一条所述）

1. 再生水生产许可证申请应包括以下要素：

a)生产者的身份识别资料和其税号资料。

b)污水排放许可证的识别资料。

c)来自第三方的污水来源和体积的识别资料,以便再生水生产应用于具有工业用途或共生效应的分散式系统中,如适用。

d)再生水生产的目的及相应的自用量(每日和每年)的识别资料。

e)按照本法令第五条的规定进行风险评估。

f)需使用地理坐标标注存贮及交付地点。

g)监测计划。

h)如再生水为自用,则需以下额外条件：

i)再生水使用的目的；

ii)维护或调节水质的程序,如适用；

iii)针对其用途而采用的屏障类型；

iv)如果与 f)项中所述的坐标不同,则需指明存贮位置的地理坐标；

v)以适当的比例方式和数字格式指明将应用再生水的地段、地点或设备的地理位置坐标；

vi)接收者的监测计划,如适用。

2. 再生水使用许可证的申请需包含以下要素：

a)使用者的身份识别资料和其税号资料。

b)再生水生产许可证的识别资料。

c) 再生水的使用目的。

d) 按照本法令第六条的规定进行风险评估。

e) 准确指出存贮和接收地点的地理坐标。

f) 以适当的比例方式和数字格式指明将应用再生水的地段或地点的地理位置坐标。

g) 监测计划。

附件八　风险担保金

（于第十二条所述）

$Q_{生产/使用}/$ (m³/d)	基本金额/ €	以欧元计算金额加上基本保证金				最低保证金金额/ €	最高保证金金额/ €
		风险评估（结果）[1]		许可证规定的质量要求[3]/ €	不完整的历史记录/ €		
		可忽略[2]/ €	可接受/ €				
		−25%基本金额	+50%基本金额	+25%基本金额	+100%基本金额		
$Q \leqslant 750$	0	0	0	0	0	0	0
$750 < Q \leqslant 1\ 500$	500	−125	250	125	500	375	1 375
$1\ 500 < Q \leqslant 3\ 000$	1 500	−375	750	375	1 500	1 125	4 125
$3\ 000 < Q \leqslant 7\ 500$	2 500	−625	1 250	625	2 500	1 875	6 875
$7\ 500 < Q \leqslant 15\ 000$	3 500	−875	1 750	875	3 500	2 625	9 625
$15\ 000 < Q \leqslant 22\ 500$	4 500	−1 125	2 250	1 125	4 500	3 375	12 375
$22\ 500 < Q \leqslant 30\ 000$	5 500	−1 375	2 750	1 375	5 500	4 125	15 125
$30\ 000 < Q \leqslant 45\ 000$	6 500	−1 625	3 250	1 625	6 500	4 875	17 875
$45\ 000 < Q \leqslant 60\ 000$	7 500	−1 875	3 750	1 875	7 500	5 625	20 625
$60\ 000 < Q \leqslant 75\ 000$	9 000	−2 250	4 500	2 250	9 000	6 750	24 750
$Q > 75\ 000$	12 000	−3 000	6 000	3 000	12 000	9 000	33 000

（1）根据本法令第五条规定,对健康或环境的风险评估结果(最坏情况假设)。

（2）这意味着采取屏障措施以将风险降低到可以忽略的水平。

（3）通过在生产和使用优先物质、重点危险物质或其他污染物的许可证中加入质量规范，这些物质的分类规定在 2010 年 9 月 24 日第 103/2010 号法令、2015 年 10 月 7 日第 218/2015 号法令（最新修订版本）或在水资源地区管理规划中的特定污染物中。需要注意的是，在 2005 年 12 月 29 日第 58/2005 号法令的最新修订版本中，针对上述物质制定了减少或停止排放的目标，并在同一法令中核准了《水法》。

后　记

《欧洲节水政策与技术》由水利部"水资源节约"项目支持完成。

在本书编撰过程中,全国节约用水办公室对本书给予了大力支持和具体指导,李益农、夏朋、朱永楠、马蒙为本书编写提供了帮助。胡文俊、孙岩、姜广斌承担了全书统稿工作,在此一并表示感谢!

受能力和时间所限,书中难免存在不足和错误之处,敬请读者批评指正。